U0559743

地球大数据科学论丛　郭华东　总主编

古生物学与地层学
大数据

徐洪河　聂　婷　郭　文　著

科学出版社

北　京

内 容 简 介

本书对古生物学与地层学大数据进行了全面介绍，包括数据的结构、内容、类型、分析方法以及可视化展示，以案例形式对古生物学与地层学大数据在科学研究、地质调查、资源勘查以及科学传播等领域的应用进行了回顾、解析与展望，对古生物学与地层学数据库的建设进行了全面梳理。

本书适合古生物学与地层学研究领域的专家、工程技术人员以及所有对地球科学，尤其是古生物学与地层学大数据感兴趣的人阅读。

审图号：GS 京（2025）0470 号

图书在版编目（CIP）数据

古生物学与地层学大数据 / 徐洪河，聂婷，郭文著.北京 ：科学出版社，2025.6. --（地球大数据科学论丛 / 郭华东总主编）. -- ISBN 978-7-03-081756-3

Ⅰ. Q91；P53

中国国家版本馆 CIP 数据核字第 2025GU6741 号

责任编辑：董　墨　赵　晶/责任校对：樊雅琼
责任印制：徐晓晨/封面设计：蓝正设计

科 学 出 版 社 出版
北京东黄城根北街 16 号
邮政编码：100717
http://www.sciencep.com
北京建宏印刷有限公司印刷

科学出版社发行　各地新华书店经销
*

2025 年 6 月第 一 版　开本：720×1000　B5
2025 年 6 月第一次印刷　印张：17 3/4
字数：348 000

定价：180.00 元
（如有印装质量问题，我社负责调换）

"地球大数据科学论丛"编委会

顾 问

徐冠华　白春礼

总主编

郭华东

编 委（按姓氏汉语拼音排序）

陈 方　　陈宏宇　　迟学斌　　范湘涛　　韩群力

何国金　　纪力强　　贾根锁　　黎建辉　　李 新

李超伦　　廖小罕　　马俊才　　马克平　　闫冬梅

张 兵　　朱 江

学术秘书

梁 栋

作者简介

徐洪河　中国科学院南京地质古生物研究所研究员。主要从事古生物学和地层学数据挖掘、早期陆地生态系统演化、地层学和古地理学等方面的研究工作。分析研究了中国、英国、美国、委内瑞拉、南极洲、非洲乍得、尼日尔等地的化石与钻孔岩心标本，汇交了地质历史时期全球化石产出记录数据，识别了全球重要生物群时空演变特征，构建了世界上最早的森林型植物的生长理论模型，设计开发了化石智能识别软件。发表论文 160 余篇、出版专著 3 部，取得发明专利 1 项、实用新型专利 2 项。

聂婷　中国科学院南京地质古生物研究所博士，从事数据结构领域研究工作。

郭文　中国科学院南京地质古生物研究所副研究员。主要从事晚古生代古环境、古生态以及腕足类、牙形类系统古生物学与生物地层学研究。深入研究了华南早泥盆世海平面变化及其对海洋生物演化的影响，并重建了该时期高精度的沉积古地理格局、生物多样性与生物古地理演化路径。

"地球大数据科学论丛"序

第二次工业革命的爆发，导致以文字为载体的数据量约每 10 年翻一番；从工业化时代进入信息化时代，数据量每 3 年翻一番。近年来，新一轮信息技术革命与人类社会活动交汇融合，半结构化、非结构化数据大量涌现，数据的产生已不受时间和空间的限制，这引发了数据爆炸式增长，数据类型繁多且复杂，已经超越了传统数据管理系统和处理模式的能力范围，人类正在开启大数据时代新航程。

当前，大数据已成为知识经济时代的战略高地，是国家和全球的新型战略资源。作为大数据重要组成部分的地球大数据，正成为地球科学一个新的领域前沿。地球大数据是基于对地观测数据又不唯对地观测数据的，具有空间属性的地球科学领域的大数据，主要产生于具有空间属性的大型科学实验装置、探测设备、传感器、社会经济观测及计算机模拟过程中，其一方面具有海量、多源、异构、多时相、多尺度、非平稳等大数据的一般性质，另一方面具有很强的时空关联和物理关联，数据生成方法和来源具有可控性。

地球大数据科学是自然科学、社会科学和工程学交叉融合的产物，基于地球大数据分析来系统研究地球系统的关联和耦合，即综合应用大数据、人工智能和云计算，将地球作为一个整体进行观测和研究，理解地球自然系统与人类社会系统间复杂的交互作用和发展演进过程，可为实现联合国可持续发展目标（SDGs）做出重要贡献。

中国科学院充分认识到地球大数据的重要性，2018 年初设立了 A 类战略性先导科技专项"地球大数据科学工程"（CASEarth），系统开展地球大数据理论、技术与应用研究。CASEarth 旨在促进和加速从单纯的地球数据系统和数据共享到数字地球数据集成系统的转变，促进全球范围内的数据、知识和经验分享，为科学发现、决策支持、知识传播提供支撑，为全球跨领域、跨学科协作提供解决方案。

在资源日益短缺、环境不断恶化的背景下，人口、资源、环境和经济发展的矛盾凸显，可持续发展已经成为世界各国和联合国的共识。要实施可持续发展战略，保障人口、社会、资源、环境、经济的持续健康发展，可持续发展的能力建设至关重要。必须认识到这是一个地球空间、社会空间和知识空间的巨型复杂系统，亟须战略体系、新型机制、理论方法支撑来调查、分析、评估和决策。

一门独立的学科，必须能够开展深层次的、系统性的、能解决现实问题的探究，以及在此探究过程中形成系统的知识体系。地球大数据就是以数字化手段连接地球空间、社会空间和知识空间，构建一个数字化的信息框架，以复杂系统的思维方式，综合利用泛在感知、新一代空间信息基础设施技术、高性能计算、数据挖掘与人工智能、可视化与虚拟现实、数字孪生、区块链等技术方法，解决地球可持续发展问题。

"地球大数据科学论丛"是国内外首套系统总结地球大数据的专业论丛，将从理论研究、方法分析、技术探索以及应用实践等方面全面阐述地球大数据的研究进展。

地球大数据科学是一门年轻的学科，其发展未有穷期。感谢广大读者和学者对本论丛的关注，欢迎大家对本论丛提出批评与建议，携手建设在地球科学、空间科学和信息科学基础上发展起来的前沿交叉学科——地球大数据科学。让大数据之光照亮世界，让地球科学服务于人类可持续发展。

郭华东

中国科学院院士

地球大数据科学工程专项负责人

2020 年 12 月

前　言

古生物学与地层学是地质学的分支，以地质历史时期的化石和地层记录为研究对象，探讨生命与环境系统协同演变的进程与细节。认识化石与地层是开展地质调查的基础，基于古生物学与地层学框架，地球科学领域一系列科学问题都得以探讨，从而对生命与环境的过去、现在和未来也产生了更为深入的认识。古生物学与地层学在地质调查、资源勘查、地质遗迹保护、科学传播等领域也发挥着不可或缺的作用。

古生物学和地层学研究历史悠久，专家们早已不再满足于对化石与地层的描述与记录。随着信息时代的到来，大数据更是深入融合到这个小学科的发展之中。基于数据的科学研究发现，新范式的古生物学与地层学研究早已星火燎原，方兴未艾。近年来，古生物学与地层学大数据分析的科研成果与论文频频刊登在高影响力的学术期刊上，正在影响甚至已经改变了本学科的研究方式。然而，目前难以找到专门的著作对古生物学与地层学大数据开展专题介绍，这不利于古生物学与地层学的教育和未来的科研发展。

本书的内容正是契合这样的时机，对古生物学与地层学大数据进行全面的介绍。希望能够通过本书抛砖引玉，进一步促进古生物学与地层学科研范式变革，同时，让大数据不仅服务于基础科研，也能够更好地服务于地质调查和科学传播，让地质历史时期的远古生命故事踏上大数据时代的浪潮之巅。

在组织结构与内容上，本书的第 1 章主要介绍学科大数据的发展情况。第 2 章介绍对学科数据库的构建，涉及数据库相关的思路框架与结构，本书的核心内容其实也在这一章之中，并由一幅图涵盖，聪明的读者可以自己去发现。第 3 章介绍古生物学与地层学元数据，这方面研究非常薄弱，本书进行了专门的回顾与讨论。第 4 章是古生物学与地层学大数据的具体内容。第 5~7 章是对古生物学与地层学中结构化数据的分析应用，基于这些数据已经开展了多种主题的科学研究工作，如生物多样性重建、形态演化、定量地层学、网络分析，以及古地理重建等，在对这些内容介绍时，都提及了相关的研究概况、方法与数据要求，以及具体的案例。第 8 章和第 9 章分别介绍图像和三维模型数据的分析与应用。第 10

章是古生物学与地层学在地质调查、资源勘查，以及科学传播领域的拓展应用，所展示的是大数据面向未来的进一步应用。在撰写行文方面，第 3 章主要由聂婷完成，第 7 章主要由郭文完成，其他章节由徐洪河完成。本书中所有插图除特别说明以外，著作权均属于徐洪河。

在本书的撰写过程中，中国科学院南京地质古生物研究所的同事们提供了大量支持与帮助。科学传播中心的袁文伟研究员提供了化石标本方面的支持；实验技术中心的曹长群研究员提供了实验设备与技术方面的支持；大数据中心的陈焱森工程师提供了化石标本数据方面的支持；黄冰研究员和刘炳材提供了生物多样性分析方面的案例资料；王博研究员、许春鹏和赵显烨提供了形态学数据方面的资料与案例；赵方臣研究员提供了澄江化石产地的资料信息；殷宗军研究员和孙炜辰博士提供了断层扫描数据和资料；杨宁女士和全小静女士协助完成了一些图件的制作。

天津大学智能与计算学部的牛志彬副教授和潘耀华硕士对图像数据的分析工作提供了帮助；中国科学院古脊椎动物与古人类研究所的潘照晖博士提供了部分数据库资料；云南大学的刘煜教授提供了澄江化石的图片与资料；上海的张超彦和卢元峰先生提供了关于虚拟现实的图片与资料。

承蒙上述各位不吝指教，给予支持与帮助，在此一并致谢！还要特别感谢我的妻子王莉，感谢她对我的包容与支持。

本书的出版得到了以下基金项目的资助：

项目类型或来源	课题、子课题或项目名称	编号
科学技术部高技术研究发展中心（National Key R&D Program of China）	植物登陆的环境资源效应	2022YFF0800200
中国科学院战略性先导科技专项（A 类）（Strategic Priority Research Program of Chinese Academy of Sciences）	地球古生物多样性数据平台	XDA19050101
中国科学院网络安全与信息化专项	中国科学院南京地质古生物研究所科学数据中心运行维护	CAS-WX2022SDC-SJ10

本书疏漏之处在所难免，敬请读者批评指正！

徐洪河

2025 年 3 月

目　录

第 1 章

大数据时代的古生物学与地层学

1.1 大数据的发展

随着计算机技术的飞速发展以及互联网中数据量的急剧增长，大数据（big data）一词越来越多被提及，人们用它来描述和定义信息爆炸时代产生的海量数据，并命名与之相关的技术发展与创新。"大数据"最早只是用来表述互联网行业的一种现象，即互联网公司在日常运营中生成、累积的用户网络行为数据。然而，生活在当今时代，每个人都能觉察到，随着数据采集设备的激增，数据获取成本越发降低，数据获取渠道越发多样，数据数量的递增越发快速，数据规模也显著增加，这些数据的规模到底多大？

如今，全球的数据量早已从太字节（TB）级别跃升到拍字节（PB）、艾字节（EB）乃至泽字节（ZB）级别。根据国际数据公司（International Data Corporation）2017 年发布的调查报告内容，2008 年，全球产生的数据量为 0.49ZB，2009 年的数据量为 0.8ZB，2010 年增长为 1.2 ZB，2011 年的数量为 1.82 ZB，2020 年全球产生的数据量大约是 64 ZB，相当于全球每人产生超过 7 TB 的数据。这还不包括书刊、报纸等印刷品文件上的数据内容，预计到 2025 年底，全世界将产生 175 ZB 的数据（Reinsel et al., 2017），人类生产的所有印刷材料的数据量大约是 200 PB，全人类历史上说过的所有话的数据量大约是 5 EB。整个人类文明所获得的全部数据中，有 90% 是过去两年内产生的。数据正在以指数级方式增长，即每隔不到两年时间，数据量就翻倍。

信息学领域中所使用数据单位参见表 1.1，需要注意的是，计算机的计数与日常生活中的计数是不同的，对字节的记数参照了日常生活中普遍接受的十进制表示法。计算机运算时采用的是二进制，相应地，用 1024 这个数字来定义二进制的"千"，因为它是 2 的 10 次方，也恰好是 2 的乘方倍数中最接近十进制 1000 的数。有人专门参照十进制的定义，对计算机领域的计数提出了相应的二进制单位（binary prefix），并采用一套专门的结尾都带有"i"的单位来与十进制单位进行区分（表 1.1）。

表 1.1　信息学领域中衡量数据的各个单位及其对应关系

基本内容	十进制单位，简称与中文名	二进制单位
0 或 1	1 bit （比特或位）	
8 bits	1 byte （B，字节）	
1024 bytes	1 kilobyte （KB，10^3，即千字节）	1024^1, 2^{10}, kibi, Ki
1024 kilobytes	1 megabyte （MB，10^6，即兆字节）	1024^2, 2^{20}, mebi, Mi
1024 megabytes	1 gigabyte （GB，吉字节，10^9，即十亿字节）	1024^3, 2^{30}, gibi, Gi
1024 gigabytes	1 terabyte （TB，太字节，10^{12}，即万亿字节）	1024^4, 2^{40}, tibi, Ti
1024 terabytes	1 petabyte （PB，拍字节，10^{15}，即千万亿字节）	1024^5, 2^{50}, pibi, Pi
1024 petabytes	1 exabyte （EB，艾字节，即 10^{18} 字节）	1024^6, 2^{60}, exbi, Ei
1024 exabytes	1 zettabyte （ZB，泽字节，即 10^{21} 字节）	1024^7, 2^{70}, zebi, Zi
1024 zettabytes	1 yottabyte （YB，尧字节，即 10^{24} 字节）	1024^8, 2^{80}, yobi, Yi
1024 yottabytes	1 ronnabyte （RB，即 10^{27} 字节）	1024^9, 2^{90}, robi, Ri
1024 ronnabytes	1 quettabyte （QB，即 10^{30} 字节）	1024^{10}, 2^{100}, quebi, Qi

数据科学和数字存储发展至今，已经用到国际单位制现有最大计数单位，有必要引入新的数据单位名词，以满足今后一段时间内新增的计数需求。2022 年 11 月 15～18 日，第 27 届国际计量大会（General Conference on Weights and Measures）在法国凡尔赛召开，扩展了国际单位制的词头范围，国际单位制增加了 ronna 和 quetta，它们分别表示 10^{27} 和 10^{30}，也相应地增加了它们的倒数 ronto 和 quecto，分别表示 10^{-27} 和 10^{-30}。这是 1991 年以来，国际单位制首次新增内容。

大数据已成为全球热门研究领域。相较于网络起步初期的文字、数字类结构化数据，网络日志、图片、音频等非结构化数据也随着社交网络平台的出现快速积累。在这个充满数字化数据的世界，如何存储、处理和分析这些数据，从大数据中获取其隐藏的巨大价值，为社会各领域带来新的机遇，便成为各国竞争的研究课题。

2012 年 3 月，美国宣布了大数据研究与发展计划，旨在利用大数据提取知识和见解，以加速科学和工程领域的发现，改变教育现状。为改善用于评估、组织和总结大量数字化数据的工具和技术，美国各联邦部门投入了大量资金，同时联合了工业、科研院校和非营利组织的力量一起攻克难关。同年，联合国也发布了《大数据促发展：挑战与机遇》白皮书，明确提出大数据时代已然到来，对于这一历史性的机遇，政府应考虑利用大数据来响应社会需求。日本政府在 2012 年发布了《创建最尖端 IT 国家宣言》，全面阐述了以发展开放公共数据和大数据为核心的国家战略，强调了大数据对于提升国力具有不可或缺的作用。早在 2011 年，我国工业和信息化部发布了物联网的"十二五"规划，其中提及了对海量数据运用信息处理技术的创新工程。2015 年 10 月，我国提出"实施国家大数据战略"，国务院印发《促进大数据发展行动纲要》，旨在全面推进大数据发展，抓住大数据产业发展机遇，提升政府治理能力、民生公共服务质量，促进经济转型和创新发展。大数据已然成为国家的核心资产，引发了各国对大数据领域技术的积极创新和战略规划。

近年来，各领域对大数据的存储、处理和分析进行了不断探索。同时，算法的不断革新进一步促进了数据驱动的新发现，帮助各领域解决更多复杂问题。在 Google 公司的探索下，分布式处理大数据的程序框架 Hadoop 被开发，网页和文档数据可以被快速访问，这大大提高了大数据的处理效率。而大数据的价值，需要从大数据分析结果中提取。传统分析数据的方法多采用统计学方法，如因子分析、聚类分析、相关性分析、回归分析、统计分析等。事实上，大数据分析技术中也会采用统计学方法，只是大数据的理论分析核心是数据挖掘算法，较为经典的数据挖掘算法有神经网络法、决策树法、遗传算法、粗糙集法、模糊集法和关联法则法等。一些经典算法又被进一步开发和革新，如在 20 世纪 80 年代最具代表的是人工神经网络，到 20 世纪 80～90 年代开始出现卷积神经网络。至 21 世纪后，随着深度学习理论和计算机性能的提升，卷积神经网络技术得到快速发展。卷积神经网络迅速被应用到商业、医学和科研中，进一步挖掘了大数据的隐藏价值。例如，1998 年成立的京东公司，已经在利用卷积神经网络技术对海量图片数据进行识别和个性化商品描述，然后再基于算法开展智能推送。对于企业来说，大数据的价值更体现在对商业决策的支持和指导上，企业通过对大数据的分析来对市场进行评估和行为的预测。一些从大数据中挖掘的价值被快速变为实际的盈利模式，帮助用户解决复杂问题（黄颖，2014；吴军，2016）。例如，2011 年成立的 SumAll 公司可以为客户提供数据服务、实时数据分析和可视化，为客户提供挖掘税收、发货和出售量的服务。2012 年成立的 NGDATA 公司提供企业与消费者实现互动的数据解决方案。

大量的实例证明，大数据应用的普及给各行业带来革新。例如，在医疗方面，人们利用大数据分析如何降低感染率和再入院率，以找到减少医疗卫生领域开销的解决方案。传媒行业中，由于大数据分析的介入，为用户个性化推送感兴趣的新闻的媒体对传统新闻媒体的地位发起挑战，改变了企业的传统交流方式，甚至改变了行业标准。航空公司通过人工智能分析卫星传递的实时数据，远程诊断雷

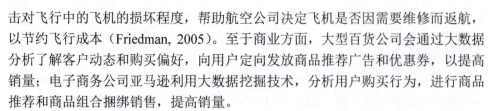

击对飞行中的飞机的损坏程度，帮助航空公司决定飞机是否因需要维修而返航，以节约飞行成本（Friedman，2005）。至于商业方面，大型百货公司会通过大数据分析了解客户动态和购买偏好，向用户定向发放商品推荐广告和优惠券，以提高销量；电子商务公司亚马逊利用大数据挖掘技术，分析用户购买行为，进行商品推荐和商品组合捆绑销售，提高销量。

大数据分析带来的变革极大地提高了各领域的行业发展和创新速度，因此，科学家们也很期待大数据对科研领域的革新。Guo（2017）认为，大数据在科学研究方面具有巨大潜能，它将为科学研究引入更多的新方法，提供全新研究角度，激发创新科学发现。

庞大的数据集可以支持对与重要的科学问题有关的现有理论的调整和验证，从而产生新的发现。大量的数据集本身能够提供无穷无尽的新知识来源，而不需要为科学现象建模。这种数据驱动的科学发现就是所谓的"第四范式科学研究"，是数据密集型科学发现。

如今，大数据已应用在粒子物理学、地球科学、生态学等领域的前沿研究中。例如，在粒子物理学领域，欧洲核子研究中心的科学家们在寻找希格斯粒子的过程中，分析了800万亿个粒子碰撞的记录（Guo，2017）。在地球科学领域，随着地球系统观测数据的日渐增加，结合快速提升的计算能力，机器学习方法越来越多地被用来提取其中的模式和内涵信息。例如，机器学习方法被用于分类和异常检测（寻找极端天气模式、土地使用和变化检测）、回归分析（根据大气条件预测通量和植被特性）和状态预测（降水临近预报、季节性预报）。标志性成果是通过高分辨率卫星数据和神经网络成功进行了土地覆盖和云层的分类（Reichstein et al.，2019）。在生态学领域，贝叶斯统计方法的进步为生态学家提供了解决生态多样性和准确性的方法，这些方法可以处理生态演变的动态过程，观测生态变化过程中的不确定性，并对其中的复杂性开展立体式分析（Farley et al.，2018；Clark，2005）。

大数据并不是一个确切的概念。大数据最初是指需要处理的信息量过大，已经超出了一般电脑的处理能力。由于数据量庞大，工程师们必须要改进处理数据的工具，进而促进了各种新技术、平台与算法等的诞生。这些新技术、平台与算法使人们可以处理的数据量大大增加。随之而引起的变革是，人们发现很多事物在小规模数据的基础上无法完成，而在大规模数据的基础上才得以实现。大数据改变了人们认识世界的方式，是人们获得新知、创造新价值的源泉，大数据创造了时代变革，改变了社会组织机构、生产以及生活，也显著改变了人类社会对自然的认知，改变了科学研究的方式和认知规律。

1.2　科研范式变革

最早关于科研范式的概念来自于科学史家、科学哲学家托马斯·库恩（Thomas S. Kuhn, 1922～1996 年）于 1962 年出版的《科学革命的结构》（库恩等，1980）。该著作自出版以来就在学术界甚至社会公众领域引起了热烈讨论，被奉为科学史研究领域的经典著作，甚至引发了科学哲学界的认识革命。这部著作创造了很多耳熟能详的术语，如科学革命、结构、常规科学、范式、范式转换、反常等。其中，范式和范式转换在科学界有很多沿用。其实，对于科学范式，并没有非常明确的定义，学术界普遍所接受的看法是，科学范式是指科学共同体所共同接受的理论体系，是一个约束我们思维、视野、概念与方向的框架，也是一种思潮与流行基调。而科学研究范式指的是科学研究工作有序运转所依赖或普遍采用的一套规则体系，包括建制环境、研究路径、评价体系、研究方法、研究工具、技术路线与研究模式等。随着人类社会的变革，科学研究的路径、评价体系与方法等一直在发生变化，这些变化往往随着经济与社会的变革而发生显著的改变，这就是科学研究的范式变革。

科研范式变革的发生往往是潜移默化的，具体的时间界限并不容易区分。研究路径与研究模式的改变是最常见的科学研究范式变革。第二次世界大战以后，科学的存在形态经历并完成了从小科学向大科学的转变，科学研究的路径与模式也发生了根本性变化。在小科学时代，科学研究奉行个人英雄主义，并由此成就了无数科学传奇，如爱因斯坦、居里夫人等，他们凭借个人努力，取得了举世瞩目的科学成就，成为科学历史上耳熟能详的传奇。而到了大科学时代，要想取得重大科学成就，远非一己之力所能完成，如美国曼哈顿工程、阿波罗登月计划、引力波探测、中国神舟飞船等，这些耗资巨大的科学项目，都是由庞大的科研团队，通过复杂的现代管理技术，经过有机整合与广泛合作才能完成的，任何单独的个人都是无力完成或实现的。研究模式和研究团队方面发生的变化会进一步导致一系列相关变化，如科学问题的探索模式和认知方式等，这种转变就是一种典型的研究范式变革。

目前对于科学研究范式变革还有一种非常流行的说法，是来自科学史的简要归纳，大致按照时间顺序总结出四种科学研究范式（图 1.1）。

第一范式：以观察与实验作为主要的研究方式，以观察、描述并记录自然现象，开展实验为主，在方法上以基于实验或经验的归纳为主，是经验主义的科学研究方式，也是最古老的科学研究方式。

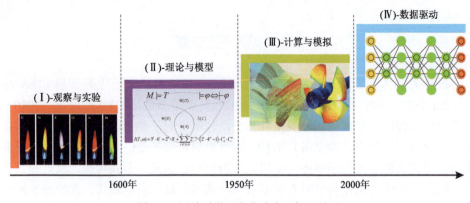

图1.1 四种科学研究范式内涵概要简图

第二范式：强调理论与模型，在观察自然现象的基础上进行抽象简化，使用模型或归纳总结理论开展科学研究。这种强调理论与模型的研究范式有多个经典案例，如相对论、牛顿定律等。

第三范式：强调通过计算与模拟开展科学研究，主要对复杂的现象开展尽可能接近真实的计算与模拟，相关的典型案例包括天气预报、模拟核试验、流体力学分析模拟等。

第四范式：数据驱动，从海量数据分析中发现规律，将其提升为科学认识。这种研究的主要特征是：依靠信息设备收集或模拟产生数据，依靠软件和设计算法分析处理数据，依靠计算机和服务器存储数据，对数据进行专门的管理并展示，从对数据分析的结果中发现新的知识，这种知识的认知模式与上述三种范式是不同的。如今的多种自然科学研究早已积累了海量数据，都成为数据密集型学科，为了化解数据造成的灾难，需要改变研究模式，数据驱动的第四种科研范式也由此自然而然被提出（Tansley and Tolle, 2009）。

值得一提的是，尽管这四种科研范式大致可以区分出在时间上的演进阶段，但是不意味着较早的研究范式就已经变得过时和落伍，甚至被淘汰，相反，在今天的科学研究活动中，四种科研范式都可以找到具体的应用与案例，也都是非常活跃和积极的。科学研究（在这里主要强调自然科学的研究工作）体现了对自然世界的认知，观察、实验、建模与理论验证都是科研的基本过程与方法，也是每个从事科学研究的人所熟知的手段与技术路线。随着科研过程的深入开展，所获取、积累、汇集的数据也越来越多，这些数据既是前期研究的成果，也是研究经验的积累，还是开展数据驱动的科学研究工作的必要材料。简言之，科学研究领域中的范式革命是时代的趋势与潮流，也是各个学科领域自身发展的需要。

基于数据的科学发现以及对大数据的分析与算法设计也都离不开对具体的、

专业科研领域的深入认识。范式变革进一步拓展了科学的认知方式。正如逻辑思维中的推理过程一样，无论是归纳、演绎，还是溯因推理，其目的都在于从现象中看到本质。

1.3　数据驱动古生物学与地层学研究

古生物学与地层学研究历史悠久，是地球科学领域重要的基础学科。它以地球表层的岩石、地层、化石等为研究对象，旨在认识生命起源与演化，以及生命与岩石及其与环境演变之间的协同关系。古生物学与地层学密切相关，二者是互为一体的学科（Benton and Harper, 2020）。只有赋存在地层中的化石才是古生物学的研究对象，地层是古生物化石的载体，二者是无法割裂的。基于古生物学所开展的综合地层学研究对于基础地质调查和油气矿藏勘查具有不可替代的作用，也是确定岩石地质时代、开展全球区域对比的重要内容。化石标本和地层剖面是生命演化的实证，是世界自然遗产和地质遗迹（公园）的重要资源，也是开展科学传播的重要依据与题材。

尽管对古生物化石的描述可以追溯到 200 多年以前（邓龙华, 1976），但是在直至 20 世纪中叶的百余年期间，古生物学与地层学一直在采集化石与岩石，描述并记录着化石的形态，根据形态对化石生物进行系统分类，对世界各地的地层进行区域对比。这期间取得了非常显著的成就（中国古生物学会, 2015），也有非常成功的理论性模型与发现（戎嘉余等, 1990）。然而，这样的研究过程是以定性的、经验主义的研究为主，很少涉及从化石记录中提取数据信息并用定量手段进行分析的研究。这种传统的经验科学方法在古生物学以收集材料占绝对优势的时期是实用且高效的。

20 世纪中期以来，随着数理统计学的不断成熟，古生物学作为地球系统科学中的一个组成部分，也开始向定量化和现代化发展（刘羽, 2005；汪品先, 2009）。越来越多的古生物学与地层学研究已经离不开定量分析，这一学科的现代科学含义也越发完善。这个变化的过程很难找到确切的起始时间点，但其产生的影响力确实逐渐壮大，其中包含三项彼此相关而且都至关重要的因素：①新的数据采集手段与方法；②数据库体系的建立与完善；③新的数据分析方法。

1.3.1　数据采集方法革新

古生物学与地层学是数据密集型科学，其在研究方式上与直接或间接的数据采集过程密不可分。一直以来，古生物学与地层学在研究过程中注重化石标本与地层剖面的描述与记录，以多种文献和资料的形式积累了海量的、多种类型的基础数据：①化石产出记录数据，具体包括古生物系统分类、化石名称、产地、形态；②地层记录数据，具体包括分层与厚度信息、岩石特征、地层剖面、地质时代、地球化学；③化石标本数据，具体包括编号与馆藏信息、模式信息、采集信息、图像、三维模型等；④科学文献数据，具体包括文献类型、作者、科研单位、年代、标题、来源、资助项目、DOI 码、PDF 文件等。随着大数据时代的到来，古生物学与地层学研究也面临着范式转换，对长期积累的古生物学与地层学大数据亟待开展分析，这也是时代发展的必然（Raup and Stanley, 1978; Foote et al., 2007）。

古生物学与地层学领域中，多类型的数据源于数据采集手段的不断更新，随之而来的是数据量越来越大，因此对数据也必须开展系统管理。化石图像的采集技术不断更新，从化石的宏观拍摄与常见摄影，到利用扫描电子显微镜获取化石的微观形态特征，再到对化石开展无损害的断层扫描。地层剖面的研究技术与方法也在不断更新，如今能以轻松便捷且成本较低的方式，采集地层岩石中多种化学元素的地球化学信息，甚至还有专门的岩心扫描设备，能够便捷轻松地采集岩心中的综合地球化学数据。数据化也有助于归档管理和全面检索，如对化石标本进行统一数据化管理，对文献匹配唯一 DOI 标识符，对此前古生物与地层中的描述性文字进行信息化与数据化。

古生物学与地层学领域的这些数据既有易于读取和量化统计的结构化数据，如分类、名称、地质时代、剖面、产地等，也有难以开展量化统计的非结构化的高维度数据，如文本、图像、视频、三维模型等。这些不同格式与类型的数据，遵照不同的标准，散落在学术著作、期刊论文、学位论文、会议论文、地质调查报告等公开发表或内部资料性质的出版物中，也分布在世界各地的博物馆、标本馆与档案室中。这些原始数据构成了古生物学与地层学研究领域的学科门槛，也潜藏着本学科领域中未知的知识与规模。这些数据是古生物学与地层学，甚至地球科学殿堂中持续积累的无形财富，它们所构成的丰富矿藏正等待着学科专家与数据学家的挖掘。

1.3.2　数据库体系的建立与完善

"大数据"发展的障碍在于数据的"流动性"和"可获取性"。为了进一步推进数据在科学领域的广泛应用，在科学数据管理方面，学界倡导性地提出了科学数据的 FAIR 原则，即保障数据的可查找（findable）、可获取（accessible）、可操作（interoperable），以及可复用（reusable）（Adam-Blondon et al., 2016）。基于此，国内外学者、组织、机构成立了相关的学会，也组织开展了多项科学计划，也建设了数量众多的学科数据库与数据平台。数据体系的建立、完善以及标准化，充分保障了数据的采集、汇交、管理、检索以及分析使用等流程，是开展数据驱动新研究范式、获取古生物学与地层学领域新知识至关重要的环节（徐洪河等，2022）。

最初的数据库来自于对化石记录进行编目以及对生物多样性演化的探索。19世纪末，Phillips（1860）最早绘制了生物多样性演化曲线，这可能是最早的运用古生物学大数据的雏形。20世纪起，学者们开始有意识地对化石记录开展系统性的编目工作，如 Hay（1902）系统整理了北美洲脊椎动物化石编目信息，Harland（1967）和 Benton（1993）系统整理了原生动物、动物大化石和植物大化石在内的大量化石记录，编制了化石记录数据集，以期研究生命发展和演化历史。Sepkoski（1982, 1984, 1992）汇总了全球 4000 余个科级化石的数据，构建了全球显生宙海洋动物科级化石记录数据集。后来，Sepkoski（1984）基于这些数据，绘制了显生宙生物多样性曲线，确定了海洋生物多样性的不均衡变化，首次提出了地质历史时期中的五次生物大灭绝模式，即全球生物多样性演化的"Big Five"模式，这被认为是当今地球科学研究中最重要的创新性成果之一，对地球科学等自然科学领域产生了至关重要的影响，其早已经进入教科书并且被社会公众所熟知。Sepkoski 最初的数据库后来得到美国国家科学基金会等机构的官方资助，于 1998 年正式发展成为古生物学数据库（paleobiology database, PBDB）。PBDB目前是世界上数据规模最大、使用人数最多、相关成果最丰富的古生物学专业数据库，有力地促进了古生物学新范式研究工作的推进。随后，在世界各地不同规模与类型的专业数据库相继建立，如中国学者主导并建设的地质生物多样性数据库（geobiodiversity database, GBDB），其以地质剖面为核心，汇交地层学记录中的各项信息，兼容化石产出记录数据（樊隽轩，2011; Xu et al., 2020）。各大科研机构和博物馆也纷纷建立自己的专业数据库（关于学科数据库的介绍请参见第 2章）。

对于不同的数据库，近年来也有学者呼吁在各大数据库之间进一步贯通与整合，对相关的数据格式与标准也能兼容或统一，于是与科学数据相关的各类大学科计划（如深时数字地球大科学计划）应运而生，各大科学数据库彼此的互补整合也在进行中。

1.3.3　数据分析方法不断革新

对于不断增加的数据，势必需要更符合时代要求的分析与研究方法，在数理统计与计算机软件、技术与算法日臻完善的社会背景下，古生物学与地层学领域在利用计算机和使用数据方面不断拓展（Tipper, 1991; Shi, 1993），在理论与分析方面也不断纵深（Harper and Ryan, 1990; Temple, 1992; Hammer and Harper, 2006），甚至专门产生了定量古生物学的学科方向（黄冰等，2013；樊隽轩等，2016）。古生物学与地层学领域专家也纷纷开发了适用于本学科领域的数据统计与分析软件，简单介绍如下。

古生物学统计分析（palaeontological statistics, PAST）软件就是第一款专用于古生物学领域的统计分析软件（Harper, 1999; Hammer et al., 2001）。至今，PAST软件一直在不断更新和优化，目前已经是 3.0 版本，包含几十个计算模块，约 200 个子程序，能完成上百种不同类型的数理统计过程，满足绝大部分的古生物学定量分析任务。

约束最优化（constrained optimization, CONOP）是一种广泛用于开展高分辨率生物地层学对比的软件，其最早来自于地层对比中的图形对比法（Kemple et al., 1995），后来进行了多次优化，目前最新版是 CONOP9（Sadler and Cooper, 2003; Sadler, 2019）。CONOP 可以开展多剖面地层对比、精细时间框架建设和高时间分辨率多样性计算等，其利用古生物学领域先验的化石记录事件提供约束性，同时在可能出现的结果中作出最优选择。最近，基于地层剖面大数据使用该软件的著名案例是 Fan 等（2020）基于华南的地层剖面综合数据对海洋生物多样性的高分辨率重建。

近些年，人工智能等算法与技术也广泛用于古生物学和地层学领域的大数据分析之中（Reichstein et al., 2019）。Peters 等（2014）开发了一个名为 PaleoDeepDive 的机器阅读和学习系统，通过光学字符辨识、文档布局识别、自然语言处理、识别实体及其关系、基于指数模型进行规则的权重分析、生成因子图、远程监督（distant supervision）等步骤，该系统能自动定位和提取科学文献中的数据，如生物学插图中的形态学数据、相应的文本描述、化石产出记录数据等。这项大胆尝试的目的是整合大规模的古生物学数据，目前 PaleoDeepDive 在数据提取和推理等任务中的表现与人类相当。除此以外，一些科研人员将深度神经网络技术应用于原角龙和鱼类化石的 CT 扫描图像分割，以提高化石图像数据处理的准确率和效率（Hou et al., 2020, 2021; Yu et al., 2022）。Punyasena 等（2012）建立了机器学习系统，对北美第四纪地层的云杉花粉化石图像进行分类，其分类准确率超过93%。Bourel 等（2020） 运用卷积神经网络（convolutional neural network） 自动识别花粉粒图像，其中化石花粉粒图像的错误识别率最低达 3.7%等。Liu 和 Song （2020）运用深度卷积神经网络自动识别岩石薄片中的化石和非生物颗粒，该方法对有相似形态的化石（如双壳类、腕足类、介形类）的识别精度可达 0.88，大大提高了碳酸盐岩微相分析的效率。甚至有研究人员运用神经网络建立腕足类的形态参数数据并发现与腕足位置间的关联，对发现腕足的地理位置的预测准确度可高达 81%（Sohrabi et al., 2021）。Malmgren 和 Nordlund（1997）运用人工神经网络（artificial neural network）对印度洋南部区域的第四纪晚期浮游有孔虫属种相对丰度进行分析，以预测海水表面温度。未来大数据在古生物学与地层学领域的应用将更加普遍，该领域海量数据的积累也将发挥其巨大潜能，对现有理论进行辅助建模和验证，发现数据中的隐藏模式，促进新知识的发现。

1.4　相关的国际大科学计划与组织

国际大科学计划一般是由国际学术组织所发起，由多国提供项目支持，由多个国际组织参与，持续时间相对较长（至少十年）的科学研究计划，该类科学研究计划旨在加强对全球相关议题的理解与认识，或改善地球环境、增进人类福祉等。古生物学和地层学属于地球科学与生物科学领域的交叉学科，其相关的科研范畴往往涉及生物多样性、环境变化等与人类命运休戚相关的议题，与此相关的国际科学计划较多，笔者仅对一些古生物学和地层学参与度较高的科学计划进行介绍。

1.4.1　未来地球

未来地球（Future Earth，网址：https://futureearth.org/）大科学计划由国际科学理事会（ICSU）和国际社会科学理事会（ISSC）发起，联合国教育、科学及文化组织（以下简称联合国教科文组织）（UNESCO）等组织共同资助与推动，于2012年在联合国可持续发展大会上正式启动，为期十年（图 1.2）。未来地球（Future

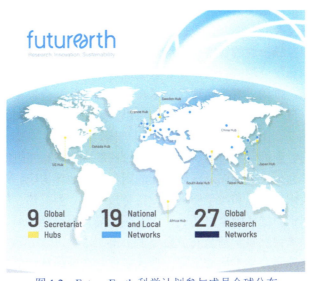

图 1.2　Future Earth 科学计划参与成员全球分布

Earth）科学计划建立在 30 多年的全球环境变化研究基础上，并且整合了此前开展的其他国际科学计划，其中包括：国际地圈生物圈计划（International Geosphere-Biosphere Program，IGBP）、生物多样性科学研究领域内最有影响力的国际项目：国际生物多样性科学计划（International Program of Biodiversity Science, DIVERSITAS）（发起时间 1991 年）。

Future Earth 科学计划非常强调自然科学与社会科学的联系与融合，目的是打破学科壁垒，为全球环境变化提供科学知识、技术方法与手段，支持全球和区域的可持续发展。可能是由于时代和相关科研工作发展的限制，Future Earth 科学计划对大数据方面提及较少。

1.4.2　国际数字地球学会

国际数字地球学会（International Society for Digital Earth，ISDE）（网址：http://www.digitalearth-isde.org/）是在中国、加拿大、美国、日本、捷克等 10 多个国家科学家的共同倡议下，由中国科学院发起，并联合数字地球领域国内外机构、学者发起成立的非政府性国际学术组织，成立于 2006 年，总部设在北京。

国际数字地球学会以传播数字地球概念，推进和交流数字地球科学技术及其在社会和经济可持续发展中的应用，促进信息化，缩小数字鸿沟为宗旨。它为人类合理利用自然资源、优化环境、保护文化遗产提供科学基础和理论支持；为建设生态文明、提高防灾应急反应能力凝聚智慧和力量。"数字地球"是我们生存的这颗星球的虚拟表达，它包含了人类社会在内的所有系统和形式，并以多维和多尺度、多时相、多层面的信息手段表现出来。数字地球的外观是一个基于计算机的地球，具有交互式功能，是我们对真实地球认识的虚拟对照体，以及对真实地球及其相关现象统一性的数字化重现与认识。

国际数字地球学会的宗旨是，在"数字地球"理念的指导下，促进国际学术交流与项目合作，推动"数字地球"技术在国民经济和社会可持续发展、环境保护、灾害治理、世界遗产与自然资源保护，以及反对恐怖主义和维护世界稳定等诸多方面发挥重要作用。2006 年 5 月，来自美国、加拿大、英国、澳大利亚、荷兰、瑞士、法国、新西兰、日本、德国等国家和联合国教科文组织的代表出席了国际数字地球学会成立大会以及随后举行的国际数字地球论坛。中方参会者来自中国科学院以及国家发展和改革委员会、科学技术部、教育部、住房和城乡建设部、国家环境保护总局、国家海洋局、国家航天局、国家测绘局、中国气象局、中国地震局、国家自然科学基金委员会等多个部门。

国际数字地球学会学术活动丰富，形式多样，在国际舞台上非常活跃，自成立以来，多次举办主题培训班、国际报告、视频竞赛等。目前，国际数字地球学会已经成功举办了 13 届国际数字地球学术研讨会（International Symposium on Digital Earth），最近的一次于 2023 年 7 月 11~14 日在希腊雅典的 Harokopio University 举行（图 1.3）。国际数字地球学会举办了 9 届数字地球峰会（Digital Earth Summit），最近一次于 2022 年 9 月 6~8 日在印度金奈的安那大学举行，超过 200 名科研机构人员、官方代表、非政府组织人员参与了这次峰会。此外，国际数字地球学会还负责出版两部国际学术期刊：*International Journal of Digital Earth*（IJDE）（2008 年创立）、*Big Earth Data*（BED）（2017 年创立）。国际数字地球学会于 2019 年出版数字地球领域的专著《数字地球手册》（*Manual of Digital Earth*）（Guo et al., 2019），该著作由来自 18 个国家的超过 100 位作者共同撰写，学术内容涵盖了数字地球研究领域最新的研究进展，并展望了未来的研究方向，是关于数字地球的理论、方法和工程技术等领域系统性的分析与总结。

图 1.3　国际数字地球学会（ISDE）全球学术活动地图（图片来自于 ISDE 网站）

1.4.3　地球大数据科学工程

"地球大数据科学工程"（Big Earth Data Science Engineering Program，CASEarth），隶属于中国科学院 A 类战略性先导科技专项（"地球大数据"专项），于 2018 年 1 月 1 日正式立项，执行期 5 年。专项汇集了中国科学院及国内外众多单位的优势资源，致力于构建包含资源、环境、生物、生态等多个领域的大数据与云服务共享平台，重点开展数字"一带一路"、全景美丽中国、生物多样性与生态安全、三维信息海洋和时空三极环境等方面的基础与应用研究，建设国际领先的数字地球科学平台，推动地球大数据领域的技术创新与地球系统科学的重大突破和科学发现，实现全方位宏观决策支持和社会公众知识传播服务，为"一带一路"、"数字中国"、人类命运共同体和联合国可持续发展目标等国内外重大战略提供科技支撑和决策支持。

CASEarth 研究总体目标是完成建设国际地球大数据科学中心，具体包括：①构建全球领先的地球大数据基础设施，突破数据开放共享的瓶颈问题，实现资源、环境、生物、生态等领域分散的数据、模型与服务等的全面集成；②形成国际一流的地球大数据学科驱动平台，探索大数据驱动、多学科融合的科学发现新范式，示范带动地球系统科学、生命科学及相关学科的重大突破；③构建服务政府高层的决策支持系统，全景展示和动态推演"一带一路"可持续发展过程与态势，实现对全景美丽中国的精准评价与决策支持，为构建数字中国做贡献。

2015 年 9 月 25 日，联合国可持续发展峰会在纽约联合国总部召开，联合国的 193 个成员方在峰会上正式通过 17 个可持续发展目标（sustainable development goal，SDGs）（图 1.4），具体内容包括：第 1 项，无贫穷；第 2 项：零饥饿，实现粮食安全、改善营养和促进可持续农业；第 3 项：良好健康与福祉，确保健康的生活方式、促进各年龄段人群的福祉；第 4 项：优质教育，确保包容、公平的优质教育，促进全民享有终身学习机会；第 5 项：性别平等，为所有妇女、女童赋权；第 6 项：清洁饮水和卫生设施；第 7 项：经济适用的清洁能源，确保人人获得可负担、可靠和可持续的现代能源；第 8 项：体面工作和经济增长，促进持久、包容、可持续的经济增长，实现充分和生产性就业，确保人人有体面工作；第 9 项：产业、创新和基础设施，建设有风险抵御能力的基础设施、促进包容的可持续工业，并推动创新；第 10 项：减少不平等，减少国家内部和国家之间的不平等；第 11 项：可持续城市和社区，建设包容、安全、有风险抵御能力和可持续的城市及人类住区；第 12 项：负责任消费和生产，确保可持续消费和生产模式；第 13 项：气候行动，采取紧急行动应对气候变化及其影响；第 14 项：水下生物，保护和可持续利用海洋及海洋资源，以促进可持续发展；第 15 项：陆地生物，保护、恢复和促进可持续利用陆地生态系统、可持续森林管理、防治荒漠化、制止和扭转土地退化现象、遏制生物多样性的丧失；第 16 项：和平、正义与强大机构，促进有利于可持续发展的和平和包容社会，为所有人提供诉诸司法的机会，在各层级建立有效、负责和包容的机构；第 17 项：促进目标实现的伙伴关系，加强执行手段，重振可持续发展全球伙伴关系（参见：https://sdgs.un.org/goals）。

可持续发展目标（SDGs）旨在 2015～2030 年以综合方式彻底解决社会、经济和环境三个维度的发展问题，转向可持续发展道路。CASEarth 于 2019 年成立了可持续发展大数据国际研究中心，重点开展大数据驱动的可持续发展目标监测、评估与预测系统研究，发展地球大数据服务联合国 2030 年议程的理论体系和技术方法，研建服务 SDGs 的大数据平台和决策支持系统，为践行全球发展倡议并促进全球 SDGs 实现提供科技助力。

CASEarth 专项以科技创新促进机制为导向，结合地球大数据优势和特点，开展 SDGs 监测与评估研究，聚焦 SDG 2 零饥饿、SDG 6 清洁饮水和卫生设施、SDG 7 经济适用的清洁能源、SDG 11 可持续城市和社区、SDG 13 气候行动、SDG 14 水下生物和 SDG 15 陆地生物等目标，在数据产品、技术方法、案例分析和决策支持方面作出了重要贡献。CASEarth 专项自 2019 年以来，持续发布《地球大数据支撑可持续发展目标报告》，目前最新发布的是 2024 年度报告，充分展示了大数据支撑 SDGs 落实的最新成果和创新性实践，面向上述 7 个 SDGs，基于全球尺度数据产品和研究基础，利用地球大数据、人工智能等新技术助力可持续发展方法研究，阐述全球性可持续发展的科学认识，提出基于科学实证的决策建议。

CASEarth 专项还组织开展了一系列科研与工程项目，其中主要有"广目"地球科学卫星、地球大数据云服务平台"一带一路"地球大数据分析与决策系统、"全景美丽中国"评价与决策支持系统、生物多样性与生态安全数据平台、三维信息海洋、时空三极环境、数字地球科学平台、CASEarth 科学工程等（图 1.5）。这些科研与工程专项是地球大数据研究领域的全面涵盖，其中也

图 1.4　联合国于 2015 年发布的 17 项可持续发展目标

资料来源：https://sdgs.un.org/goals

图 1.5　CASEarth 专项地球大数据工程，决策支持公众平台页面

资料来源：http://online.casearth.cn/

包括推进建设地球大数据相关的标准与规范，推进支持数据的驱动科学理论研究。值得一提的是，地质学领域中的古生物学与地层学数据库建设是涵盖在 CASEarth 专项中的生物多样性与生态安全数据平台之中的，毕竟地质历史时期的生物多样性和环境变化与当今生物多样性具有一致性与相通之处。

1.4.4　国际地质科学联合会的大科学计划

国际地质科学联合会（International Union of Geological Sciences, IUGS）（网址：https://www.iugs.org/）是国际地质科学领域的学术组织，成立于 1961 年 3 月，秘书处设在挪威，入会组织 115 个，代表着全球约 40 万名地质科学家，是世界上最大、最活跃的科学团体之一。IUGS 与联合国教科文组织（UNESCO）和其他国际组织共同主持开展了数百个国际科学项目，其中与古生物学和地层学相关的主要有：国际地球科学计划（International Geoscience Program，IGCP）、国际岩石圈计划（International Lithosphere Program，ILP）、全球地质公园计划（Global Geoparks Program），以及深时数字地球计划（Deep-time Digital Earth Program）等。

IGCP 自 1973 年开始实施，至今仍然非常活跃。IGCP 旨在赞助与促进全球规模的各项基础地质问题的合作研究，主要合作领域和任务包括：①发展识别和评价能源与矿产等资源的更有效途径；②了解控制地球环境的因素，为改善环境作出贡献；③通过多地区的对比研究，增进对地质作用及其概念的认识；④改进地质研究水平、方法和技术。中国于 1977 年开始参加 IGCP，并于 1980 年成立了国家委员会。

ILP 始于 1980 年，目前活跃度较低，其科学目标主要包括：①2 亿年以前岩石圈的成因和演化；②岩石圈（尤其是大陆及其边缘）的结构、物理特性和动力学；③大洋岩石圈与大陆岩石圈间的差别；④天然和人类活动诱发的地质灾害的评估、预测与减轻；⑤地球资源的评估。

全球地质公园计划主要由 UNESCO 发起，主要是 IGCP 项目的各种形式推进与运作，旨在对全球地质遗迹和地质公园进行科学梳理与保护。

1.4.5　深时数字地球大科学计划

"深时数字地球"（Deep-time Digital Earth, DDE）是 2019 年由中国科学家倡议、13 个国际组织与机构共同发起的国际大科学计划，致力于搭建全球地球科学家与数据科学家合作交流的国际平台，推动地球科学在大数据时代的创新发展（图 1.6）。DDE 计划为期 30 年（2020～2049 年），以"整合地球演化全球数据，共享全球地学知识"为使命，以"推动地球科学研究的变革性发展"为愿景，聚焦地球数十亿年演化历史（即"深时"），建立全球科学家合作研究联盟，构建地球科学知识图谱，打造"地学谷歌"，实现生命演化、物质演化、气候演化和地理演化等重大科学问题的突破，识别全球资源与能源矿产的宏观和区域分布规律，建设地球科学大数据创新平台和人才高地，为实现联合国 2030 年可持续发展目标和人类命运共同体的建设作出重要贡献（Wang et al., 2021）。所谓"深时"（deep time）强调的是基于岩石所刻画或建立的时间框架，即深时的时间记录无法通过文本、档案或文物来重建，而只能以岩石记录来重现，深时主要强调了人类出现以前的漫长地质历史时期。

DDE 计划具体包括三方面核心目标：①建成聚合地球演化的全球数据，覆盖地球科学全领域知识图谱，协同地球多圈层的深时地球演化模拟器的深时地球研究全球平台，为全球地球科学家提供深时地球科学研究的数字化科技基础设施：深时数字地球平台；②通过深时数字地球平台，发展以大数据驱动、全域知识图谱为支撑的地球科学研究新范式，推动地球科学研究范式的大变革，提升深时地球研究创新能力；③创建地球系统演化的新理论新方法，促进地球系统协同演化内在机制与本质规律的创新研究，提高全人类对地球系统及其运动变化的认知水平。

截至 2024 年底，DDE 计划有 39 个学科工作组，囊括了地球科学领域所有分支学科与研究方向。2022 年 11 月 9 日，联合国教科文组织（UNESCO）、联合国基础科学促进可持续发展国际年（IYBSSD）、国际地质科学联合会（IUGS）和 DDE 大科学计划联合主办 DDE 开放科学论坛（DDE Open Science Forum）在法国巴黎 UNESCO 总部大厅举行，这意味着这项由我国科学家牵头发起的 DDE 大科学计划得到了全球科学界的认可，也表现出中国有意愿、有能力向全球打造开放、平等、智能的科技公共产品的决心和承诺。本次论坛主题为"深时数字地球：过去连接未来"，其目的是宣布 DDE 全球发起和 DDE 大科学计划全球科技云基础设施 Deep-time.org 正式上线提供全球服务。

古生物学工作组由中国科学院南京地质古生物研究所的专家担任主要工作，其主要成果之一是构架了 OneFossil 综合数据平台。OneFossil 是一个多维度的科学数据平台，整合了目前国内外已有的多个古生物学与地层学科学数据平台，以化石标本为核心，致力于推进以数据为驱动的古生物学与地层学综合研究工作。

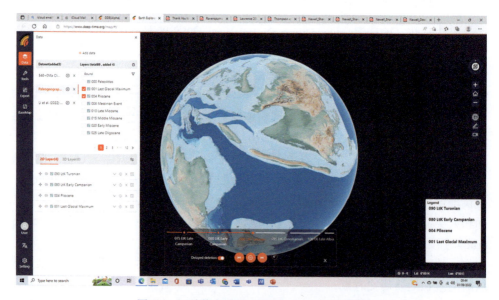

图 1.6　深时数字地球（DDE）网站平台截图

参 考 文 献

邓龙华. 1976. 《梦溪笔谈》延州"竹笋"化石考辨兼谈沈括在古生物学上的贡献. 古生物学报, 15: 1-6.

樊隽轩, 黄冰, 泮燕红, 等. 2016. 定量古生物学及重要名词释义. 古生物学报, 55: 220-243.

樊隽轩. 2011. 古生物学和地层学研究的定量化趋势——GBDB 数字化科研平台的建设及其意义. 古生物学报, 50: 141-153.

黄冰, Harper D A T, Hammer Ø. 2013. 定量古生物学软件 PAST 及其常用功能. 古生物学报, 52: 161-181.

黄颖. 2014. 一本书读懂大数据. 长春: 吉林出版集团有限责任公司.

库恩 T S, 李宝恒, 纪树立. 1980. 科学革命的结构. 上海: 上海科学技术出版社.

刘羽. 2005. 未来 10 年(2000-2010)美国古生物学研究方向——地球-生命耦合系统的动力学历史. 地球科学进展, 20(11): 6.

戎嘉余, 方宗杰, 吴同甲. 1990. 理论古生物学文集. 南京: 南京大学出版社.

吴军. 2016. 智能时代. 北京: 中信出版社.

汪品先. 2009. 穿凿地球系统的时间隧道. 中国科学 D 辑: 地球科学, 10: 1313-1338.

徐洪河, 聂婷, 郭文, 等. 2022. 古生物化石标本元数据标准, 古生物学报, 61(2): 280-290.

中国古生物学会. 2015. 中国古生物学学科史. 合肥: 中国科学技术出版社.

Adam-Blondon A F, Alaux M, Pommier C, et al. 2016. Towards an open grapevine information system. Horticulture Research, 3: 16056.

Benton M J. 1993. The Fossil Record 2. London: Chapman & Madras.

Benton M J, Harper D A T. 2020. Introduction to Paleobiology and Fossil Record. Oxford: Wiley Blackwell.

Bourel B, Marchant R, de Garidel-Thoron T, et al. 2020. Automated recognition by multiple convolutional neural networks of modern, fossil, intact and damaged pollen grains. Computer and Geosciences, 140: 104498.

Clark J S. 2005. Why environmental scientists are becoming Bayesians. Ecology Letters, 8: 2-14.

Fan J, Shen S, Erwin D H, et al. 2020. A high-resolution summary of Cambrian to early Triassic marine invertebrate biodiversity. Science, 367: 272-277.

Farley S S, Dawson A, Goring S J, et al. 2018. Situating ecology as a big-data science: Current advances, challenges, and solutions. BioScience, 68: 563-576.

Foote M, Miller A I, Raup D M, et al. 2007. Principles of Paleontology. San Francisco: W. H. Freeman.

Friedman T L. 2005. The World is Flat. New York: Farrar, Straus and Giroux.

Guo H D, Goodchild M, Annoni A. 2019. Manual of Digital Earth. Singapore: Springer.

Guo H D. 2017. Big Earth data: A new frontier in Earth and information sciences. Big Earth Data, 1: 4-20.

Hammer Ø, Harper D A T. 2006. Paleontological Data Analysis. Oxford: Blackwell Publishing.

Hammer Ø, Harper D A T, Ryan P D. 2001. PAST: Paleontological statistics software package for education and data analysis. Palaeontologia Electronica, 4: 1-9.

Harland W B. 1967. The Fossil Record: A Symposium with Documentation. London: Geological Society of London.

Harper D A T. 1999. Numerical Palaeobiology. Computer-Based Modelling and Analysis of Fossils and their Distributions. Chichester, New York, Weinheim, Brisbane, Singapore, Toronto: John

Wiley & Sons.

Harper D A T, Ryan P D. 1990. Towards a statistical system for palaeontologists. Journal of the Geological Society, 147: 935-948.

Hay O P. 1902. Bibliography and Catalogue of the Fossil Vertebrata of North America. Washington: US Government Printing Office.

Hou Y, Canul-Ku M, Cui X, et al. 2021. Semantic segmentation of vertebrate microfossils from computed tomography data using a deep learning approach. Journal of Micropalaeontology, 40: 163-173.

Hou Y, Cui X, Canul-Ku M, et al. 2020. ADMorph: A 3D digital microfossil morphology dataset for deep learning. IEEE Access, 8: 148744-148756.

Kemple W G, Sadler P M, Strauss D J. 1995. Extending graphic correlation to many dimensions: stratigraphic correlation as constrained optimization//Mann K O, Lane H R. Graphic Correlation. SEPM Special Publication, 53: 65-82.

Liu X, Song H. 2020. Automatic identification of fossils and abiotic grains during carbonate microfacies analysis using deep convolutional neural networks. Sedimentary Geology, 410: 1-14.

Malmgren B A, Nordlund U. 1997. Application of artificial neural networks to paleoceanographic data. Palaeogeography, Palaeoclimatology, Palaeoecology, 136: 359-373.

Mayer-Schönberger V, Cukier K. 2013. Big Data: A Revolution That Will Transform How We Live, Work, and Think. London: Houghton Mifflin Harcourt.

Peters S E, Zhang C, Livny M, et al. 2014. A machine reading system for assembling synthetic paleontological databases. PLoS One, 9: e113523.

Phillips J. 1860. Life on the Earth: Its Origin and Succession. London: Macmillan and Company.

Punyasena S W, Tcheng D K, Wesseln C, et al. 2012. Classifying black and white spruce pollen using layered machine learning. New Phytologist, 196: 937-944.

Raup D, Stanley S M. 1978. Principles of Paleontology. San Francisco: Freeman.

Reichstein M, Camps-valls G, Stevens B, et al. 2019. Deep learning and process understanding for data-driven earth system science. Nature, 566: 195-204.

Reinsel D, Gantz J, Rydning J. 2017. Data age 2025: The Evolution of Data to Life-critical don't Focus on Big Data. Framingham: IDC Analyze the Future.

Sadler P M. 2019. Biochronology as a Traveling Salesman Problem: Introduction to the CONOP9 Seriation Programs, 6th edition. Riverside, C A: University of California.

Sadler P M, Cooper R A. 2003. Best-fit intervals and consensus sequences: Comparison of the resolving power of traditional biostratigraphy and computer-assisted correlation//Harries P J. High-resolution Approaches in Stratigraphic Paleontology. Dordrecht: Kluwer Academic Publishers: 49-94.

Sepkoski J J. 1982. A compendium of fossil marine families. Milwaukee Public Museum

Contributions in Biology and Geology, 51: 1-125.

Sepkoski J J. 1984. A kinetic model of Phanerozoic taxonomic diversity. III. Post-Paleozoic families and mass extinctions. Paleobiology, 10(2): 246-267.

Sepkoski J J. 1992. A compendium of fossil marine animal families, 2nd ed. Milwaukee Public Museum Contributions in Biology and Geology, 83: 1-156

Shi G R. 1993. Multivariate data analysis in palaeoecology and palaeobiogeography-a review. Palaeogeography, Palaeoclimatology, Palaeoecology, 105: 199-234.

Sohrabi A, Kadkhodaie A, Kadkhodaie-Ilkhchi R. 2021. Artificial intelligence approach to palaeogeography and evolutionary trend analysis of Laurentian brachiopod fauna in the Rhynchotrema-Hiscobeccus lineage. Palaeogeography, Palaeoclimatology, Palaeoecology, 562: 110114.

Tansley S, Tolle K M. 2009. The fourth paradigm: Data-intensive scientific discovery (Vol. 1). Redmond, WA: Microsoft Research.

Temple J T. 1992. The progress of quantitative methods in palaeontology. Palaeontology, 35: 475-484.

Tipper J C. 1991. Computer applications in paleontology: Balance in the late 1980s? Computers & Geosciences, 17: 1091-1098.

Wang C, Hazen R M, Cheng Q, et al. 2021. The deep-time digital earth program: Data-driven discovery in geosciences. National Science Review, 8(9): nwab027.

Xu H H, Niu Z B, Chen Y S. 2020. A status report on a section-based stratigraphic and palaeontological database-the geobiodiversity database. Earth System Science Data, 12: 3443-3452.

Yu C, Qin F, Li Y, et al. 2022. CT segmentation of dinosaur fossils by deep learning. Frontiers in Earth Science, 9: 1-8.

第 2 章

构建数据库

大数据时代的古生物学和地层学面临着研究范式转换，以描述和记录为主的古生物学与地层学研究正在转向数据驱动型的科学研究。构建并完善本学科领域中科学的、权威的数据库是推进数据驱动型研究的必要保障。基于此，本章内容主要涉及科学数据库的构建细节、设计思路，以及与数据库建设有关的算法、程序等问题，并介绍古生物学和地层学领域中若干重要的数据库。

2.1 科学数据库的定位与设计

古生物学和地层学在研究过程中积累了海量数据。自 20 世纪 80 年代以来，海内外学术团体和组织都意识到了数据库的重要性，也纷纷建立了不同规模的学科数据库。数据库不是数据的堆砌，而是要体现对数据的有效管理，便于进一步使用。尽管数据库众多，但所积累的问题与不足也很多，极大地影响了数据在科学研究过程中的作用。构建与完善数据库是漫长而辛苦的过程。

2.1.1 格式与标准

古生物学与地层学中数据类型多样，在创建数据库时，往往只是收录特定的某些信息。例如，最早开始的数据库工作其实就是化石记录的编目，所收录的信息只有物种名称和地质时代等，如化石记录（the fossil record）（Harland, 1967; Benton, 1993）最初所确定的目标就是生命史研究（Benton, 1999），在随后的 30 年间其数据不断被扩展，但依旧停留在数据集范畴。这一方面受制于当时的技术条件，另一方面也与学科发展水平以及认识程度有关。这种编目型的数据集区别于化石标本描述性质的工作，具有一定的开创性，数据的体量也一直保持更新，但其在设计方面未能充分考虑拓展性，相比之下，专业的科学数据库会将数据长期地、有组织地存储在网站服务器，并能够为用户提供便捷、系统的数据服务。

这些其实也是数据集（dataset）与数据库（database）的差别。如今我们在公开发布的学术论文中，作者往往会对所使用数据进行说明，作者可能会提供数据集的附件或链接供读者下载查看，要么作者会说明数据来自于特定的数据库。

构建数据库时如果对数据内容没有约束，仅仅选取特定字段内容就会导致数据格式缺乏规范，更无从谈统一的标准。例如，古生物学者在对化石标本开展系统分类学研究中，对化石的分类与命名经常会出现两种同名问题。同名问题的常见情况或通常的含义是：①对同一个化石标本实物先后给予两个或两个以上的不同学名，这些名称虽异，但实指同物，其含义相同，即同物异名或同义名；②同一个名字被赋予两个或多个化石标本的实物，即异物同名（Chaloner, 1999）。

古生物化石标本的命名问题都遵照生物命名法规，分类命名有《国际动物学命名法规》和《国际藻类、真菌和植物命名法规》①。这两部命名法规对化石命名过程中的各种问题都做了约束和限定。按照法规，异物同名问题往往可以根据名称的优先率原则保留一个，废除其他。同物异名的情况却不是单纯的法规能够完美解决的。因为，同物异名不单单是命名问题，更重要的是还体现了不同学者对标本的不同认识，是属于科学研究所涉及的问题。

化石标本的名称与分类在录入数据库或整理成数据集的过程中，如何处理同物异名？如果不同数据库在这方面上做法不统一，就会引起混乱，数据质量也是参差不齐的。科学数据库的做法是遵照文献发表的情况，将同物异名的所有信息都录入名称特定的域中。数据库提供数据的查询检索平台，选择权交给数据使用者。

2.1.2　整合与关联

古生物学与地层学领域数据类型众多，目前尚缺乏专门的数据库收录古生物学与地层学中所有数据类型的全部内容。已有的各大数据库通常仅收录古生物学与地层学综合数据中的某一项或几项内容，而且所收录的数据在数量、内容和类型等方面极不均衡，不同类型之间数据缺乏有机关联。数据整合强调的是消除不同数据库或数据集之间的框架壁垒，建立统一标准，实现数据的合并、连通与整体检索。关联数据强调的是对数据内容元素中不同项之间通过科学信息与内容搭建联系，让数据不是直接堆砌，而是构成有机整体。

---

① 《国际动物学命名法规》（International Code of Zoological Nomenclature，ICZN），《国际藻类、真菌和植物命名法规》（International Code of Nomenclature for Algae, Fungi, and Plants）。这两部法规均由动物学和植物学界的专家集体制定，在每隔 4 年左右的国际学术大会上发布最新版，从他们的官方网站中可以查看修订历史。它们在学术论文中常常会以参考文献的形式被引用。

GBDB 是以地层剖面为核心的数据库，在构建过程中会从地层剖面开始，详细记录地层剖面中单一层的岩石与化石方面的信息，PBDB 是以化石产出记录为核心的数据库，在构建过程中会从化石名称开始，详细记录化石的命名、地层时代等方面的信息（Xu et al., 2020）。如果将两个数据库进行整合，就需要把二者中相同的数据元素进行关联，如化石名称、地质时代等。整合的结果是数据库内容的互补与联通，这对于 GBDB 数据库的数据质量和数据体量来说，是一种扩充与提高。

实际上，整合数据库并不容易，最大的障碍就是前文提及的，数据元素的格式与标准需要统一，有时整合数据库所花费的时间与精力还不如重新搭建数据库便捷。国内外学者与同行意识到整合数据库的重要性，纷纷将数据库彼此整合纳入大科学计划之中，如在深时数字地球（DDE）大科学计划中，数据库彼此间的整合以及数据的关联就是核心内容之一（Wang et al., 2021）。

国家岩矿化石标本资源共享平台为了整合全国岩矿化石标本资源，规范岩矿化石资源的搜集、保存和鉴定，制定了国家自然资源平台岩矿化石标本资源的共性描述规范，借此统一标本的共性信息和描述项目。共性描述规范中包含护照信息、标记信息、基本特征特性描述信息、其他描述信息、收藏单位信息和共享方式，通过这些内容，可以实现不同类型数据之间的关联。这种共性规范是一种元数据标准，可以保障不同数据库的整合，在全球生物多样性信息服务网络平台（GBIF）上，所采用的是达尔文核心（Darwin Core）元数据规范，其提供了关于数据概念的描述规范，方便对原始数据进行检索和集成。

2.1.3 算力与人力

随着智能时代的到来，智能计算的三要素——算力、算法、数据逐渐成为社会的信息基础设施的重要组成部分。"算力"的内涵主要体现为用户所能获得的、并表现为实际效用的计算性能。"算力"是国内最近几年才频繁使用的概念，目前还没有严格的学术定义，国外也没有准确的英文词汇与之对应。"算力"的本义是用来表示某个设备或系统的计算性能，是计算性能的口语化表达，从字面上理解就是计算能力，是从表示能力的电力、运力借鉴而来的。计算机学术界对于"算力"这个概念有一个大致的共识，即表示某个设备或系统的计算性能，或者说"算力"是计算性能的口语化表达，类似于"电脑"是计算机的口语化。中国计算机学会学者们新构造了一个英文词"computility"用来翻译"算力"，该词是 comp（ute）（计算）和 utility（效用）的聚合，旨在表达"算力"一词除了直观的计算性能（performance）以外的新内涵（孙凝晖等，2022）。

普通计算机的计算性能当然也可以用算力来衡量，但是当提及算力时，往往指向的是特定的计算设备，通常是高性能计算集群。计算机集群是一种计算机系统，它通过一组松散集成的计算机软件和/或硬件连接起来高度紧密地协作完成计算工作。在某种意义上，它们就相当于一台计算机。集群系统中的单个计算机被称为节点，通常通过局域网连接或其他方式连接。集群计算机可以显著提升单个计算机的计算速度和/或可靠性。一般情况下，集群计算机比单个计算机性能价格比要高得多。

中国科学院南京地质古生物研究所大数据中心为古生物学与地层学大数据专门配备了各种服务器和高性能计算集群（图 2.1）。除了网络服务器、网站服务器、存储服务器以外，还有两部超级运算服务器，这些硬件设备有力保障了古生物学与地层学大数据的分析与计算。两部超级运算服务器既有图形处理单元（CPU）集群，也有 GPU 集群。GPU 集群是一个计算机集群，其中每个节点配备有 GPU。通用型图形处理单元（GPGPU）利用现代 GPU 开展图形或其他方面的运算，GPU 集群特别擅长执行快速的并行运算，尤其是人工智能中机器学习领域与图形、图像相关的计算。这些服务器的运算性能可以通过若干参数信息进一步了解：①中

图 2.1　中国科学院南京地质古生物研究所大数据中心的服务器硬件图

科曙光 CPU 刀片式超算服务器：CPU 16×2×Intel 2650V4/12 核@2.2GHz，内存 64GB，数据存储空间 90TB，总核数 408；运算能力：百万指令数每秒 897600 MIPS，浮点运算每秒 14361.6 GFLOPS，定点运算每秒 13643.52 GOPS。②机架式 GPU 服务器 IW4210-8G，CPU 2×Intel（R）Xeon（R）Gold 6240/18 核/36 线程@2.60GHz，内存 384GB，GPU 4×Quadro RTX 8000，显存 4×48GB，存储空间 16 TB；运算能力：百万指令数每秒 31334399.9 MIPS，浮点运算每秒 62668.7 GFLOPS，定点运算每秒 59535.2 GOPS。

特定的设备具有强大的运算性能，但是若展示出强大的算力需要通过软件来驾驭。只有硬件与软件双管齐下才能保障良好的性能与算力。软件方面必不可少的就是人力资源。构建古生物学与地层学科学数据库是烦琐的工作，其中有大量细节，需要必不可少的三类人员协力合作、顺畅沟通，才能顺利开展与完成（图 2.2）。

图 2.2　构建古生物学与地层学科学数据库的核心元素与保障

三类工作人员包括：

（1）古生物学与地层学以及大数据领域的专业人员和科学家，即"领域专家"。

古生物学与地层学属于地质学与生物学的交叉学科，研究和探讨的问题具有很强的专业性，相关的科研成果通常以学术论文的形式进行公开发表。古生物学与地层学文献之中有大量科学术语，这些专业的内容领域专家才能解读，或是接受过本学科领域知识训练与教育的专业人员才能理解。另外，更为重要的是，只有领域专家才能理解数据的内容，数据彼此之间的关联，数据的逻辑关系，以及开展对数据的分析、挖掘与可视化工作。除了古生物学与地层学领域专家以外，信息科学领域专家也是必要的，因为数据科学家懂得对数据如何分析，搭建数据库，可视化展示数据中的科学内涵。

（2）搭建、运维与开发数据平台和网站的工程技术人员，即"技术人员"或"工程师"。

搭建数据库有别于科学论文附件中常见的数据集，后者往往通过一张内容详细的电子表格文档，如 Excel 文件就可以实现。而数据库需要具备数据的输入、汇交、纠正、存储、查询、检索、交互展示等多种功能，是将数据与网络、与软件有机融合的整体。领域科学家在甄别、校验数据之后，需要通过技术人员用计算机所能理解的语言搭建数据库，由此才能完成网络世界或虚拟世界里的数据库建设。

（3）从事数据采集、录入以及导出的数据人员，即"数据员"。

从原始文献到数据，从化石标本到多维度数据，这些将学科知识点或学科内容数据化、信息化的工作是非常烦琐的，这个过程离不开专门的数据员。例如，在古生物学所发表的文献中，对一件化石标本的描述是整体性的，各种信息都融合在一起。从这些文献录入数据其实就是对文献中各种内容的逐项"拆解"、"打散"再"拼合"到技术人员所设计的数据库中。"拆解"文献为数据的过程需要对科学文献的内容有一定的理解，如文献中提及某件化石标本来自"安徽巢湖狮子口上泥盆统五通组灰白色砂岩"，对这样的描述所做的数据化与数据拆解即，地理位置信息：安徽省合肥市巢湖区；地层剖面信息：狮子口剖面；地质时代：晚泥盆世；地层单位：五通组；岩石颜色：灰白色；岩性：砂岩。然后还要查询地图和地质图等资料，获得相关的经、纬度信息和具体的地质年代数值。

2.1.4　算法与程序

数据库是长期存储在计算机内有组织的、可共享的数据集合。数据库中的数据按一定的数据模型组织、描述和存储，具有较小的冗余度、较高的数据独立性和易扩展性，并且可为各种用户共享。为了实现这些，对数据库的构建就需要算法与程序方面的保障。

算法（algorithm）是计算科学领域的术语，强调的是用系统的方法描述解决问题的策略机制，是解题方案准确而完整的描述，是一系列解决问题的清晰指令。算法的设计需要领域专家、数据科学家和技术人员根据所面临的数据类型共同探讨。

数据库程序是指管理数据库，以及对数据进行操作的程序。数据库程序设计一般与数据库研究领域有关，不同领域数据库程序实现功能的侧重点不同。数据库程序设计和一般程序设计的步骤差不多：①确定要解决的问题，根据问题所提出的要求，弄清要输入、输出的信息；②算法设计，选择解决问题的算法，考虑对数据进行的基本操作以及操作的合适顺序；③框图或模块设计；设计具体操作的执行流程、数据调用流程；④编写程序，根据已选定的算法用某种语言写出实现此算法的完整程序；⑤检验与调试，这个过程要反复进行，直至程序完全正确；⑥完善程序，编写程序使用说明书。

对数据库进行管理与操作需要根据数据库的类型使用不同的计算机程序语言，对于关系型数据库，即结构化的、数据内容易于表格化拆解的数据类型，通常使用结构化查询语言（structured query language，SQL）。SQL 是一种数据库查询和程序设计语言，用于存取数据以及查询、更新和管理关系型数据库系统（刘卫国和奎晓燕，2020）。利用 SQL 语言编程对数据库进行开发与管理已经变得非常普遍，甚至是计算科学领域必须掌握的基础课程之一，本书不做赘述。

对于非关系型数据库，程序与技术要复杂一些，被概括为 NoSQL。NoSQL 这个术语最早出现在 1998 年，这个词最早是用来说明这种数据类型不支持 SQL 语言，在当时的数据库领域中并不占优势的关系型数据，并不是对关系型数据的否定，后来对这个数据普遍接受的解释是 Not only SQL（Pokorny，2011），其中透露出的重要含义为，随着时代与技术的发展，单一的关系型数据库已经不再使用，数据库的领域必须要拓展与变革。

NoSQL 数据库，即非关系型数据库，是为满足日益增长的互联网及物联网等应用需求而产生的，其并没有一个明确的范围和定义，但普遍存在共同特征：①易扩展，NoSQL 数据库种类繁多，但其共同的特点都是去掉关系型数据库的关系型特性。数据之间无关系，因此非常容易扩展，在架构层面上，也形成了明显的可扩展性能。②数据体量大，NoSQL 数据库需要具有较高的读写性能，尤其在大数据量的情况下，同样需要表现优秀。这种高性能一方面是基于相关软件与算法，另一方面也在一定程度上得益于非关系型数据之间的无关系属性，其数据库在结构上更为简单，NoSQL 在这个层面上对性能的要求相对要高。③灵活的数据模型，NoSQL 无须事先为要存储的数据建立字段，可以随时存储自定义的数据格式，而在关系型数据库里，增、删数据字段会产生非常烦琐的操作，尤其是面对体量巨大的数据表，这在大数据量的 Web 2.0 时代尤其明显。④高可用性，NoSQL 在不太影响性能的情况下，就可以方便地实现高可用的架构。例如，Cassandra、HBase 模型，通过复制模型也能实现高可用（石川等，2021）。

构建与管理非关系型数据库常用的程序软件有 Membase 和 MongoDB。Membase 是 NoSQL 家族的一个重量级成员，其安装容易、操作简单，可以从单节点方便地扩展到集群，在应用方面为开发者和经营者提供了一个较低的门槛。

MongoDB 是一个介于关系型数据库和非关系型数据库之间的产品，是非关系型数据库中功能最丰富，也是与关系型数据库最为相似的数据管理软件。它支持的数据结构非常松散，是类似 JSON 的 BJSON 格式，因此可以存储比较复杂的数据类型。MongoDB 最大的特点是它支持的查询语言非常强大，其语法有点类似于面向对象的查询语言，几乎可以实现类似关系型数据库单表查询的绝大部分功能，还支持为数据建立索引。它的特点是高性能、易部署、易使用、存储数据非常方便、应用广泛。

值得一提的是，常见的大数据其实往往既包含关系型数据，也包含非关系型数据，在构建数据的实际过程中，必须根据具体的研究目标与数据情况，恰当选择运用的软件与程序。例如，古生物学和地层学的数据就涵盖了两种类型的数据，化石产出记录、地质时代、地层剖面等都属于关系型数据，化石标本图像、文献 PDF、三维模型、描述文本等都属于非关系型数据。长期以来，古生物学和地层学领域的数据库都非常注重关系型数据，也建立了多个数据库，开展了大量分析与研究。然而，对两种类型数据都进行充分考虑而构建数据库，已经成为大数据时代开展古生物学研究的趋势。

2.1.5　定位与理念

数据库大致可分为收藏管理型数据库和研究型数据库（Uhen et al., 2013）。从学科上来说，古生物学和地层学属于地球科学领域的基础科学研究，通过对海量数据的分析与挖掘，有助于挖掘生命演化与地质历史，也可以实现对化石标本等综合数据的科学管理，因此完善健全的科学数据库既能够保障科学研究的需求，也能够实现资源的管理与共享。考虑到古生物学与地层学本身的基础科研属性，我们对其数据库的定位与理念就是将其打造为专业、权威的一体式数据平台，服务本学科的科学研究（图 2.3）。另外，科学数据库也是数据整合的平台，汇交聚集古生物学与地层学学科领域内多种类型、多种维度、多种渠道的数据，在多维度数据之间进行有机关联，实现大数据为基础科研、政府机构、产业部门以及社会公众提供全面服务（图 2.3）。

数据来源涉及全球范围所有的区域，涵盖地层剖面和地质调查与资源矿产勘查领域的钻孔和岩心资料。数据类型多样化，涵盖目前已知的所有类型，其中包括但不限于：①地层剖面数据，进一步拓展地质生物多样性数据库（GBDB）的规模与方式；②化石产出记录数据，不仅收录具有明确产出地层剖面的化石记录，而且对于缺乏地层信息的化石记录也全面收录其古生物学领域的信息；③地质时代记录精确的年代地层学数据信息，也记录数据取得年代地层学的研究方法和必

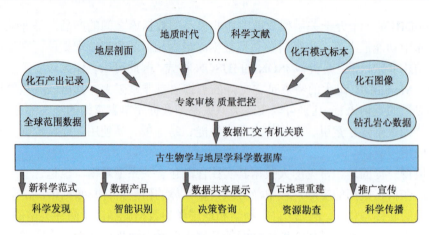

图 2.3　古生物学与地层学科学数据库的总体框架示意图

要依据；④科学文献，不仅包括公开发表的论文与著作，也包括地质报告、调查报告、博士学位论文、地质图件等；⑤化石模式标本，记录化石标本的实物信息与科学信息；⑥化石图像与三维模型，搜集并采集化石标本的图像和三维模型数据，不仅包括已经公开发表的图像，还包括基于标本馆的收藏优势，对化石标本的图像与三维模型数据做进一步采集。

数据在汇交进入数据库过程中，充分依托领域专家的意见，邀请领域专家对数据内容进行科学审核以及科学关联，把控数据的质量。数据库为多类型数据平台方式提供数据服务，相关应用包括：①数据挖掘、分析与可视化，推进数据驱动的新范式科学研究，这部分工作由领域专家领衔开展，让数据发挥其最大的科学价值；②数据产品，其中包括针对数据所开发的数据检索查询服务软件、程序、网页等，也提供用于数据分享的数据集，利用多维度数据以及人工智能领域的算法，开发化石智能鉴定软件程序，服务科研人员与社会公众；③对古生物学与地层学数据进行科学的、多角度展示，与地质遗迹、资源勘查相结合，彰显古生物化石与地层数据作为地质类资源的属性特征，为联合国可持续发展目标 SDG11 撰写案例报告，辅助地质调查、资源勘查以及政策制定部门做资源评估和决策支持；④基于古生物学与地层学大数据，开展高分辨率岩石环境古地理重建，对矿产资源敏感层段区域开展古地理重建，辅助资源矿产的调查与开发；⑤开发数据可视化产品，开发数据查询共享软件，支持 VR、AR 等设备，为社会公众提供科学传播服务。

2.1.6　框架与模型

好的数据库离不开好的设计。基于上述科学数据库定位理念，笔者提出了构建古生物学与地层学科学数据库的框架与模型，这个框架既展示了学科数据平台的总体结构，也体现了数据汇交到数据库的流程（图 2.4）。

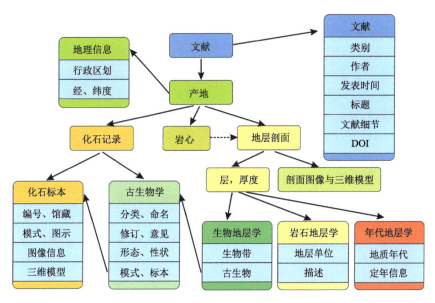

图 2.4　古生物学与地层学综合数据库内容结构模型
关于各项数据的具体内容请参见第 4 章

　　文献是数据源，所收录的文献数据包括其类别，如期刊论文、专著、报告、学位论文等。从文献数据中可以提取产地信息，产地其实是一个地理信息，通常含有明确的行政区划和经纬度等数据。所有古生物学与地层学数据都包含明确的产地信息，因此文献和产地信息被放在数据录入流程的起始位置。

　　从产地可以关联的数据项包括化石记录、地层剖面，以及钻孔岩心。

　　化石记录数据项内容较多，在录入古生物的系统分类信息时，往往也需要添加化石的大类信息，即化石的通俗分类信息，这部分内容是公众开展科普工作需要的，也是区分专业人员和业余人员的界线。例如，三叶虫是公众所熟知的一类化石生物，很多人在孩提时代就知道三叶虫生活在海洋里，甚至有些资深的、喜欢学习的化石爱好者还知道三叶虫纲有十个目，但是若探讨某件三叶虫化石标本的系统分类问题，即探究其究竟属于什么科、属和种，就需要具备专业知识，查阅多种专业的研究资料，这是古生物学专业人员的工作内容，公众的兴趣可能止步于化石标本的大类信息。对于这样的化石标本，我们会提供一个大类信息数据，便于数据为科学传播提供服务。另外，化石的大类信息还可以关联古生物化石分级保护信息，这些信息将为开展化石保护、资源普查提供辅助与服务。

化石记录中的其他信息是古生物学研究的核心内容，如古生物的系统分类、命名人与命名时间、修订与不同的学术意见，以及模式标本信息等。每个化石分类群会有与生物学分类群一样的形态学特征描述，对这些形态学特征也要进行数据采集，只是不同的生物类别，所采用的形态学特征描述差别较大，这部分内容需要根据不同的化石生物类型而专门制定。

化石标本信息要记录模式标本情况、图示情况、编号、馆藏信息、采集信息，也要采集标本的图像与三维模型信息，以及信息采集的设备、数据的版权人等。

地层剖面数据在录入时要按照文献中的记录对剖面进行逐层记录，将层号、厚度、单层的岩石学特征、地质年代信息、化石产出信息与古生物学数据进行关联。

钻孔岩心类数据在记录时，通常会参照地层剖面数据，采用类似于地层记录的方法按照岩心的厚度进行分层，相关的数据采集工作可以参照地层剖面数据而开展。二者的区别在于，地层剖面数据中单层的厚度表示的是真厚度，而岩心中的厚度数值通常表示岩心钻孔的深度，即该层段距离地表的垂直距离，而不代表真实的地层厚度信息。

2.2　从地质生物多样性到化石本体

2.2.1　地质生物多样性数据库

地质生物多样性数据库（geobiodiversity database，GBDB）（网址：www.geobiodiversity.com），是中国科学院南京地质古生物研究所自主开发、建设，拥有自主知识产权的科学数据库。GBDB 开始构想于 1999 年，2007 年在计算机专业人士的协助下开始规范化建设，并很快具有相当数据规模。GBDB 是基于地层剖面的古生物学和地层学综合数据库，所收录的数据包括地层剖面、古生物系统分类、化石产出记录以及参考文献等。从 2017 年开始，GBDB 团队与英国地质调查局（British Geological Survey，BGS）、中国地质调查局等合作，将他们提供的勘探钻井岩心数据进行整体融合，并与国际古昆虫学会（International Palaeoentomological Society）合作，大量收录中生代—新生代昆虫化石记录数据。GBDB 与 PBDB 成立时间不等，二者所收录的基础数据不同，重要的差别在于，PBDB 缺乏地层剖面信息，GBDB 则以地层剖面数据为基础，兼容了地层中的化石产出记录以及古生物分类等数据内容。作为古生物学与地层学领域的专业数据库，GBDB 分别于 2012 年和 2015 年被国际地层委员会（International Commission on Stratigraphy，ICS）和国际古生物协会（International Palaeontological Association）

确立为各自的官方数据库。GBDB 的建设可大致分为三个阶段。

1）萌芽阶段（2000~2006 年）

20 世纪 80 年代末，基于数据库和各种定量分析方法的古生物学、地层学、古地理学、古生态学研究逐渐成为研究前沿与热点。其中，最具影响力以及最显著的进展就是显生宙海洋无脊椎动物数据库的建立，对这些数据进行统计与分析之后，绘制了显生宙生物多样性曲线，提出了地质历史时期中的五次生物大灭绝模式（Sepkoski, 1984, 1992）。该研究被认为是当今地球科学研究中重要的创新性成果之一，其深刻改变了人们对化石记录以及生命演化模式的认识，也深刻改变了古生物学与地层学的研究方式。随后学者们在其原有数据库的基础上进行了一系列统计与分析，于 1998 年建立了古生物学数据库（paleobiology database，PBDB）（网址：www.paleobiodb.org）。该数据库目前已发展成为全球最大的古生物学专业数据库。然而，PBDB 收录的主要是欧美产出的化石记录，中国在古生物学与地层学领域具有非常重要的影响力，而该数据库对中国的化石记录极少收录，相关的分析也未开展。在这样的学科背景之下，中国学者也展开了相应的行动。标志性事件是戎嘉余院士主持的 973 项目"重大地史时期生物的起源、辐射、灭绝和复苏"（2000~2005 年）。该项目在实施中已经将古生物学与地层学的数据汇交、整理与分析工作列入该项目的研究成果以及拟解决的关键科学问题之中（戎嘉余等，2006）。随后，中国学者又将地层剖面与化石记录这两大密切关联的领域作为核心模块，建立了 GBDB。相对于 PBDB 而言，中国的古生物学者在数据库中强调了地层的重要性，建立了基于地层剖面，并且可以兼容 PBDB 以化石产出记录为基础的数据库 GBDB，其于 2007 年公开上线运行（Fan et al., 2013）。

2）建立与发展阶段（2007~2018 年）

GBDB 是基于地层剖面而建立的数据库，所有数据都从地层剖面开始，收集地层中的所有信息，包括地质时代的岩石学特征、厚度信息、化石产出信息等。这种数据结构的优势在于：①将古生物学与地层学数据进行有机关联，能够更加真实地理解和记录数据，便于开展多种分析；②数据库兼容了地层学信息与古生物学信息，可以输出类似于 PBDB 中的化石产出记录型数据，并开展古生物学中针对化石记录分析的相关分析；③记录了详细的沉积地层信息，包括岩石的岩性、颜色、厚度等，这些是对沉积岩地层的精确记录。正是由于这些独特的优势，GBDB 被国际地层委员会和国际古生物协会确立为官方数据库。基于 GBDB 的数据，国内外的学者们开展了一系列生命宏演化（macroevolution）、地层精确对比、高分辨率古地理重建等方面的研究工作（Chen et al., 2012, 2018）。生命宏演化强调的是物种水平以上的生命演化，如生物类群的起源、辐射、灭绝和复苏等，是对生命演化历史的深入认识。

3）深度拓展阶段（2019 年以来）

2019 年以来，GBDB 进行了全面改版和优化，对数据库的内容进行了深度拓展并开展了相关的数据挖掘工作（图 2.5）。相关特点包括：①对 GBDB 进行增补关联、剔除冗余、分析合并，实现数据量以互动的、可视化的方式实时展示，并与国内外其他数据库数据联动，开展互补性共建与合作，全面兼容古生物学与地层学领域中的所有数据类型。②开发并在 GBDB 上嵌入多种数据软件，开放数据库的移动设备端软件。③全面的数据服务，这方面的案例包括：数据服务于基础科学研究，聚焦新范式的、数据驱动的基础科学研究（如高分辨率的生命宏演化研究与地层精确对比）（Fan et al., 2020）；数据服务于油气矿藏等产业部门，利用独特数据优势，精确重建并绘制油气矿藏层时空分布图，便于开展矿藏开发；梳理重要地质遗产区域内的专业数据子集，开发数据展示与分析平台，为联合国可持续发展目标 SDG11 开展数据服务。开发化石智能识别软件，为感兴趣的社会公众提供数据服务（Xu et al., 2020）。

图 2.5　地质生物多样性数据库网站首页

2.2.2　化石本体

化石本体（fossil ontology）是一个以化石标本为核心，涵盖古生物学与地层学所有项目的综合数据库（图 2.6）。

图 2.6　化石本体数据库网站的化石图像展示页面

资料来源：http://fossil-ontology.com/home/list

本体（ontology）的概念来自哲学中的形而上学，是抽象的，是超越物质本身的。其中的核心思想是，化石本体是存在于高维度空间的一种抽象的概念，我们仅仅能通过各种有限的、我们认知范围以内的知识尽可能去理解和认识它，如通过分类、描述、图像等。值得一提的是，信息学领域中新兴起的知识图谱（knowledge graph）最初也是来自于 Google 所提出的知识本体（knowledge ontology）（Hogan et al., 2021）。其中所包含的认知理念都是相通的。

化石本体数据库的构建主要基于本学科领域数据库的现状以及存在的问题。

随着古生物学与地层学研究的深入开展，本学科已经积累了关于化石与地层剖面的海量数据。近 20 年以来，基于古生物学与地层学大量结构化数据（化石产出记录、化石分类记录、地层剖面记录、地质时代等）所开展的相关研究逐渐增多。不足之处在于：①一直疏忽古生物学与地层学领域中的非结构化数据（化石图像、三维模型、形态特征、描述文本等）以及相关的分析工作；②古生物学与地层学相关的结构化与非结构化数据之间缺乏整合与关联；③数据专业性强，学科壁垒森严，数据共享与分析存在极大障碍，难以向人工智能方向拓展。

基于此，化石本体数据库强调在数据的采集、审核、使用、分享等方面保障数据库的权威性与科学性，推进建设数据库相关的规范与标准。整合古生物学和地层学领域的结构化与非结构化数据，在这些多类型数据之间实现有机关联，开发"数据-分析"一体的系统平台，实现本学科领域多类型、多维度的数据汇聚、查询、索引、共享以及分析，利用信息学和计算科学中全新的算法与分析手段，深入融合人工智能与古生物学，为古生物学与地层学研究新范式和科学体系建设提供必要的数据支撑与平台基础。

化石本体建设的主要研究内容包括：①调查、梳理与汇集全球范围内多类型、多维度的古生物学与地层学数据，如化石产出记录、地层剖面、地质时代、化石模式标本、科学文献、化石图像、古生物形态等，为这些数据建立有机关联；②建设古生物学与地层学权威科学数据库；③充分依靠古生物学与地层学学科领域专家，把控海量数据的科学性与权威性，科学、规范并制度化管理数据的采集、录入、审核、共享以及使用，制定相关的行业标准。

化石本体强调的是以化石为核心，收集其他与化石相关的所有元素作为化石本身的特征元素，以实现从全面的数据和全备的信息去认识和理解化石的本体。所收集的数据包含与化石相关的所有内容，其中的记录型数据，即关系型数据包括地层剖面、化石记录、古地理、地质时代、特征描述等；非关系型数据包括化石标本的图像、特征图、三维模型、地层、剖面图、描述文本等。

化石本体数据库的构建可以产生多个领域的应用，为生命演化研究、资源矿产勘查和科学传播提供数据支持（图 2.7）。

在数据驱动的古生物学与地层学科学研究方面，国外学者已经开展多种工作，如定量地层对比、生物多样性演变、古地理重建等，但仍有大量工作需要开展，如生命宏演化、古生态学分析、机器视觉、图像分类、三维模型度量与力学分析，以及基于文本数据和自然语言处理（natural language processing，NLP）开展的语义分析、科学结构分析以及文档聚类分析。

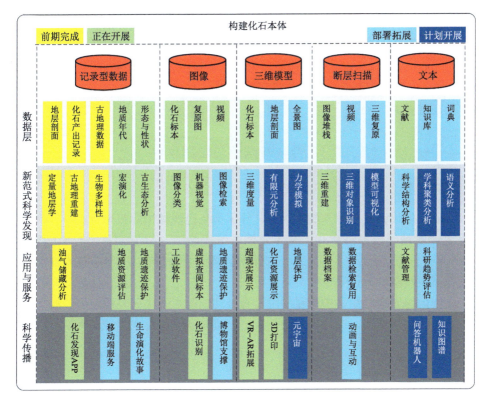

图 2.7 化石本体的框架结构及其拓展应用

化石本体数据库在面向产业部分方面的应用与服务包括：基于古地理重建而分析油气的储藏、地质资源的综合评估、地质遗产保护、基于化石综合数据开发工业软件可辅助地质调查与油气勘查、对化石标本等地质资源实现虚拟查看，基于三维模型数据可以对化石标本进行超现实展示，全面展示化石资源，为进一步保护地层剖面提供服务。基于科学论文的文本分析，开展文献科学管理、判别科研发展趋势。化石本体面向科学共同体还提供数据档案的功能，完善多类型、大体量数据的检索与复用。

在面向公众的科学传播方面，基于古生物学和地层学大数据可以提供化石方面的移动终端，向感兴趣的用户讲述化石发现、生命演化的故事，为用户提供化石与地层方面的详细科学信息，开放面向大众的化石智能识别服务，为博物馆提供终端服务。基于三维模型数据和特定设备，还可以开发相关的 AR、VR 应用程序和交互动画，创建一个地质历史时期中的虚拟空间——化石元宇宙，显著提升公众与化石、地层的互动性。化石三维模型的 3D 打印可辅助实现化石标本的保护，并促进各种化石相关衍生产品的开发。基于科学文献中的文本数据与知识库，可以协助构建古生物学的知识图谱，开发古生物学领域的问答机器人。

到目前为止，化石本体数据库中已经收集整合 GBDB 中相关的化石分类信息，约 8000 枚化石标本已经完成数据库化，收录图像超过 100000 幅，三维模型超过 300 个，地层剖面全景图与大场景三维模型 15 个。相关的研究工作和部署规划也正在进行。

2.3 专业数据库与数据平台

2.3.1 数据资源平台

科研单位收藏化石标本的实物，其数据信息已经被国际级平台进行了整合，成果之一就是"国家岩矿化石标本资源共享平台"（以下简称平台）（网址：http://www.nimrf.net.cn）（图 2.8）。该平台创建于 2003 年，是科学技术部主导建设的国家科技基础条件平台的重要组成部分及成果之一，由中国地质大学（北京）牵头，中国地质博物馆、中国科学院古脊椎动物与古人类研究所、中国科学院南京地质古生物研究所、中国地质科学院矿产资源研究所、中国地质大学（武汉）、

图 2.8 国家岩矿化石标本资源共享平台网站首页

吉林大学等七家以上国家级岩矿化石标本资源保存单位共同完成。在管理方式上遵照标本资源产权归属不变，标本实物资源由各单位保存，标本信息资源统一发布。平台系统整合了我国收藏的具有科学价值的岩矿化石标本资源 30 万余件，除发布标本实物资源和信息、古生物化石群专题、中国重要典型矿床专题、珠宝玉石特色专题、特色地学专题（地学专题、地学教学专题、地学科普专题），提供系统矿物学查询系统检索外，还设有全球各国及各地区的岩矿化石标本资源网站，为地学领域科学研究、科技创新、专业教学、科学普及提供服务。

平台的最终目标是：建成一个现代化、国际化、开放型的地学领域岩矿化石数据中心，届时信息网将拥有岩矿标本实物库、数据图形库、图像库、相应的文献库等，并与国内外相关数据中心、标本库、博物馆联网，使平台具有收集储存、检索查询、上网服务、数据发布等功能，同时为国内外同行专家对比研究和数据深入挖掘提供服务。

平台整合了具有重要科学价值的模式化石及典型化石群标本 15.95 万件，主要有：我国境内古人类化石标本；云南澄江动物群典型标本；辽西热河生物群典型标本；豫西华夏植物群标本；贵州海生爬行类标本；黑龙江嘉荫晚白垩世恐龙动物群化石标本；我国典型的地层古生物标本，北京周口店、河北阳原、河南三门峡、内蒙古伊克昭盟（鄂尔多斯市）、山西运城、贵州西部发现的石制品标本等，还有国内外典型岩石标本 11.83 万件，中国新矿物国内外典型矿物标本 4.16 万件，中国大型、超大型、战略性、特色矿床标本 4.06 万件，以及 973 项目及 "松辽盆地国际大陆科学钻探工程" 和 "松科 1 井、3 井" 岩心标本 4192.35 m。平台还发布了岩矿化石标本资源描述标准和技术规范，出版发行了岩矿化石标本资源描述标准 52 个，标本的收集、整理、保存技术规程 40 个。

平台的重要功能与价值是它所提供的索引信息，但是由于平台上面的所有数据信息都是由各个标本库所提供，因此数据非常不统一，为了保障数据的规范与标准，平台制定了国家自然资源平台岩矿化石标本资源的鸟类、鱼类、昆虫、三叶虫、珊瑚、被子植物、蕨类植物、孢粉等 39 类化石的共性描述规范与标准，还发布了若干矿物、岩石、植物化石、脊椎动物化石、古人类化石等标本的收集、整理、保存技术规程。这些规范与标准是平台的亮点之一，是数据库整合以及数据关联的必要步骤（徐洪河等，2022）。

VertNet 收藏管理型数据平台（网址：http://www.vertnet.org/index.html）旨在整合互联网上各个脊椎动物数据库，开展收藏管理，便于脊椎动物数据共通、共享。目前已有 32 个国家，200 余个馆藏单位将数据链接至 VertNet 的门户网站。其整合了四个经典的脊椎动物数据库，分别是全球鱼类标本数据库 FishNet（http://fishnet2.net/aboutFishNet.html）、全球哺乳动物分布数据库 ManisNet、两栖与爬行类动物数据库 HerpNet 和北美馆藏的鸟类标本数据库 ORNIS。VertNet 已经成为一个可持续、可扩展的云端数据平台，不仅提供数据的有效存储，也提供多种工具和数据接口，使生物多样性数据更加易于获取、发表和使用（Constable et al., 2010）。

全球生物多样性信息网络（Global Biodiversity Information Facility，GBIF），（网址：https://www.gbif.org/），是目前全球最大的生物多样性信息服务机构。GBIF通过合作和提供种子基金等方式，促进生物多样性的原始数据在世界范围内开放共享，最终目标是整合世界上已有的生物多样性数据库和收藏管理型数据库，形成一个开放的全球生物多样性综合信息服务系统平台。GBIF 通过开发生物多样性数据库网络和相关工具，在 GBIF 的框架下，协助博物馆、标本馆等生物多样性数据平台构建独立的数据门户网站。GBIF 在生物多样性信息学领域占有重要地位，为了保障不同来源与类型数据的规范与统一，GBIF 提出了生物多样性数据的元数据标注，即达尔文核心（Darwin Core），其被广泛用于 GBIF 中，对古生物学与地层学大数据也具有重要的参照意义。

Darwin Core 形成的基础是任何自然历史采集和观察数据的信息都具有共同的属性，Darwin Core 提供了一个关于数据概念的描述规范，方便对原始数据检索和集成，是描述自然历史标本和观察数据的最小集合（纪力强等，2004）。多年来，Darwin Core 为应对数据对象的范围扩大而不断扩充。例如，针对古生物学信息时，就需要在 Darwin Core 标准标识符的基础上添加新的标识来描述和管理这些古生物学相关的信息，从而形成 Darwin Core 的元数据规范扩展（extension）。目前针对古生物化石和地质学的相关需求，分别设计了古生物学扩展（paleontology extension）和地质学环境（geological context）（徐洪河等，2022）。

GBIF 数据主要由现生生物数据组成，其中古生物数据记录约 600 万条，仅占总量的 0.43%。古生物数据主要来自 PBDB 数据库、佛罗里达大学古脊椎动物数据库、堪萨斯大学古无脊椎动物数据库等十个专业数据库。其中古脊椎动物数据 1770053 条，占古生物学数据总量的 29.5%（图 2.9）。

美国生物多媒体标本馆 iDigBio（Integrated Digitized Biocollections）（网址：https://www.idigbio.org/）是美国一系列博物馆机构联合构成的数据库，该数据库中已经收录了上百家自然历史博物馆或收藏机构的藏品，为藏品提供交互式展示。iDigBio 基于标本实体，以图片或多媒体形式收录数据，标本既有化石资料又有现生物种。由于参与机构众多，其数量体量也非常大，拥有植物、动物、真菌标本的多媒体数据超过 3000 万条。iDigBio 支持多字段关键字检索以及数据可视化展示。

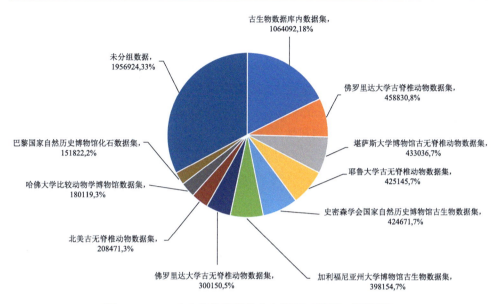

图 2.9 GBIF 中古生物数据的分布情况（供图：潘照晖）

日本古生物学数据库 jPaleoDB（Japan Paleobiology Database）（网址：http://www.jpaleodb.org/）是对日本境内众多古生物学数据库的整合，将多个数据库中的多源异构数据实现融合，并且可以跨平台综合检索。目前，jPaleoDB 已经整合了 62 个数据库的 391925 块标本数据，以及 16582 篇相关的文献。jPaleoDB 的目标是构建系统整合日本古生物标本数据资源的综合平台，实现所有日本古生物标本的跨数据库、跨平台统一检索。

"深时数字地球"（DDE）国际大科学计划目前有 39 个子学科数据节点，已经运行上线了若干 One 开头的核心地学数据平台，与古生物学和地层学密切相关的主要有：OneFossil 和 OneStratigraphy 数据平台。

OneFossil 的设计理念与化石本体基本上是一致的，强调古生物学领域所有的数据类型，强调数据的科学与权威性，强调古生物学和地层学综合数据库之间的整合与关联。

OneStratigraphy 的设计理念与 GBDB 数据库一脉相承，均是以剖面为基础结构，进行地层学、古生物学、地球化学等多学科数据的录入、整合、使用和共享。截至 2022 年 3 月，OneStratigraphy 数据平台共有数字化全球 10259 条剖面，包括 619443 条化石产出记录的综合地层学数据，累计收录 42046 个分类单元名称和 15880 条文献索引数据，相较于 GBDB 数据库，其数据的地理覆盖范围更广。OneStratigraphy 数据平台致力于多平台、多学科、多领域数据融合，支持数据深度挖掘过程中涉及的人工智能、并行计算等功能。同时，该平台承载了VR/AR 功能，在与地质虚拟世界平台的联动下可以实现对包括国际标准剖面与层型在内的重要地质剖面的高清全景进行一站式快速访问，结合线下虚拟头盔等穿戴设备还可以模拟现实野外地质考察场景，辅助教学研究。

GBDB 数据库和 OneStratigraphy 数据平台都是以地层剖面为核心数据，其架构相同，都可以提供古生物和地层学领域中多种类型数据，支持常见的古生物学定量与分析，如生物地层区域对比、高分辨率生物多样性重建、定量地层学，以及岩相-生物相古地理重建等（Fan et al., 2013; Zhang et al., 2014; 邓怡颖等，2020）。

2.3.2 研究机构的化石标本数据库

科研单位和博物馆往往自己会建立化石标本数据库，科研机构的化石标本数据库为已经公开发表的化石标本提供了一个妥善的保存场所，为了便于开展同行间查阅、检索以及进一步研究，通常会将化石标本的编号、分类以及发表情况等信息输入数据库，并建立对外界公开或半公开的数据库。化石标本是一个科研单位非常贵重的科研财富，有的数据库仅限内部人员并且在单位内部才能查阅，这种状态我们称为半公开。

中国科学院南京地质古生物研究所和中国科学院古脊椎动物与古人类研究所是我国两家专门从事古生物学和地层学研究的著名科研单位，它们都有自己的模式标本馆和标本数据库（图 2.10），其中收录了本单位科研成果中发表的化石标本信息，具体包括化石标本的系统分类学名、地质时代、系列编号、馆藏位置、首次发表的时间与文献资料等。这些标本数据通常仅限内部人员访问和查阅，数据不公开共享。这些数据库仅有化石标本的记录信息，并不收录标本的图像或三维模型等数据。有的图书馆会建立文献索引数据库，如中国科学院南京地质古生物研究所图书馆就可以查询到本单位科研人员所发表的论文列表，但是缺乏论文中的科学内容以及化石标本等方面的数据与资料，所发表内容与已有数据缺乏关联，无法索引查询。

英国地质调查局（British Geological Survey，BGS）是最早建立在线数据库、数字化程度最高、数据覆盖面最广的国家地质调查局之一。BGS 成立于 1835 年，是世界上最早成立的国家地质调查局，BGS 保存了海量的纸质资料，化石藏品丰富，超过 500 万件，这些内容大多数已经汇交到 BGS 搭建的古生物学数据库中，包括古生物化石标本数据库 PalaeoSaurus（https: //www.bgs.ac.uk /palaeosaurus/ home.cfm）和模式标本化石数据库 GB3D Type Fossils（http://www.3d-fossils. ac.uk/）。 前者创建较早，数据表结构简单，仅包括标本入库编号、是否为模式标

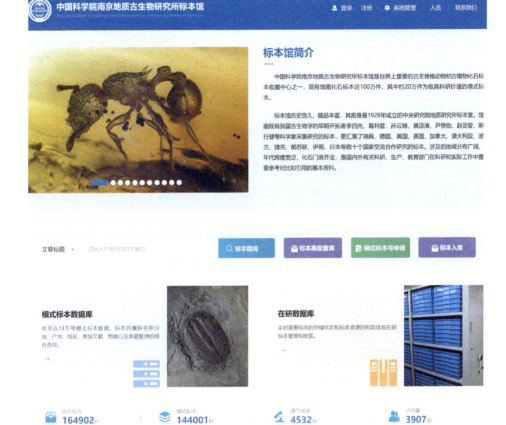

图 2.10　中国科学院南京地质古生物研究所标本馆网站首页截图

资料来源：http://bbg.nigpas.ac.cn/

本、鉴定名称、产地、所在的地理图幅编号、地层和地质时代信息等。目前 PalaeoSaurus 已收录了大约 15 万件化石标本的信息，其中，寒武系至下白垩统的重要模式标本已悉数入库。GB3D Type Fossils 数据库于 2013 年 8 月正式上线，针对英国馆藏与产出的化石模式标本，收录化石标本的高分辨率照片、显微镜相片、3D 数字模型以及产地、地质年代、分类鉴定、注册号等多类型数据。

日本地质调查局（Geological Survey of Japan，GSJ）（网址：https://www.gsj.jp/）成立于 1882 年，开发建设了 28 个数据库，其中有个古生物学标本数据库，即 20 世纪日本化石模式标本数据库（The database of Japanese fossil type specimens described during the 20th Century）（网址：https://gbank.gsj.jp/FossilType/），以及化石、岩石和矿物地球科学数据库（the geoscientific database of fossil, rocks and

minerals）（网址：https://gbank.gsj.jp/DFORM/）。前者是日本古生物学会 2001～
2004 年出版四卷专著《20 世纪日本化石模式标本数据库》的网络版，收录了标
本类型、产地、文献等 18 个字段在内的信息，同时支持用户提交厘定意见表单，
以优化数据质量。后者数据库为化石、岩石和矿物标本的综合地学数据库，支持
以标本名称、产地等字段进行检索，提供化石标本详情、文献等信息，并提供高
清照片下载和使用。

爱沙尼亚地球科学标本库（Geoscience Collections of Estonia）（网址：http://
geocollections.info/）也有化石综合数据库 FOSSIILID（网址：https://fossiilid.info/）。
FOSSIILID 以馆藏的化石标本为核心，数据涵盖爱沙尼亚及其邻近的欧洲地区，
也收录了部分北美洲东部的古生物化石标本数据。FOSSIILID 数据库中对于单枚
化石标本除了提供样品号、采集信息等元数据外，同时还提供系统分类树和异名
录等不同学者学术观点的信息，这提高了数据的质量和使用价值，另外还有化石
标本高质量的图像数据，对单枚化石标本提供了不同角度、不同分辨率的图形信
息，对一些年代久远的化石标本也进行数字化，新采集的高清图片弥补了早期文
献中化石图版缺失或图像分辨率过低的缺陷。

2.3.3 专业的学科数据库

古生物学数据库（PBDB）是目前全球使用最为广泛的古生物学数据库（图
2.11）。PBDB 成立于 1998 年，是一个基于化石产出记录的古生物学数据库，所
收录的数据包括古生物系统分类、化石产出记录、化石采集信息、参考文献记录，
以及相关的古环境方面的信息，缺乏地层剖面、化石标本等其他方面的信息。
PBDB 数据体量较大，对其数据所开展的分析与研究工作已经产生了 400 余篇公
开发表的学术论文，这充分体现了 PBDB 在古生物学的数据运用方面的积极推动
作用与影响力。

PBDB 的前身是芝加哥大学的 Jack Sepkoski 教授在 20 世纪 70～90 所建立
的编目式海洋动物数据库（Sepkoski, 1984, 1992, 2002），最初的化石记录编目仅
能提供化石分类名（科和属）及其地质延限信息，在当时限制了人们对生物多样
性演变的认识，这种影响是非常深远的。由此建立的 PBDB 侧重化石的采集记录，
收集全球各门类化石的分类学及产出记录信息，并尽可能收集古生物学、古地理
学与古生态学等领域信息。此外，PBDB 还提供 API 接口，用户可以通过调用
接口快速获取所需数据、构建定制化的网页，快速对数据进行查询、处理与分析。
PBDB 网页端可以对用户选择的数据子集进行地理投点展示，也可以在古地理图
上进行展示，利用内置的程序对这些数据开展多样性曲线绘制。PBDB 创始人之
一 John Alroy 教授离开美国加利福尼亚大学后，在澳大利亚麦考瑞大学就职时还

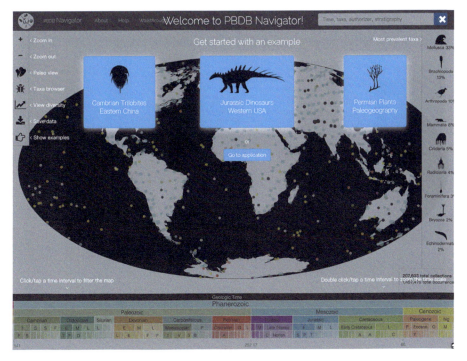

图 2.11　PBDB 库网站以及数据导航界面

专门开发了 PBDB 数据分析平台：Fossilworks（http://www.fossilworks.org/）（图 2.12），Fossilworks 集成了古地理成图、数据汇总表（data summary tables）、生态统计（ecological statistics）等在内的丰富的在线分析工具（Alroy et al., 2008）。这些分析工具与平台都极大地拓展了 PBDB 数据的使用与推广，也有力地推动了专业数据在古生物学研究中的分析与使用。

　　岩石与地层数据库 Macrostrat 是侧重地层方面的数据库（https://macrostrat.org/），其核心数据是岩石记录，收录了沉积岩、火山岩和变质岩的时空分布信息，该数据库目前收录了 1534 个岩石综合序列、35481 个岩石单元、2540323 个地质图多边形网格，而没有收录古生物、化石标本或地层剖面方面的数据，而且该数据库中的所有数据都来自北美洲（数据截至 2023 年 2 月）（图 2.13）。

　　"深骨计划"（DeepBone）数据库创建于 2019 年，依托于中国科学院古脊椎动物与古人类研究所，以化石标本，尤其是古脊椎动物化石标本为核心，收集与标本相关的文献数据、采集数据、测量数据等信息。DeepBone 的数据涵盖了早期脊椎动物、古两栖类与古爬行类、古哺乳动物、古鸟类、古人类和旧石器六大方向。所有标本和数据均来源于已正式发表的文献，并经由领域专家审定，以

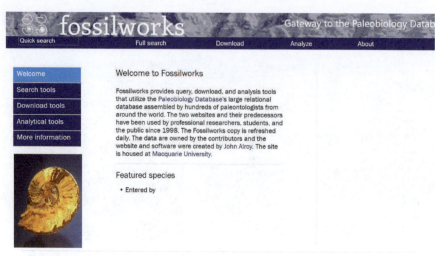

图 2.12　Fossilworks 数据分析平台网站界面

图 2.13　Macrostrat 数据库网站界面

保证数据质量。DeepBone 中还增加了专门的解剖学特征术语模块，为各化石类群的解剖学术语提供由参考文献支撑的科学释义，并提供相关说明图片供用户参考。DeepBone 数据完全开放，除提供前台数据浏览、检索和下载外，也提供通用程序接口及标准开发文档，供第三方开发者或数据分析者直接调用，而不必下载完整数据集（潘照晖和朱敏，2020）。

Morphbank 数据库（https://www.morphbank.net/），创建于 1998 年，最初是为了基于生物形态数据进行系统发育研究，之后才根据需要开发了 Morphbank 数据库。Morphbank 以生物图像为单位，也收录有与图像相关的描述、标本记录、产地、属种名称和评注等。针对古生物图像，Morphbank 还存储了相关的岩石地层和年代地层数据，其数据来源主要有：①研究过程中产生的数据，如分类数据、系统发育数据和比较解剖学数据等；②馆藏机构对其馆藏标本进行数字化时产生的数据。Morphbank 是生物图像数据库，与其相似的是 MorphoBank 形态学矩阵数据库（https://morphobank.org/）。MorphoBank 为用户提供在线的系统发育矩阵编辑平台，也提供不限量的多媒体数据存储，近年来 MorphoBank 举办了很多培训交流会，并协助专业生物类期刊存储论文相关数据，其不仅仅定位为数据库，其目标是通过表型数据构建生命之树，成为未来系统发育学研究的云平台（O'Leary and Kaufman, 2011）。

新世界与老世界化石哺乳动物数据库（new and old worlds: database of fossil mammals, NOW）（网址：http://www.helsinki.fi/science/now/）前身是"陆地生态系统演化"数据库（evolution of terrestrial ecosystems，ETE），该数据库的古生物分类中的属、种和化石产地的数据字段仍遵循 ETE 数据库的早期定义，后来才加入一些新的数据字段以适应扩展需求。NOW 中的数据涵盖了新生代陆地哺乳动物及化石产地，重点关注欧洲中新世到上新世、北美新生代的数据。其数据主要来源于已正式发表的文献和部分尚未发表的数据。

FAUNMAP 古哺乳动物数据库（网址：https://ucmp.berkeley.edu/faunmap/），主要收录上新世（Pliocene）至全新世（Holocene）美国和加拿大地区的哺乳动物化石记录，最初是由两个互补的独立数据库组成：①FAUNMAP I 数据库，数据的时间跨度为 4 万年前~500 年前；②FAUNMAP II 数据库，数据的时间跨度为 500 万年前~4 万年前。目前这两者已经合并为一个数据库，具有统一的查询和访问入口。FAUNMAP 的数据结构字段包括地理位置、地质年代、化石产地、沉积环境和人类文化背景等。大多数全新世化石数据来自于考古学发掘，而全新世之前的化石数据则来自于古生物学发现。

中新世哺乳动物映射项目（Miocene mammal mapping project，MioMap）（网址：https://ucmp. berkeley.edu/ miomap/）创建于 2000 年，至 2005 年结束，共汇

集了当时已发表的美国晚渐新世到中新世的 15000 余个哺乳动物化石的产地数据，包含化石属种信息、经纬度、地质时间范围、地质学信息和埋藏学信息等。

新生代哺乳动物映射接口（Neogene mammal mapping portal，NEOMAP）（网址：https://ucmp.berkeley.edu/neomap/）致力于数据库之间的整合，并建立分布式的数据库系统，链接互联网上已有的新生代古哺乳动物数据库，为它们提供统一的查询和访问入口。目前已链接的两个数据库为上文介绍的 FAUNMAP 和 MioMap。

Neotoma（https://www.neotomadb.org/）是为了开展古环境研究而建立的数据库，数据来自于其他相关数据库，包括：北美孢粉数据库、植物大化石数据库和上文提到的 FAUNMAP 古哺乳动物数据库。其数据的时间范围涵盖上新世、更新世和全新世。Neotoma 数据库不仅仅是简单地汇总数据，也对原有数据进行了一定的加工，使其符合统一的数据标准，更容易用于综合性研究。同时，Neotoma 提供了多种工具，如数据调用接口（API）和开发者工具（SDK），方便用户直接调用数据而无须下载所有数据。虽然 FAUNMAP 是 Neotoma 数据库内古脊椎动物的数据基础，但 Neotoma 中的古脊椎动物数据并不局限于哺乳动物，还涉及鱼类、两栖类、爬行类和鸟类等。此外，Neotoma 还包含与脊椎动物化石相关的其他不同类型数据，如同位素数据和埋藏学信息等。

PALYNODATA（https://paleobotany.ru/palynodata）是 20 世纪经典的孢粉学数据库之一，自 1974 年起就由孢粉学专家所带领的研究团队从孢粉学科学文献中开始收录数据，截至 2006 年，该数据库共从 22152 篇文献和科学报告中提取了 122422 种孢粉记录，也收录了 382 种泥盆纪和石炭纪孢子的光学显微镜图像。到 2007 年该数据库版权转让给了加拿大。PALYNODATA 仅有化石孢粉的名录及其地质时代和发表文献记录，以及极少数的图像，数据的项目非常少，难以开展分析研究，对于 2006 年以来海量增加的数据已经不再更新，其中很多数据在科学研究领域已经被修订。目前该数据库常用来查询相关孢粉化石的研究历史。

PalDat 孢粉形态数据库（https://www.paldat.org）是维也纳大学于 1997 年筹划建立、2000 年开始上线运行的。到 2005 年，该数据库版本首次更新，2006 年增加了化石孢粉数据库（FosPal）。2010 年更新为 2.0 版本，2015 年更新为 3.0 版本，2020 年更新为 3.3 版本，融合了化石孢子与花粉研究中的名称、分类、术语以及部分图像，该数据库目前一共收录有 1720 属、4260 种孢粉的 34241 幅图像，并且以新生代和现代的花粉为主。

美国的 Neotropical 花粉形态数据库开发也较早，但并没有公开上线，而是面向电脑版使用的局域检索孢粉数据库，该数据库对外部用户设置了检索权限，仅公开了相关孢粉形态学的五个系列教学视频，其成为孢粉形态学入门教育的经典视频课程。

澳大利亚国立大学的孢粉形态学数据库 APSA（http://apsa.anu.edu.au）收录了澳大利亚、新西兰、新几内亚等地 15000 种孢粉的分类信息和部分光学显微镜图像，是基于 FileMaker 数据库软件设计的在线检索系统。该数据库地域性较强，孢粉也是以新生代数据为主。

瑞典科学家团队为了开展生物分类训练和物种智能识别，建立了现代浮游有孔虫 Endless Forams 数据库（http://endlessforams.org/），该数据库收录了 34640 幅现代海洋中常见浮游有孔虫的图像，在生物分类上归属于 35 个具体的种。该数据库图像较多，但是所对应的物种并不多，而且完全是现代生物类别，对于古生物学与地层学来说，其仅对地质历史时期新生代的有孔虫分类与鉴别具有参照意义（Hsiang et al., 2019）。

软体动物数据库 MolluscaBase（网址：https://www.molluscabase.org/）是基于翔实而权威的系统分类信息而构建的软体动物数据库，其目标在于涵盖所有现代的和地质历史时期的软体动物物种。软体动物是地球上物种数量第二大的动物门类（仅次于节肢动物），现代软体动物中有 50000~55000 种生活在海洋里，有 25000~30000 种生活在陆地上，还有 6000~7000 种生活在陆地淡水环境中，而化石软体动物准确的物种数量仍然未知，可能有 60000~100000 种（Taylor and Lewis, 2007）需要通过构建科学数据库才能获得答案。软体动物数据库 MolluscaBase 所收录的物种信息通常包括：有效命名、系统分类、同异名（synonym）、源文献、产地与分布、地层、生态特征、图像。目前该数据中共收录 113738 种软体动物，所有物种信息都经过权威专家的验证，这些物种之中有 286244 种具有同异名信息，有 28614 种是化石物种，目前该数据库中，图像数据较少，且主要来自现代动物。

Chitinozoa 几丁虫化石数据库（https://chitinozoa.net/）是一个仍然在建设中的专业化石数据库，主要关注欧洲，尤其是波罗的海（Baltica）区域奥陶纪和志留纪时期的几丁虫（chitinozoans）化石记录。几丁虫是广泛分布于全球奥陶纪—泥盆纪时期沉积岩石中的微体化石，其具有独特的瓶状或管状的有机质外壁。几丁虫化石对于全球生物地层对比和生命演化研究具有重要意义。Chitinozoa 数据库所收录的数据内容项主要包括：参考文献、物种名称、扫描电子显微镜图像、化石产地，以及采样信息等，相关的化石记录数据可以输出成为适合开展定量地层学研究（如运用 CONOP 运算方法，参见第 6 章）的数据集。

2.3.4　地质年代与"金钉子"数据库

地质年代是古生物区别于现代生物的重要属性之一。地质年代以及标本剖面方面的数据库也与古生物学与地层学研究息息相关。国际地层委员会（网址：https://stratigraphy.org/）成立于 1974 年，是国际地质科学联合会（IUGS）旗下规模最大、历史最悠久的科学分支机构，其主要负责国际年代地层表的精确划分，同时也为国际地质年代确立标准。ICS 拥有 17 个地层分支委员会，对应于各个不同的地质年代。ICS 的官方数据库是以地层剖面为核心的 GBDB，ICS 通过其官方网站发布（通常每年 1～2 次）最新版的国际年代地层表（图 2.14），国际年代地层表同时发布多个语言的版本，其中包括英语、法语、德语、荷兰语、意大利语、日语、简体中文、芬兰语、俄语、捷克语等超过 22 种版本。地质年代单位通过这些不同语言的术语翻译，不仅有助于各国学者的检索与使用，在多语种数据查询检索时也能够辅助术语对应的工作。ICS 还通过其网站和官方期刊 *Episodes* 发布关于"金钉子"的最新信息。

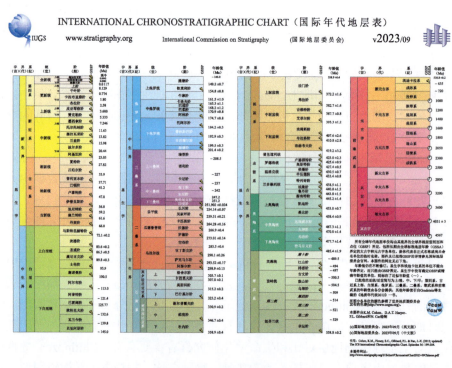

图 2.14　国际年代地层表

表格上有钉子符号就表示该界线已经确立了"金钉子"地层点位

资料来源：国际地层委员会

　　"金钉子"是全球层型剖面和点位（global boundary stratotype section and points，GSSP）的俗称，是指在全球范围内选取特定的岩层层序的一些特定的剖面点，作为定义和识别地层界线的国际标准。GSSP 的建立是经过长期研究、全球对比、国际专家考察、反复讨论协商，由国际地层委员会下属的各年代地层委员会表决产生，并经国际地层委员会认可，国际地质科学联合会批准而成立的。"金钉子"的确立是全世界科学家的努力和国际合作的结晶，是古生物学与地层学，以及其他学科综合研究的成果体现。国际地层委员会在其官方网站上会列出所有已经批准确认的"金钉子"，这些信息其实也是地层剖面数据的简要展示，单一"金钉子"数据元素包括地质时代、地质年龄值、地质剖面名称、地理位置、经纬度、地层界限层信息、相关地质事件、批准情况、科学文献。

全球碎屑锆石数据库（global detrital zircon database，GDZDb）收录并综合了 1248 份研究资料，5529 份数值年龄分布，281239 份独立的、用于定年的碎屑锆石信息，这些锆石来自于现代沉积物、沉积岩以及部分变质沉积岩中（http://hdl.handle.net/10919/27785），这些数据一直在不断增加，很多时候往往并不是以数据库的形式出现，而是以论文附件中的数据集形式出现。这些数据的公开与共享对精确认识地质历史以及生命演化意义重大（Puetz, 2018）。在地质年代学领域有很多数据总量超过十万级的数据库，如 2007 年开始运行的 Geochron 数据库（http://www.geochron.org/）及 DateView 年代学和同位素年代学数据库（http://sil.usask.ca/databases/）。Geochron 数据库通过收集实验室仪器参数和所有必需元数据的数据处理软件的原始文件来获取完整的分析数据。DateView 收录了大量亚洲区域以外的地质年龄记录，而且提供了相应的分析软件。这些数据库大多关注的是基于同位素测年与实验分析结果，与古生物学与地层学的关系相对较远，本书不再详细讨论，感兴趣的读者可参照李秋立等（2020）的论文。

参 考 文 献

邓怡颖, 樊隽轩, 王玥, 等. 2020. 古生物学数据库现状与数据驱动下的科学研究. 高校地质学报, 26: 361-383.

纪力强, 乔慧捷, 谢本贵, 等. 2004. 全球生物多样性信息网络(GBIF)介绍: 组织、活动、项目和信息服务//马克平. 中国生物多样性保护与研究进展VI——第六届全国生物多样性保护与持续利用研讨会论文集: 79-141.

李秋立, 李扬, 刘春茹, 等. 2020. 地质年代学主要数据库现状分析与展望, 高校地质学报, 26: 44-63.

刘卫国, 奚晓燕. 2020. 数据库技术与应用——SQL Server 2012. 北京: 清华大学出版社.

潘照晖, 朱敏. 2020. 国内外古脊椎动物数据库综述. 高校地质学报, 26: 424-443.

戎嘉余, 樊隽轩, 李国祥. 2006. 华南史前海洋生物多样性的演变型式//戎嘉余. 生物的起源、辐射与多样性演变: 华夏化石记录的启示. 北京: 科学出版社.

石川, 王啸, 胡琳梅. 2021. 数据科学导论. 北京: 清华大学出版社.

孙凝晖, 张云泉, 张福波. 2022. 算力的英文如何翻译？中国计算机学会通讯(CCCF), 18(9): 9, 87.

徐洪河, 聂婷, 郭文, 等. 2022. 古生物化石标本元数据标准, 古生物学报, 61(2): 280-290.

Alroy J, Aberhan M, Bottjer D J, et al. 2008. Phanerozoic trends in the global diversity of marine invertebrates. Science, 321: 97-100.

Benton M. 1993. The Fossil Record 2. London: Chapman & Madras.

Benton M J. 1999. The history of Life: Large databases in palaeontology//Harper D A T. Numerical Palaeobiology: Computer-based Modelling and Analysis of Fossils and their Distributions. Chichester, New York, Weinheim, Brisbane, Singapore, Toronto: John Wiley & Sons.

Chaloner W G. 1999. Taxonomic and nomenclatural alternatives//Jones T P, Rowe N P. Fossil Plants and Spores: Modern Techniques. London: Geological Society of London: 179-183.

Chen Q, Fan J, Zhang L, et al. 2018. Paleogeographic evolution of the Lower Yangtze region and the break of the "platform-slope-basin" pattern during the Late Ordovician. Science in China (Earth Science), 61: 625-636.

Chen X, Zhang Y, Fan J, et al. 2012. Onset of the Kwangsian Orogeny as evidenced by biofacies and lithofacies. Science in China (Earth Science), 55: 1592-1600.

Constable H, Guralnick R, Wieczorek J, et al. 2010. VertNet: A new model for biodiversity data sharing. PLoS Biology, 8(2): e1000309.

Fan J, Shen S, Erwin D H, et al. 2020. A high-resolution summary of Cambrian to early Triassic marine invertebrate biodiversity. Science, 367: 272-277.

Fan J, Chen Q, Hou X, et al. 2013. Geobiodiversity database: A comprehensive section-based integration of stratigraphic and paleontological data. Newsletters on Stratigraphy, 46: 111-136.

Harland W B. 1967. The Fossil Record: A Symposium with Documentation. London: Geological Society of London.

Hogan A, Blomqvist E, Cochez M, et al. 2021. Knowledge graphs. ACM Computing Surveys (CSUR), 54(4): 1-37.

Hsiang A Y, Brombacher A, Rillo M C, et al. 2019. Endless forams: >34, 000 modern planktonic foraminiferal images for taxonomic training and automated species recognition using convolutional neural networks. Paleoceanography and Paleoclimatology, 34: 1157-1177.

O'Leary M A, Kaufman S. 2011. MorphoBank: Phylophenomics in the "cloud". Cladistics, 27: 529-537.

Pokorny J. 2011. NoSQL Databases: A Step to Database Scalability in Web Environment. Ho Chi Minh: Proceedings of the 13th International Conference on Information Integration and Web-based Applications and Services.

Puetz S J. 2018. A relational database of global U-Pb ages. Geoscience Frontiers, 9: 877-891.

Sepkoski J J. 1984. A kinetic model of Phanerozoic taxonomic diversity. III. Post-Paleozoic families and mass extinctions. Paleobiology, 10: 246-267.

Sepkoski J J. 1992. A compendium of fossil marine animal families, 2nd ed. Milwaukee Public Museum Contributions to Biology and Geology, 83: 1-156.

Sepkoski J J. 2002. A compendium of fossil marine animal genera. Bulletins of American Paleontology, 363: 1-563.

Taylor P D, Lewis D N. 2007. Fossil Invertebrates. Cambridge: Harvard University Press.

Uhen M D, Barnosky A D, Bills B, et al. 2013. From card catalogs to computers: Databases in vertebrate paleontology. Journal of Vertebrate Paleontology, 33: 13-28.

Wang C, Hazen R M, Cheng Q, et al. 2021. The deep-time digital earth program: Data-driven discovery in geosciences. National Science Review, 8(9): nwab027.

Xu H-H, Niu Z-B, Chen Y-S. 2020. A status report on a section-based stratigraphic and palaeontological database-the Geobiodiversity Database. Earth System Science Data, 12: 3443-3452.

Zhang L N, Fan J X, Chen Q, et al. 2014. Reconstruction of the mid-Hirnantian palaeotopography in the Upper Yangtze region, South China. Estonian Journal of Earth Sciences, 63: 329-334.

第 3 章

元数据

3.1 元数据概述

3.1.1 定义

元数据是关于数据的数据，是数据的背景信息。元数据是汇集、查询数据以及理解数据内容、格式、结构和可用性必不可少的内容（Recknagel and Michener, 2018）。人们在很多场景中可以接触到元数据，如元数据可提供作品的创作时间、作者，以及其他相关作品的链接。图书馆的卡片式的索引目录就是书籍的元数据，地图上的比例尺、出版时间等标识信息是元数据（Miller, 1996），图书馆或生物学研究领域的数字平台中记录的数据的解释信息也是元数据（Baca, 2008; Recknagel and Michener, 2018）。在电脑中打开一份 Word 文档，属性界面中显示的文件类型、打开方式、位置、大小、占用空间、创建时间、修改时间、访问时间等就是这份文档的元数据。

元数据与人们的生活息息相关，人们使用的电子设备既有依靠元数据运行的，也有产生元数据的。从人们使用手机拨打电话开始，与之相关的元数据就能提供呼叫人和接听人的手机号、呼叫时间、拨打时长和地理位置信息（Pomerantz, 2015）。

元数据一词被研究者认为由 Philip R. Bagley 提出，在其 1968 年出版的《扩展编程语言的概念》（*Extension of Programming Language Concepts*）一书中出现了 metadata 一词（Howe, 1996）。也有文章表示"metadata"一词是由 Jack Myers 于 20 世纪 60 年代创造的（Miller, 1996）。实际上 Jack Myers 是 1969 年声称创造 metadata 一词的，晚于上文提及的专著的发表时间（Howe, 1996）。

对于元数据这一概念，不同机构的认识不同。国际地球科学信息网络中心（Center for International Earth Science Information Network, CIESIN）认为，元数据

包括数据用户指南、数据字典、数据分类目录等数据描述信息，还包括定义他们的关系的附加性信息。美国联邦地理数据委员会（Federal Geographic Data Committee，FGDC）认为，元数据描述数据从形成到使用过程中数据空间和时间特征变化（周成虎和李军，2000）。尽管如此，这些认识仍然证实元数据是数据的背景信息，只不过在不同领域元数据的内容是根据数据内容、类型及需求而变化的。

元数据是动态变化的，随着数据的更新和状态变更而变化。元数据在应用过程中，因应用领域、应用程度、建立理念与需求等差异，会产生大量的不同类型的元数据。此外，同一领域中元数据仍需根据各平台采用的元数据标准间的对应关系而进行映射，进而实现跨平台的数据检索与转换，以促进互操作性（吕秋培等，2003；Baca, 2008）。

3.1.2 元数据内容和结构

元数据内容因各领域内的数据内容和需求而异，一些区域或部门形成的同领域的元数据标准中规定的元数据内容也有差异。例如，美国联邦地理数据委员会组织编写的数字地球空间数据元数据标准中，元数据包括数据标识信息、数据质量信息、空间数据组织信息、数据空间参考信息、实体及属性信息、数据传播及共享信息和元数据参考信息，一共 219 项数据。而国际标准化组织发布的ISO/TC211 地理信息元数据标准中，元数据内容在数字地球空间数据元数据标准的基础上增加了引述信息和联系信息两部分内容（周成虎和李军，2000）。

元数据方案定义了元数据的结构和内容。元数据方案的结构分为三个层次：内容结构、句法结构和语义结构（谭亮和黄娜，2011；周宁等，2021）。

内容结构定义元数据的构成元素，包括描述性元素、技术性元素、管理性元素和结构性元素。这些元数据元素差异是由不同应用领域造成的，如描述性元素可应用在图书管理中，记录题名、作者；技术性元素可应用在图像数据中，记录扫描分辨率、使用软件；管理性元素则可应用在政府管理数据中，记录有效期、使用权限等（谭亮和黄娜，2011；周宁等，2021）。

句法结构定义元数据的格式及其描述方式。例如，元素的分区分层分段组织、元素选取使用规则、元数据与被描述数据对象的捆绑方式（谭亮和黄娜，2011；周宁等，2021）。

语义结构定义元素的具体描述方法，体现元数据的语义特征（周宁等，2021）。谭亮和黄娜（2011）认为，语义结构包含四部分，即元素定义、元素内容编码规则定义、元素语义概念关系和元数据版本管理。其中，元素定义是指对元素属性进行明确定义，一般采用 ISO 11179 元数据注册标准，通过元素名称、元素标识、版本、等级机构，描述元素本身的语言、定义、使用约束、数据类型、最高出现次数、注释等 10 个属性界定元素。元素内容编码规则是确定描述元素内容时应采用的编码规则，如 Dublin Core 建议日期内容编码采用 ISO8601 日期和时间数据元交换格式与表示标准。元素语义概念关系是指在概念体系中说明实际应用时元素的上下文关系与其他概念的关系，如 Title 在文献领域指文献题名。元数据版本管理是指描述元数据版本变化情况。

3.1.3 元数据类型

元数据通常可划分为五种类型（Baca, 2008; Pomarantz, 2015），依据 Pomarantz（2015）提出的看法，元数据的五种类型分别为：描述性元数据、管理性元数据、结构性元数据、保存性元数据和使用性元数据（表 3.1），其中，结构性元数据和保存性元数据有时被认为是管理性元数据的子类别。美国国会图书馆的元数据相关课程中，管理性元数据可包含保存性元数据、结构性元数据和权利（版权）元数据（rights metadata），其中保存性元数据的子类别包括技术元数据（technical metadata）。

表 3.1　元数据的五种类型

类型	英文	作用	示例
描述性元数据	descriptive metadata	指对某一对象进行描述的元数据，用于确定和描述信息对象和相关的信息来源	MODS（Metadata Object Description Schema, 元数据对象描述架构），用于数字图书馆
管理性元数据	administrative metadata	提供关于某一个资源全生命周期的信息，即在管理资源时需要用到的信息。提供有关对象来源与维护的信息	REL （Rights Expression Languages, 版权表述语言），应用于权利元数据（管理性元数据的子类别）
结构性元数据	structural metadata	提供介绍某个对象是如何组织的信息	METS （Metadata Encoding and Transmission Standard, 元数据编码和传输标准），如应用于数字音频文件
保存性元数据	preservation metadata	提供支持某一对象的保存流程所必需的信息	数字静态图像技术元数据（NISO Z39.87），应用于图像的技术元数据（保存性元数据的子类别）
使用性元数据	use metadata	使用元数据是在用户每次访问和使用特定的数字数据时进行排序的数据。使用元数据是有目的地收集的，以对用户未来的行为做出潜在的有用的预测	循环记录，搜索日志

3.1.4 元数据的作用

元数据标识和描述信息对象，还记录信息对象的表现形式、功能和应用（Baca，2008）。网络信息纷繁复杂，用户检索的结果中往往会出现不需要的检索信息。用户只能从大量检索结果中筛选需要的结果并判断其价值。元数据则有助于用户搜索可用的有价值的数据，用户可以通过数据库提供的元数据信息，了解数据库的数据内容的主题、用途、创建日期等，以确定是否需要该数据（李军和陈崇成，1997）。

元数据可以标识和描述信息对象间的关系以及信息对象管理历史（Baca，2008）。例如，用户可通过查看电子书的元数据来确认出版商等信息，以判断是否是原版电子书。如果使用 Calibre 软件转换过的电子书，则会在元数据中留下相应标记。元数据有利于数据生产者有效管理和维护数据，也便于对数据的检索、分析与运用，是与其他相关数据库间交互的信息基础（樊隽轩等，2009）。此外，李军和陈崇成（1997）认为，地球科学数据中的元数据有助于数据质量控制和不同数据库的数据转换。

根据美国国家信息标准组织（NISO）发布的《理解元数据》（*Understanding Metadata*），元数据的作用分为五类：第一，发现资源，根据相关的元数据标准发现和识别资源，甚至是相似资源；第二，整合电子资源，根据受众或主题组织资源链接，通过数据库中的元数据动态构建这些页面；第三，促进互操作性，使用界定的元数据方案、共享传输协议和方案间的映射，更无缝地检索网络资源，如使用客户端-服务器应用层通信协议（Z39.50）实现跨系统搜索；通过开放档案计划（OAI）协议实现元数据获取；第四，数字标识，如应用标准编号的元素（ISBN-国际标准书号，URI-统一资源标识符）标识资源，或将组合的元数据作为标识数据，以验证区分不同的对象；第五，支持归档和保存，元数据是确保资源在未来可继续访问的关键（NISO, 2004）。

3.2　元数据研究情况

1964～1968 年研制的机器可读目录（machine-readable cataloging，MARC）格式结构于 1971 年被确定为美国国家标准，该格式结构被世界科技情报系统、国际劳工组织、国际原子能机构、国际图书馆协会联合会、国际科学技术情报委员会等多个组织机构采用。依据 MARC 起草的《文献工作-文献目录信息交换用磁带格式》于 1973 年被审定为国际标准，即 ISO 2709-1973（周宁等，2021）。1994 年美国联邦地理数据委员会（FGDC）便开始了元数据的研究；1995 年在美国俄亥俄州都柏林镇召开的元数据研讨会上，联机计算机图书馆中心（Online Computer library Center）和美国国家超级计算机应用中心（National Center for Supercomputing Applications）联合提出了都柏林核心元数据元素集（Dublin core metadata element set）（网址：http://www.dlib.org/dlib/July95/07weibel.html）。这是用于描述网络资源的元数据元素集，包含数据标题、描述、创建者、日期、主题、出版者、类型、其他责任者、格式、来源、权限、标识符、语种、关联、覆盖范围共 15 项元素（或描述符）。都柏林核心起初应用于图书馆信息管理，后来被多个国家采纳并应用于生态学与环境科学等多个领域中（Recknagel and Michener, 2018），2003 年都柏林核心的元素集作为国际标准《信息与文献都柏林核心元数据元素集》（ISO 15836-2003）发布。

此外，国外有相应的元数据研究机构和研讨会，与国际同行共同推进元数据标准的制定与元数据互操作性，一些机构已建成元数据库。目前美国德雷塞尔大学计算与信息学院元数据研究中心（Metadata Research Center, College of Computing & Informatics, Drexel University）（网址：https://cci.drexel.edu/mrc/），由欧洲委员会、美国国家科学基金会和国家标准与技术研究所、澳大利亚政府创新部联合建立的研究数据联盟（Research Data Alliance）2013 年批准成立了元数据兴趣组（Metadata Interest Group），其负责定期在世界各地举办关于元数据的研讨会。还有年度国际跨学科的元数据与语义研究会议（Metadata and Semantics Research Conference），这一会议是由伦敦大学学院和肯特州立大学信息学院等多个高校联合组织的。此外，美国国家航空航天局已建立了通用元数据库（CMR），其是地球科学元数据记录存储库，旨在处理概念级的元数据。

1979 年北京地区机读目录研制小组成立，1992 年正式出版《中国机读目录通讯格式》，即 CNMARC。1996 年出现了将元数据管理应用在统计与科学数据库中的研究（孙文隽和李建中，1996）。1997 年元数据这一概念被应用到地球科学，并于 1998 年提出了地球空间数据基础集元数据标准以作参考（李军和陈崇成，1997，1998；承继成和赵永平，1998）。随后元数据被应用到生物多样性信息、图书馆数字资源和国土资源信息平台建设中（徐海根等，1999；许绥文，1999；姚艳敏等，2001）。自 2004 年起，我国元数据研究进入高峰期（依据 CNKI 数据库收录的元数据研究文献），主要研究力量集中在高校；研究热点包括元数据在数字图书馆、数据仓库、电子文件管理、数据共享、信息组织等领域的应用，基于本体的 XML 元数据，以及元数据标准（曾丽，2016）。

国内对元数据标准的制定主要依托项目支持，近年来也积极参与国际范围的元数据研讨会，但国内目前仍以建立各领域的元数据标准为主。许多机构意识到在各领域中建立元数据标准的重要性，开展了一批相关的研究项目，例如，2000

年"中文元数据标准研究及其示范数据库"项目立项，随后获得科技部重大基础课题"我国数字图书馆标准规范建设"支持。近年来，高校图书馆着手建立相应领域的元数据标准，如北京大学图书馆建立馆藏资源的元数据标准。2020 年武汉大学信息管理学院承办"中国元数据发展：多领域应用及实践途径"主题研讨会，来自多个图书馆及中国标准化研究院的研究者探讨了元数据在数字图书馆、科技资源管理和教育资源等方面的应用。目前，我国发布了一些元数据国家标准，如《地理信息元数据》（GB/T 19710—2005）标准，生态学研究方面建立的《生态科学数据元数据》国家标准（GB/T 20533—2006）（樊隽轩等，2009），2014 年国内发布了《科技平台资源核心元数据》（GB/T 30523—2014）国家标准。

相比之下，国外对元数据的研究起步较早，各领域纷纷建立元数据标准，并逐步形成和发布国际标准，元数据的应用广泛且相对成熟。同时，为了促进数据开放与共享，国外同领域不同团体尝试建立共享的元数据标准。国内对元数据的研究随后起步，一段时间内国内介绍和借鉴国外元数据研究的文章较多，各领域也逐渐独立建立元数据标准，一些元数据标准参考了已发布的国际元数据标准，如《地理信息元数据》（GB/T 19710—2005）标准修改采用了国际标准化组织地理信息标准化技术委员会制定的《地理信息 元数据》（ISO 19115—2003）。

3.3 元数据的应用

元数据被广泛应用到数字图书馆、档案馆、出版发行、教育领域、政府部门、地理和环境信息系统、电子商务环境下的知识产权管理等领域（谭亮和黄娜，2011）。此外，国内地质调查、商业、医疗等领域也应用了元数据。国外则将元数据应用于多学科、科学、艺术与人文、社会和人类科学、信息与通信、政治、法律、经济等领域。以下介绍国内部分领域的元数据应用情况。

3.3.1 地球科学

地质方面，在国家地质大调查专项"国家基础地质数据库更新与维护"的支持下，2011 年左右中国地质调查局上线了地质信息元数据管理系统（MDIS），它是网络地质信息元数据的收集、管理、发布和交流的平台。该系统采集了大区和省层面的地质数据库元数据和分工区（图幅）的地质信息元数据。每个通过授权的用户可以在本系统中对管理范围的元数据进行管理，包括上传、下载、批量修改、发布、取消发布等功能。各个用户有独立的管理空间，相互之间不交叉重叠。社会公众用户无须通过授权，便可以直接访问数据库元数据发布页面，检索浏览数据库元数据信息，获取每个数据集的内容说明、数据质量情况、数据分布情况、获取途径等。该系统是根据中国地质调查局发布的《地质信息元数据标准》（DD2006—05）进行数据采集和软件编制的（王成锡和张明华，2011）。

《地质信息元数据标准》（DD2006—05）主要涉及二维空间数据的元数据描述。2015 年中国地质调查局发布了《三维地质模型数据交换格式》（Geo3DML）（DD2015—06）标准，2019 年中国地质调查局通过了《三维地质模型元数据标准》（DD2019—12）局标，以满足三维地质模型数据的管理与共享需求。

此外，国家岩矿化石数据共享平台等项目建设过程中需汇交科学标本资源的元数据，形成一类标本资源的共性信息表（包含基本内容、保存管理、共享服务等），用于数据的分类导航、检索与共享（谢园等，2017）。

地理信息方面，周成虎和李军（2000）介绍在数据收集前、数据收集中和数据收集后三个阶段可获取地球空间元数据。第一阶段可以收集数据类型、覆盖范围、使用仪器描述、数据特征、收集数据方法等基本集元数据，还可以收集特定数据的详细集元数据，如数据表示时间、数据时间间隔、高度或深度、数据潜在的利用等。第二阶段是在数据收集过程中同步产生的元数据，如测量海洋要素时，测量点位的背景信息（位置、深度、温度、盐度、流速等）也可同步产生。第三阶段可获取的元数据主要包括：数据处理过程描述、数据的使用、数据质量评估、影像数据的指标、数据集大小和数据存放路径等。

上述是地球空间数据的元数据，而在地理信息系统平台 ArcGIS 中描述项目的信息也被称为元数据。在项目的元数据中，可以记录一切对于用户了解该项目而言相对重要的信息。这些信息可包括与项目准确性和项目时间相关的信息、与使用和共享项目相关的限制、项目生命周期中的重要过程，如概化要素等。当使用 ArcGIS 进行元数据管理时，元数据就和项目一同被复制、移动和删除。用户可以在描述选项卡中查看 ArcGIS 项的元数据，如果用户有相应权限，还可以编辑部分元数据。

此外，基于 GIS 的地质调查过程中也会生成元数据。2009 年左右中国地质调查局开发的基于大型 GIS 的地质调查空间数据管理系统，形成了适应《地质信息元数据标准》的地质图空间元数据管理，实现了元数据的自动采集、生成、存储、建库、查询和共享发布。

综上，目前元数据在地球科学领域的应用主要涉及区域地质调查和地理信息。这两方面的元数据标准主要是依据《地理信息元数据》（ISO 19115—2003）和《地理信息元数据》（GB/T 19710—2005）建立的。元数据在这两方面的应用过程中，根据数据的类型形成不同类型的元数据，以便于元数据的管理。

3.3.2　数字图书馆

图书馆的目录卡片是网络时代之前人们用以查询书目信息的工具，它包含书目的信息，即元数据。20 世纪 90 年代，我国开始研究与建设数字图书馆（王秀香，2016）。

在数字化图书馆建设过程中，元数据是提供数字图书馆中资源描述、资源发现、资源处理、资源评价与排序以及资源的人机交互和理解的基本要素。元数据可用于筛选高质量的信息资源，此外，元数据还承担了各元数据系统的转换，达到整合和集成各平台数据的功能，为用户提供数据集成服务（谭亮和黄娜，2011）。

1975 年左右我国开始研制计算机编目和机读目录，1979 年我国引进美国 MARC 加以研究，1982 年我国参考 ISO 2709 信息和文档数据交换格式标准制定了《文献目录信息交换用磁带格式》（GB/T 2901-1982），1995 年发布《中国机读目录格式使用手册》，用于中国国家书目机构同其他国家书目机构以及中国国内图书馆与情报部门之间，以标准的计算机可读形式交换书目信息。

3.3.3　政府和商业

政府和企业运营过程中产生的信息，如税务文件、人口统计数据、损益总账、库存等，逐渐靠计算机来操作管理。这些数据构成了政府和企业管理的元数据（Pomerantz，2015）。此外，应急管理中对突发公共事件的快速决策依靠对信息资源的有效整合与分析应用，而元数据管理可以提高资源管理和访问的效率（冯天威，2009）。

商业方面，几乎所有的消费级数码相机都捕捉和嵌入了可交换的图像文件格式的（exchangeable image file format，EXIF）数字图像元数据；使用 Adobe 的软件工具创建的文件包含嵌入式可扩展元数据平台（extensible metadata platform，XMP）元数据（Baca, 2008）。

此外，企业运用元数据管理工具 Atlas 或由 LinkedIn 开源的 DataHub 进行元数据管理，以实现数据治理；一些营利性质的商用元数据管理平台也被开发销售，如 EsPowerMeta。

3.3.4　医疗

HiTA（Health IT Accelerator）是浙江数字医疗卫生技术研究院开放医疗与健康联盟（Open Medical and Healthcare Alliance, OMAHA）面向健康医疗信息技术行业提供知识服务的平台。在遵从国际和国家标准的基础上，基于我国健康医疗领域中已发布的元数据相关标准体系，该平台提供电子化、结构化、完整的元数据规范，呈现统一的数据元、数据集、值域、卫生统计指标等内容，帮助健康医疗从业者理解、应用与实施相关元数据标准，实现健康医疗数据在元数据层面的统一管理，同时提供卫生信息标准元数据与国际上相关数据模型的映射资源，帮助从业者将医疗信息系统中的数据映射到相关数据模型，借助数据模型进行数据查询、分析与共享等应用。

3.4　元数据的模式与标准

3.4.1　互操作

元数据如何描述数据？人们通过建立元数据的模式（schema），即一个规则集，来规定进行什么类型的陈述以及如何陈述。在元数据模式的范畴中，人们选取元素（elements）陈述资源或命名资源的某种属性。例如，都柏林核心中规定了 15 个元素，用于支持对任何资源进行描述。每个元素对应了值（value），即元素的数据，如创作时间，1978 年。在元数据模式中，有两种描述数据的编码体系（encoding schemes），即语法编码和受控词汇表。语法编码体系是一种规定了如何表达或编制某种具体数据类型的规则集。例如，都柏林核心的元数据模式建议，具体说明日期时应根据国际标准《数据存储和交换形式·信息交换·日期和时间的表示方法》（ISO 8601）对数值进行编码。受控词汇表也是一种规则集，但受控词汇表提供的是可应用的有限字符串集。例如，都柏林核心元数据元素集推荐的主题元素就是从受控词汇表中挑选的数值，广泛使用的受控词汇表有美国国会图书馆主题标目表（library of congress subject headings，LSCH）。

在具体实践中，许多元数据模式的语法和语义均采用可扩展标记语言（extensible markup language，XML）作为编码格式，XML 实际上是可在文档的文本中嵌入指令的受控词汇表，也是一个指令集合（Pomerantz，2015）。使用 XML 表示的数据模型，描述资源特征及资源间的关系，形成资源描述框架（resource description framework，RDF）。RDF 则可在网络上为元数据提供一个基础结构，只要能解析这个标准描述框架，就能解读相应的元数据格式，有助于应用程序调用以及在网络上交换元数据，实现结构互操作（程变爱，2000）。

综上，元数据的互操作其实是从三个层面实现的。第一，在元数据共享和通信过程中，理解元数据的语义，达到语义互操作。不同元数据标准，可通过元数据映射得到元数据之间的对应关系，以理解语义。第二，基于 XML 的开发应用使元数据的互通成为可能，达到语法互操作。第三，通过建立标准的资源描述框架实现元数据结构互操作（周宁等，2021）。

3.4.2　元数据标准

元数据标准是用于记录编目信息或结构化描述类记录的标签或编码系统（Xie and Matusiak, 2016）。元数据标准化是发展一种以元数据为核心的标准，建立区域、国家或组织的可共享的标准化体系。元数据标准分为数据结构标准、数据值标准、数据内容标准和数据格式（技术交流）标准（Baca, 2008）。元数据标准中需定义元数据元素，也允许根据需求扩展标准，按要求增加新的元数据元素集，以便更多用户理解和使用数据（赵永平和承继成，1998）。

建立元数据标准是为了规范数据词汇和明确术语的定义，确保这些术语在同一学科或跨学科应用过程中的一致性。建立行业内一致接受的元数据标准可以简化建立综合的元数据的过程，也可保障元数据长期使用和共享 （Recknagel and Michener, 2018）。选择最适合的元数据标准并创建一致的元数据，不仅可以形成特定资源数据的统一描述，还可以实现映射依据其他标准建立元数据，进一步实现可操作的目标（Baca, 2008）。

从研究数据联盟统计的元数据标准目录（网址：https://rdamsc.bath.ac.uk/subject-index）来看，国外的组织或机构在多学科、科学、艺术与人文、社会和人类科学、信息与通信、政治、法律、经济相关领域均已建立了元数据标准。一些元数据标准的应用已经相对成熟，如美国国家航空航天局（National Aeronautics and Space Administration, NASA）地球科学数据系统推荐使用目录交换格式（directory interchange format, DIF）元数据标准，该标准用于描述卫星等的遥感数据及转换不同系统的数据。ISO 19115 地理信息元数据标准被批准用于 NASA 的地球科学数据系统，同时，ISO 19115 也被国际同行广泛接受和参考，以制定区域性或行业性元数据标准。

国内在生态学研究方面建立了《生态科学数据元数据》国家标准；2014 年国家质量监督检验检疫总局和国家标准化管理委员会发布了《科技平台 资源核心元数据》（GB/T 30523—2014）国家标准，以规定科技平台资源核心元数据及其描述方法、扩展类型与规则等内容。此外，根据国家标准全文公开系统的资料，自 2005 年以来，我国已经在信息技术、服务、企业组织管理、数学、自然科学等领域建立了 78 份有关元数据的国家标准。

一些行业标准也逐渐建立，2006 年中国地质调查局发布了《地质信息元数据标准》（DD2006—05），该行业标准是根据 ISO 19115—2003、《地理信息元数据》（GB/T 19710—2005）国标和《国土资源信息核心元数据标准》（TD/T 1016—2003）而修订完善的（王成锡和张明华，2011）。2015 年中国地质调查局发布了《三维地质模型数据交换格式》（Geo3DML）（DD2015—06）标准，2019 年中国地质调查局通过了《三维地质模型元数据标准》（DD2019—12）标准。这些是三维地质数据标准体系的重要组成部分，是三维地质建模和数据应用服务的重要参考依据。其中，《三维地质模型元数据标准》适用于区域地质、矿产地质、能源地质、水文地质、工程地质、环境地质等各类三维地质模型时空信息的描述、三维地质模型的发布与服务，三维地质模型的元数据的采集和建库可参照此标准执行。

3.4.3 广泛适用的标准简介

数字地球空间数据元数据标准（content standard for digital geospatial metadata, CSDGM）（网址：https://fgdc.gov/metadata/csdgm-standard）。1994 年，美国联邦地理数据委员会（Federal Geographic Data Committee，FGDC）正式确立《数字地球空间数据元数据标准》为美国国家地球空间数据元数据标准，1998 年，其修订版发布（Simmons, 2018）。1999 年，FGDC 联合美国地质调查局的生物资源部，在 CSDGM 的基础上进行了元素拓展，发表了生物学数据资源的元数据标准。此外，国际标准化组织（International Organization for Standardization，ISO）地理信息技术委员会以 CSDGM 为基础，制定了相应的国际标准 ISO 19115（樊隽轩等，2009）。该标准建立了数字化地理空间数据的术语和定义的通用集合。在美国，由政府、商业和非营利实体创建的大量地理空间数据包括 FGDC 元数据。大多数地理信息系统（GIS）软件支持读取和写入 FGDC 元数据。值得注意的是，所有美国联邦机构在地理空间实践方面都遵循自愿的共识标准，因此 FGDC 在 2010 年批准使用 ISO 19XXX 系列元数据标准（Simmons, 2018）。

都柏林核心（Dublin Core）（网址：https://www.dublincore.org/）于 1995 年由都柏林核心联机计算机图书馆中心（Online Computer Library Center）和美国国家超级计算应用中心（National Center for Supercomputing Applications）联合提出，起初应用于图书馆信息管理，后被多个国家采纳并应用广泛，如数字图书馆、计算机网络研究、生态和环境科学（Baca, 2008; Recknagel and Michener, 2018）；2003 年都柏林核心的元素集作为国际标准 ISO 15836-2003 发布。都柏林核心的元数据包含 15 个元素或描述符，具体有数据名称、创建者、来源、描述说明、出版者、发行者、时间、类型、格式、标识、语言、相关资源、覆盖范围和版权等（网址：http://www.dlib.org/dlib/July95/07weibel.html）（表 3.2）。

表 3.2 都柏林核心 15 个元数据元素定义

元素	中文名	定义
title	名称	分配给资源的名称
creator	创建者	制作资源内容的主要责任实体

续表

元素	中文名	定义
subject	主题	资源内容的主题
description	说明	有关资源内容的说明
publisher	出版者	对资源内容负有发行责任的实体
contributor	发行者	贡献数据资源的实体
date	时间	与资源使用期限相关的日期、时间
type	类型	资源内容方面的性质或类型
format	格式	资源物理或数字化的特有表示
identifier	标识	依据有关规定分配给资源的标识性信息
source	来源	可获取现存资源的有关信息
language	语言	资源知识内容使用的语种
relation	相关资源	对相关资源的参照
coverage	范围	资源的空间或时间主题、资源的空间适用性以及与资源具有相关性的管辖区域
rights	版权	持有或拥有该资源权力的信息

美国数字公共图书馆、欧洲数字图书馆和多媒体数据库等项目都以都柏林核心元数据元素集和术语集为基础开发自己的元数据模式（Pomerantz, 2015）。

达尔文核心（Darwin Core）（网址：https://dwc.tdwg.org/）。2009 年建立的达尔文核心是用于记录生物群及其出现信息的词汇和术语的标准，它提供了生物多样性相关的参考定义、示例和评论，以便于共享生物多样性数据。该标准主要应用于规范统一现生生物多样性数据，被全球生物多样性信息机构（https://www.gbif.org/）等多个平台采用（潘照晖和朱敏，2020）。

《生态科学数据元数据》（GB/T 20533—2006）是由中国科学院计算机网络信息中心提出，由中国科学院计算机网络信息中心牵头，与中国科学院地理科学与资源研究所、中国科学院南京土壤研究所、中国科学院水利部西北水土保持研究所、中国科学院东北地理与农业生态研究所、中国科学院水利部成都山地灾害与环境研究所、中国科学院寒区旱区环境与工程研究所共同起草。该标准不仅规定了描述生态科学数据集的一套元数据实体和元数据元素，还规定了在该标准基础上进行元数据拓展和制定元数据专规的规则（樊隽轩等，2009）。

《科技平台资源核心元数据》（GB/T 30523—2014）由科技部提出，由中国标准化研究院、国家科技基础条件平台中心、北京航空航天大学、中国科学院计算机网络信息中心、国家信息中心联合起草。该标准规定了科技平台资源核心元数据及其描述方法，核心元数据的扩展类型与规则以及一致性要求适用于各类科技平台资源核心元数据的描述、发布和共享。

3.4.4 国外各领域元数据标准

根据研究数据联盟统计的元数据标准目录（网址：https://rdamsc.bath.ac.uk/），目前在地球科学领域（涉及地球生物多样性、地质学、海洋学、地球空间信息、地理信息、地球环境监测等多个方面）已建立的元数据标准如下。

1. Access to Biological Collection Data（ABCD）

网址：https://www.tdwg.org/standards/abcd/

ABCD 模式是获取和交换初级生物多样性数据（包含标本和观察记录）的综合标准。该标准由分类数据库工作组（Taxonomic Databases Working Group）资助，目前该标准应用于全球生物多样性信息网络（即 GBIF）和欧洲生物采集访问服务（Biological Collection Access Service for Europe, BioCASe）。

2. Access to Biological Collection Databases Extended for Geosciences（ABCDEFG）

网址：https://geocase.eu/efg

ABCDEFG 是 ABCD 地球科学扩展部分的 XML 应用方案，是古生物学、矿物学和地质类数据的采集规范。该标准中与古生物相关的元素多用于记录化石的完整度、捕食痕迹、生物侵蚀、结壳、定向、化石组合来源、埋藏后运输情况和保存质量。例如，"捕食痕迹"一项描述蛇颈龙在菊石化石表面留下的咬痕；"结壳"一项描述管蠕虫的生物结壳；"定向"一项描述化石在岩石中保存的排列方向，可指示沉积物是否倒塌及其生前活动状态；"化石组合来源"一项描述化石组合是异地还是原地埋藏。

3. Center for Expanded Data Annotation and Retrieval（CEDAR Template Model）

网址：https://metadatacenter.org/

CEDAR Template Model 可以提供元数据模板，便于可机读的元数据的创建和存储。其目标是用于获取各类科学数据，目前已应用于卫生医学领域。

4. Cruise Summary Reports

网址：https://csr.seadatanet.org/

国家海洋科学数据中心对报道海上巡航或实地实验所需的格式，使用了 ISO 19115 元数据标准中的标签制定。

5. INSPIRE Metadata Regulation

网址：https://inspire.ec.europa.eu/

ISO 19115—2003 地理信息元数据标准的概要，2007 年被采纳为欧洲共同体空间信息基础设施（Infrastructure for Spatial Information in the European

Community，INSPIRE）的公共元数据标准。

6. ISO 19115

网址：https://standards.iso.org/iso/19115/

ISO 19115 是一种国际采用的描述地理信息和服务的模式。它提供了数字地理数据的识别、范围、质量、空间和时间模式、空间参考和分布等信息。ISO 19115 地球空间元数据标准最初发布了单一卷 ISO 19115:2003，该标准也是多个国家标准建立的参考依据。

此后，ISO 19115 被修订出版了三卷：

（1）ISO 19115-1:2014 描述了基本元数据模式，更新了 ISO 19115:2003。

（2）ISO 19115-2:2009 是 ISO 19115:2003 的扩展部分，用于定义描述图像化和网格化数据的模式。

（3）ISO 19115-3:2016：提供了 XML 模式、Schematron 规则和可扩展样表语言转换（XSLT），以 XML（可扩展标记语言）实现 ISO 19115-1、ISO 19115-2 和 ISO/TS 19139（ISO/TS 19139:2007 是 ISO 1915:2003 的 XML 编码）。

其他国家的制图局和合作组织也开发了各自的地球空间元数据标准。例如新西兰土地信息委员会 1996 年开发了元数据标准，现已发布了 ISO 19115:2005 概要；英国也开发了 ISO 19115:2003 概要（Simmons，2018）。

ISO 19115 地理信息元数据标准被批准用于 NASA 的地球科学数据系统，该文件中列举的用于描述科学数据产品的相关 ISO 标准，将应用于 NASA 馆藏和产品的完整描述（网址：https://www.earthdata.nasa.gov/about/esdis/esco/standards-practices/iso-19115-geographic-metadata-information）。

7. US Geoscience Information Network （USGIN） Metadata Profile

网址：http://rdamsc.bath.ac.uk/msc/m81

该元数据方案是 ISO 19115 和 ISO 19119 的概要文件，供美国地球科学信息网使用，以描述广泛的地球科学信息资源。

8. Marine Community Profile

其是由澳大利亚海洋数据中心根据 ISO 19115 规则开发的标准，用于海洋空间数据集的记录和发现。

9. UK Environmental Observation Framework （UKEOF）

其是由英国环境观察框架发布的描述环境监测活动、计划、网络和设施的元数据标准。

其他领域。根据研究数据联盟统计的元数据标准目录（网址：https://rdamsc.bath.ac.uk/），目前除地球科学以外的其他领域也已建立了元数据标准，笔者列举部分标准如表 3.3。

表 3.3 政府、经济等领域的元数据标准列表（引自数据联盟的元数据标准目录）

1.政府	
数据文档倡议（data documentation initiative）	描述社会、行为和经济科学数据的标准，也可应用于法律、经济、艺术与人文领域
2.经济	
统计数据和元数据交换（statistical data and metadata exchange，SDMX）	用于有效交换和共享统计类数据与元数据的标准和准则
数据模型和信息格式（generic statistical message for time series, GESMES/TS）	SDMX 的扩展元数据标准
3.艺术与人文	
文化遗产元数据标准（MIDAS Heritage）	英国历史环境数据标准是英国文化遗产标准，用于记录建筑、考古遗址、沉船、公园和花园、战场、名胜和文物的信息
文化遗产元数据模式（CARARE metadata schema）	上述 MIDAS 文化遗产标准的应用概要，旨在提供有关组织在线馆藏、纪念馆馆藏数据库和数字对象的元数据
文本编码协议指南（text encoding initiative guidelines）	指定一组数据交换文档，以标记文本元数据、文本结构、图像和转录之间的关系以及其他必要的特征，已经发展为创建人文学科文本数据的标准
4.信息与通信	
用于关联数据的 JASON 表示法（Java Script Object notation for linked data）	基于 JSON 格式并进行了扩展，旨在对数据进行注释，以利于在网络应用和服务之间交换数据
书目元数据标准格式（machine-readable cataloging, MARC）	书目元数据的标准和序列化格式，便于机器阅读，最初是为图书馆目录交换而设计
5.科学-大气科学	
气候和预报元数据规范（climate and forecast metadata conventions）	最初以 NetCDF 格式编写的数据标准，特别针对由模型生成的气候预测数据，同样适用于观测数据集
公共信息模型（common information model, CIM）	描述气候数据、气候数据的模型和软件、用于计算和投影气候数据的地理网格，以及产生这些数据的实验（模拟）过程
6.科学-空间科学	
天文可视化元数据（astronomy visualization metadata）	支持交叉搜索由望远镜观测获取的天文图像集，元数据可嵌入常见的图像格式（如 JPEG、TIFF 和 PNG）中。除了应用到数据产生的天文图像外，还可应用到天文类艺术作品或插图
普适图像传输系统（flexible image transport system）	用于编码天文图像数据文件格式

3.5 古生物学与地层学元数据

目前国内尚缺乏基于古生物学与地层学领域专业数据库相关的元数据标准与规范。国内已经建立了《地质信息元数据标准》（DD2006—05）、《三维地质模型数据交换格式》（DD2015—06）和《三维地质模型元数据标准》（DD2019—12），但这三份元数据标准均与古生物学数据无关。国外虽然已经建立了适用不同领域的元数据标准，如都柏林核心、达尔文核心、生物采集数据库访问（ABCD）、数字地理空间元数据标准、ISO 19115 等，但鲜有古生物学方面的元数据标准。上述元数据标准中仅达尔文核心和生物采集数据库访问中涉及了古生物学内容，达尔文核心中的古生物学扩展（paleontology extension）与化石标本的元数据有一定的相关性，但该扩展内容仅提供了地层单位相关元素的描述。生物采集数据库访问（ABCD）的地球科学拓展部分（ABCDEF）中有与古生物相关的内容，但这部分内容更侧重化石埋藏学方面的数据描述。下文在此对古生物学与地层学领域三项基本的元数据标准做简要的探讨。

3.5.1 化石标本元数据

古生物化石标本是古生物学与地层学研究中最为重要的研究对象，是生命演化的实证，也是世界自然遗产的重要资源，对于自然资源普查、地质公园建设以及科学传播都是必不可少的（吴淦国等，2017）。尽管古生物学与地层学是地球科学领域中的基础学科，但数据驱动的研究范式在古生物学与地层学研究中越来越普遍（Alroy et al., 2001; Hammer and Harper, 2006; Rong et al., 2007; Guo, 2017），深刻影响着人们对地球与生命演化的认知（Wang et al., 2021）。随着这门学科研究程度的逐渐加深，世界各地的研究机构都积累了丰富的地质标本收藏，也纷纷开发了化石标本相关的数据库（杨眉等，2017；Wang et al., 2021）。

古生物化石标本的元数据是指解释化石标本数据的数据，可提供化石标本数据的背景信息，有利于数据生产者有效管理和维护化石标本数据，便于对化石标本数据进行检索、分析与使用，也是与其他相关数据库间开展交互关联的信息基础（樊隽轩等，2009）。为了能将标准化、规范化的古生物化石标本数据提供给全球科学共同体，进一步促进古生物学与地层学新范式的科学研究工作，有必要在元数据的汇交、共享和使用方面确立权威性的规范与行业标准。笔者基于古生物学的研究现状、中国科学院南京地质古生物研究所丰富的化石标本收藏，以及中国科学院科学数据中心的建设目标,尝试性地制定了古生物化石标本元数据标准。本标准的制定引用了国家标准《科技平台 资源核心元数据》（GB/T 30523—2014）

和行业标准《图像数据加工规范》（WH/T 46—2012）。凡是标注日期的引用文件，其随后所有的修改单（不包括勘误的内容）或修订版均不适用于本文件，然而鼓励根据本文件达成协议的各方研究机构是否可使用这些文件的最新版本（白殿一等，2020）。

本标准中化石标本的核心元数据包括 10 个元数据元素（化石标本元数据元素集）（fossil specimens metadata element set）和 1 个元数据实体，均为必选项。10 项元数据元素包括标题、数据标识符、许可证标识符、关键词、描述、化石标本参数、数据链接地址、创建者、创建时间和访问限制。元数据实体包括提交机构，元数据实体中包含子元素（下一级元数据元素），分别是提交机构名称、提交机构通信地址、提交机构邮政编码、提交机构联系电话、提交机构电子信箱（表 3.4）。本书从定义、英文名称、短名、数据类型、值域、约束/条件和注解 7 个方面描述各核心元数据元素（徐洪河等，2022）。

表 3.4　古生物化石标本核心元数据元素

元素	定义	英文名称	短名	数据类型	值域	约束/条件	注解
标题	化石标本数据的名称	Title	title	字符串	自由文本	必选（M）	最大出现次数为 1
数据标识符	化石标本数据的唯一标识编码	DataIdentifier	dataId	字符串	自由文本，参见 RFC 2396	必选（M）	最大出现次数为 1
许可证标识符	数据共享许可协议的统一资源标识符	LicenseURI	licURI	字符串	自由文本，参见 RFC 2396	必选（M）	最大出现次数为 1
关键词	用于概述化石标本数据主题的通用词	Keyword	keyword	字符串	自由文本	必选（M）	最大出现次数为 N
描述	化石标本数据内容的综述性介绍。可介绍数据的特征、指标、用途等	Description	descrp	字符串	自由文本	必选（M）	最大出现次数为 1
化石标本参数	用于在化石标本数据库中检索化石标本数据的参数，包括化石标本的实物信息、古生物系统分类信息、地层信息和高维信息	FossilSpecimensParameter	fosSePara	复合型	自由文本	必选（M）	最大出现次数为 N

元素	定义	英文名称	短名	数据类型	值域	约束/条件	注解
数据链接地址	化石标本数据的有效绝对网络地址	OnlineAddress	onlAdd	字符串	自由文本，参见RFC 2396	必选（M）	最大出现次数为 N
创建者	化石标本数据的创建人或录入员	Creator	creator	字符串	自由文本	必选（M）	最大出现次数为 1
创建时间	化石标本的核心元数据被创建的日期和时间	CreateDate	creDate	字符串	自由文本，参见ISO 8601:2004	必选（M）	最大出现次数为 1
访问限制	为保护隐私权或知识产权，对部分化石标本信息施加的限制或约束	AccessConstraints	accConsts	字符串	公开级为1，限制级为2	必选（M）	最大出现次数为 1
提交机构	提交化石标本核心元数据的单位或机构，包括提交机构的名称、通信地址、邮政编码、联系电话和电子信箱	PointOfContact	idPoC	复合型	自由文本	必选（M）	最大出现次数为 1
子元素							
提交机构名称	提交化石标本核心元数据的组织机构名称	OrganizationName	orgName	字符串	自由文本	必选（M）	最大出现次数为 1
提交机构通信地址	与提交机构联系的通信地址	Address	cntAdd	字符串	自由文本	必选（M）	最大次数为 1
提交机构邮政编码	与提交机构通信地址相对应的邮政编码	PostalCode	postCode	字符串	自由文本	必选（M）	最大出现次数为 1
提交机构联系电话	提交机构联系人的联系电话	Phone	cntPhone	字符串	自由文本	必选（M）	最大出现次数为 N
提交机构电子信箱	提交机构联系人的电子邮件地址	ElectronicMailAddress	cntEmail	字符串	自由文本	必选（M）	最大出现次数为 N

　　上述十项元数据元素之一的化石标本参数又可分为古生物化石标本的实物信息、古生物系统分类信息、地层信息和高维信息。其中，古生物化石标本的实物信息包含是否公开发表、参考文献、项目名称、是否模式标本、标本号前缀、标

本登记号、野外编号、发表图编号和标本收藏单位等术语。古生物系统分类信息包含大类/俗名、门、纲、目、科、属、种、修订意见、鉴定人、鉴定/修订时间、命名人和定种年份等术语。地层信息包含地质时代（宙、代、纪、世、期）、地质时代起始值、地质时代终止值、地质时代中值、岩石地层单位、剖面名称、产地（国家、省、市、县、村）、经度、纬度、生物带、沉积相和古环境等术语。高维信息分为图像信息和三维模型信息，包括提供者、采集设备名称与型号、采集日期、图像或三维模型格式、扫描方式、分辨率、数据源、数据描述、图像或三维模型文件名称等术语。

以下是对化石标本参数术语的介绍，部分术语的描述方式参考了美国伊利诺伊州古生物资料数字化工作组于 2005 年提交的达尔文核心数据标准古生物扩展部分（Darwin Core paleontology extension）（古生物元素定义的网址：https://github.com/tdwg/wiki-archive/tree/master/twiki/data/DarwinCore/Paleontology Element.txt），还包括何心一和徐桂荣（1993）、Salvador （1994）、吴淦国等（2017）的专著内容，《图像数据加工规范》（WH/T46—2012），邵梦媛等（2017）和杨眉等（2017）的文献。

1）化石标本的实物信息

是否公开发表（published）（Yes/No，简称 Y/N）：化石标本是否已在文章中发表。该项数据为必选项，即数据库中必备的化石标本信息。

发表文献信息（reference）：化石标本首次发表时的文献资料，应提供 URL 或 DOI 或完整的引用格式，完整引文包括作者名、出版时间、论文题目或专著名、刊物名或出版者、卷（期）号、页码或文章号。本选项为化石标本已经公开发表之后的必选项。

项目名称（funding project）：获取化石标本受资助的项目。该项数据为可选项，即数据库中选填的关于化石标本的信息。在地质资源调查过程中，有的化石标本在采集过程受到某项目资助，但是未公开发表，本选项适合这种情况。

是否模式标本（type specimens）（Y/N）：判定是否为模式标本。必选项。

标本号前缀（specimens prefix）：化石标本馆藏登记号的前缀部分，通常是馆藏或研究单位名称的英文缩写词，不同的化石收藏单位往往有不一样的化石标本号前缀。必选项。

标本登记号（specimens number）：化石标本馆藏登记号的数字部分，由保存单位或系统统一编号编写。必选项。

野外编号（field number）：化石标本在野外采集时的编号。可选项。

发表图编号（published plate/figure number）：化石标本在已发表的文章或专著中的图版编号和图编号。可选项。

标本收藏单位（collection housed institute）：化石标本保存单位的名称。必选项。

2）化石标本的古生物系统分类信息

大类/俗名（group）：化石标本的俗称和通俗分类。可选项。

门（phylum）：生物分类法中的第三分类等级，是位于界和纲之间的生物分类单位。包括中文名、拉丁文名。可选项。

纲（class）：位于门和目之间的生物分类单位。包括中文名、拉丁文名。可选项。

目（order）：位于纲和科之间的生物分类单位。包括中文名、拉丁文名。可选项。

科（family）：位于目和属之间的生物分类单位。包括中文名、拉丁文名。可选项。

属（genus）：是种的综合，包括若干同源的和形态、构造、生理特征近似的种。本书指化石标本的属名。包括中文名、拉丁文名。必选项。

种（species）：是生物学和古生物学的基本分类单元。本书指化石标本的种名。包括中文名、拉丁文名。可选项。

修订意见（emend result）：已发表的关于化石标本分类位置发生变更的修订意见，或是不同学者对分类名称所建立的各种同物异名信息。可选项。

鉴定人（appraiser name）：鉴定化石标本分类位置的人的姓名。可选项。

鉴定/修订时间（emending date）：鉴定或修订化石标本分类位置的年份。可选项。

命名人（nomenclator）：化石标本的属种命名者的姓氏。必选项。

定种年份（year of species name）：化石标本种名命名的年份。必选项。

3）化石标本的地层信息

地质时代[宙（Eon）]：地质时代指化石标本目前已知的时代分布范围。"宙"是最高级（第一级）地质年代单位，其对应的年代地层单位是"宇"。可选项。

地质时代[代（Era）]："代"是第二级的地质年代单位，与年代地层单位"界"相对应。可选项。

地质时代[纪（Period）]："纪"是第三级的地质年代单位，与年代地层单位"系"对应。必选项。

地质时代[世（Epoch）]："世"是第四级的地质年代单位，与年代地层单位"统"对应。必选项。

地质时代[期（Age）]："期"是第五级的地质年代单位，与年代地层单位"阶"对应。可选项。

地质时代起始值（age from）：化石标本对应的古生物种分布的地质时代的数值年龄的起始值，单位为百万年（Ma）。可选项。

地质时代终止值（age to）：化石标本对应的古生物种分布的地质时代的数值年龄的终止值，单位为百万年（Ma）。可选项。

地质时代中值（median age）：取地质时代起始值和终止值两者的中间值，单位为百万年（Ma），用于计算古经、纬度。可选项。

地层单位（stratigraphic unit）：对沉积岩石分类时，在岩石的特征、属性或地质时代可识别为一个单元的岩石体。岩石地层单位，包括岩石地层单位中的群、组、段、层。必选项。

岩性（lithology）：地层的岩石组成及岩石特征。包括岩石类型、物质成分、颜色、厚度等特征。其中岩石类型数据可参考《沉积岩岩石分类和命名方案》（GB/T 17412.2—1998）。必选项。

剖面名称（section name）：地表出露的岩石单位系列的名称，钻孔岩心等岩石单位可以使用本身名称作为虚拟（virtual）或等效的剖面名称。可选项。

产地[国家（country）]：化石标本产地所在的国家或地区。必选项。

产地[省（province）]：采集化石标本的省级行政区划，包括省、自治区、直辖市和特别行政区。必选项。

产地[市（city）]：采集化石标本的市级行政区划，包括市、地区、盟和自治州。必选项。

产地[县（county）]：采集化石标本的县级行政区划，包括县、自治县、旗、自治旗、县级市、市辖区、林区和特区。必选项。

产地[乡（village）]：采集化石标本的乡镇级行政区划，包括乡、民族乡、镇、街道、苏木和区公所。可选项。

产地[经度（longitude）]：化石标本产地经度数值，是一个-180~180 的数字，负值表示西经的度数，正值表示东经的度数。可选项。

产地[纬度（latitude）]：化石标本产地纬度数值。是一个-90~90 的数字，负值表示南纬的度数，正值表示北纬的度数。可选项。

生物带（biozone）：指生物地层带，是生物地层单位的统称。生物带是基于化石判断地层时代，并开展地层对比的依据。常用的生物带包括延限带、间隔带、组合带、富集带和种系带（Salvador，1994）。可选项。

沉积相（sedimentary facies）：沉积环境以及该沉积中所形成的沉积岩（物）的特征概要。沉积岩特征则包括岩性特征、古生物特征以及地球化学特征等（何幼斌和王文广，2007）。可选项。

古环境（palaeoenvironment）：地质历史时期古生物所处的环境指示信息，如海水深度、温度、盐度、水体开放程度、含氧量、水动力条件等。可选项。

4）化石标本的高维信息

提供者（provider）：化石标本高维信息（图像或三维模型）提供者的姓名。必选项。

采集设备名称与型号（device name & type）：获取化石标本图像或三维模型数据的设备，包括设备名称、性能、规格、大小。必选项。

采集日期（date）：获取化石标本图像或三维模型数据的日期。必选项。

图像格式（picture/3D format）：化石标本图像或三维模型文件的存储格式，指示高维数据在数据库与网站平台上的解码方式。常见的图像格式有 JPG，常见的三维模型文件格式有 OBJ。必选项。化石标本图像需要具有可参照的比例尺。拍摄过程中应适当补光，避免化石标本投射阴影，且应避免环境因素导致化石标本颜色失真。其中，微体化石标本图像编码格式为 JPG 或 TIFF，保留扫描电镜拍摄中设置的比例尺。

扫描类型（scan type）：化石标本图像或三维模型的扫描方式。可选项。

分辨率（resolution）：指示化石标本图像或三维模型中存储的信息量，决定图像或三维模型的清晰度。可选项。

数据来源（data source）：化石标本收藏单位或持有者或化石标本图像或三维模型数据的文献或收藏平台。必选项。

数据描述（data description）：化石标本图像或三维模型数据科学信息。可选项。

图像文件名称（image file name）：化石标本图像或三维模型数据在电脑或存储系统中的文件标识。必选项。

3.5.2 化石产出记录元数据

参照化石标本元数据标准，化石产出记录元数据采用其中的 9 项元素和 1 项实体，并更改其中一项元素"化石标本参数"为"化石产出记录参数"。以 PBDB 数据库的化石产出记录为例记录，如表 3.5。

表 3.5 化石产出记录元数据示例

标题	*Spirifer* 属的产出记录
数据标识符	
许可证标识符	
关键词	*Spirifer*、收藏号、数据授权人、参考文献
描述	已录入的 *Spirifer* 属的产出记录，包括 *Spirifer* 属的系统古生物信息、地层信息和图像信息，其中也说明该属的空间分布信息和古生态信息。
	用途：研究、科普
提交机构名称	The Paleobiology Database

续表

标题	*Spirifer* 属的产出记录
提交机构通信地址	
提交机构邮政编码	
提交机构联系电话	
提交机构电子信箱	info@paleobiodb.org
化石产出记录参数	Spirifer
数据链接地址	https://paleobiodb.org/classic
创建者	M. Sommers
创建时间	1999-04-06 13:21:59
访问限制	1

上述化石产出记录元数据可以理解为对化石产出记录数据集的解释数据。与化石产出记录元数据不同,PBDB 网站还对单条化石产出记录数据设置了元数据,用于描述该条记录数据的部分背景信息,包括该条数据的数据库编号、授权人、录入者、修改者、课题组、创建时间、上次修改时间、访问级别、发布于、知识共享许可(表 3.6)。

表 3.6 PBDB 网站单条化石产出记录的元数据示例

标题	*Spirifer* 属的产出记录数据
数据库编号	452
授权人 Authorizer	J. Sepkoski
录入者	M. Sommers
修改者 Modifier	J. Ju
课题组	Marine Invertebrate
创建时间	1998-12-10 12:08:45
上次修改时间	2017-01-28 14:15:24
访问级别	公开
发布时间	1998-12-10 12:08:45
知识共享许可	CC BY

以 PBDB 网站数据为例,化石产出记录数据所涉及的术语说明如下。

(1)收藏名称/号(collection name or number):化石记录在数据库中的名称或编号。对应化石标本元数据术语中的"标本登记号"(specimens number)。

分类单位名称(纲目科属种)(taxonomy name):生物分类单位,包括界、门、纲、目、科、属、种。

（2）命名人（nomenclator）：化石分类群（可以是门、纲、目、科、属、种等任何一种分类群）命名人。

（3）命名年份（nomenclative year）：化石分类群（可以是门、纲、目、科、属、种等任何一种分类群）命名的年份。定属年份（year of genus name）

（4）分类意见（taxonomic opinion）：已发表的关于化石标本分类位置变动的学术意见或同物异名等。对应化石标本元数据术语中的"修订意见"（emend result）。

（5）化石组合（fossil assemblage）：指单个地层或地质体中，由三个或更多的化石分类单元构成的组合。

（6）时代延限（age range）：化石记录的地质时代范围。对应化石标本元数据术语中的"地质时代起始值（age from），地质时代终止值（age to）"。

（7）时间间隔（百万年）[temporal interval （Ma）]：化石记录所属地层单位或地层间隔的时间跨度数值。

（8）异名表（synonymy list）：同一生物分类单元先后被鉴定为不同的属种名的列表。

（9）姐妹分类群（sister taxa）：在分支分类学中具有一个不为其他分类单元所共有的祖先的两个分类单元称为姐妹群。

（10）子分类群（subtaxa）：生物分类单元内的属种。

（11）分类列表（taxonomic list）：数据库中生物分类单元下已记录的化石属种名单列表。

（12）总数（total）：单个化石产出记录中收藏的化石总数目。

（13）化石大小（fossil size）：根据化石个体大小分为大化石、微体化石和超微化石。

（14）形态学（morphology）：记录的化石的形态学特征。

（15）生物带（biozone）：指生物地层带，是生物地层单位的统称。与化石标本元数据中的生物带含义相同。

（16）国家/大陆（country/continent）：化石记录的产地所在的国家或地区，与化石标本元数据中的"产地（国家）"[locality（country）]相同。

（17）国家/省（country/province）：化石记录的省级行政区划，与化石标本元数据中的"产地（省）"相同。

（18）国家/村（country/village）：化石记录的乡镇级行政区划，与化石标本元数据中的"产地（镇）"相同。

（19）产地/地理位置：化石产出记录的具体地理点位，包括方位和距离。例如，澄江县东南 3.5km。

（20）经纬度（latitude/longitude）：化石记录产地的经度和纬度数值。

（21）古坐标值（Paleocoordinates）：地史时期中化石记录产地的经度和纬度数值。

（22）年代地层单位（chronostratigraphic unit）：指在一特定地质时间间隔内形成的所有岩石的综合岩石体，不同等级或时间范围的单位包括宇、界、系、统、阶。

（23）群/组/段（group/formation/member）：对地球岩石分类时，根据岩石的特征、属性或地质时代所识别出的作为一个单元的岩石体，即岩石地层单位，包括岩石地层单位中的群、组、段、层。对应化石标本元数据术语中的"岩石地层单位"（lithostratigraphic unit）。

（24）古环境（paleoenvironment）：地质历史时期古生物所处的环境指示信息。如海水深度、温度、盐度、水体开放程度、含氧量、水动力条件等。对应化石标本元数据术语中的"古环境"。

（25）古生态（paleoecology）：地史时期生物的习性和生态。

（26）食性（diet）：古生物的进食习惯信息，如滤食性、植食性、肉食性等。

（27）固着（attached）：指古生物（如腕足）是否固着在基底上。

（28）视力（vision）：指古生物是否拥有用眼睛分辨图像的能力。

（29）生活习性（life habit）：一般常按生活方式将海洋生物分为浮游生物、游泳动物和底栖生物。

（30）分布范围（distribution）：化石记录的地理展布范围。

（31）岩性（lithology）：地层的岩石组成及岩石特征。包括岩石类型、物质成分、颜色、厚度等特征。

（32）参考文献（reference）：化石标本首次发表时的文献资料，应提供 URL 或 DOI 或完整的引文，完整的引文包括作者名、出版时间、论文题目或专著名、刊物名或出版者、卷（期）号、页码、文章号等。

（33）课题组/项目（research group/project）项目名称（Funding project）：研究化石记录的课题组。研究化石记录中受资助的项目。

（34）标本图像（specimen images）：化石标本的图像。

（35）数据授权人/核准人（data authorizer）：已发表的关于化石产出记录的文章的作者，或授权数据录入的作者。

（36）数据录入者/键入时间（data enterer/created time）：录入化石产出记录的人员或时间。

（37）知识共享许可证标识（license URI）（Creative Commons license）：数据共享许可协议的统一资源标识符。

3.5.3 地层剖面的元数据

地层剖面的元数据元素包括标题、数据标识符、许可证标识符、关键词、描述、地质剖面参数、数据链接地址、创建者、创建时间、访问限制，以及一项元数据实体（表 3.7），这里的元数据实体是指数据提交机构。其与化石标本的元数据元素基本一致，仅"参数"一项根据数据内容主体而改变（表 3.7）。地质剖面参数包含地层学专业数据术语，用户可根据地层剖面参数中的任一术语检索元数据和地层剖面数据，获知数据的背景信息及数据关联结果。以 GBDB 数据库为例（Fan et al., 2013），这些术语的描述如下。

表 3.7　地层剖面的核心元数据示例

标题	黑色页岩分布数据
数据标识符	—
许可证标识符	—
关键词	黑色页岩、产地、经纬度、地层厚度
描述	已录入的黑色页岩的地理分布及相关地质数据，包含黑色页岩的地理分布位置及其关联的地层剖面信息。 用途：研究、科普
提交机构名称	中国科学院南京地质古生物研究所
提交机构通信地址	南京市北京东路 39 号
提交机构邮政编码	210008
提交机构联系电话	025-83282105
提交机构电子信箱	ngb@nigpas.ac.cn
地质剖面参数	黑色页岩或 black shale
数据链接地址	—
创建者	—
创建时间	Thu 2022-02-17 09:30:50 CST
访问限制	1

（1）参考文献（reference）：已发表的地层剖面的文献资料，应提供 DOI 或完整的引文，完整引文包括作者名、出版时间、论文题目或专著名、刊物名或出版者、卷（期）号、页码或文章号。必选项，必填项。

（2）剖面名称（section）：地表或地下（钻井、矿坑）观察到的岩石单位系列的名称。必填项。

（3）地理信息。

经纬度（latitude/longitude）：地质剖面地理位置的经度和纬度。必填项。

产地（Locality）：已报道的地质剖面所在的详细地点。包括剖面所在国家以及下属的四级行政区划单位。必填项。

（4）岩石地层划分信息。

群（group）：群是根据岩性特征将岩石体编制的其中一级单位。群包含两个或多个组。选填项。

组（formation）：岩石地层学的基本单位。选填项。

段（member）：组内命名的岩石实体。选填项。

层（bed）：段内或组内命名的独特岩层。选填项。

地层层号（bed number）：剖面中划分的地层层、段的编号。必填项。

（5）岩性描述。

岩石颜色（color）：岩石新鲜面的颜色。必填项。

岩性（lithology）：地层的岩石组成及岩石特征。包括岩石类型、物质成分等特征。必填项。

（6）地层勘测及采样。

地层厚度（thickness）：剖面中划分的地层层、段、组等的厚度。必填项。

采样编号（collection）：剖面中具体层位采集样品的编号。选填项。

（7）化石记录（fossil list）：剖面各个层段中已报道的化石属种记录、单层所含数量及总数量（根据多样性统计需求，总数量可分为属级总数量、种级总数量等）。选填项。

（8）生物地层信息。

生物带（biozone）：指生物地层带，是生物地层单位的统称，用于判定精确的地质时代。可选项。

（9）年代地层信息。

地质时代[纪（period）]：剖面的地质时代指所测剖面的地层跨越的地质时代。纪是与系（年代地层单位）对应的地质年代单位。级别高于世、低于代。必选项。

地质时代[世（Epoch）]：世是与统（年代地层单位）对应的地质年代单位。必选项。

地质时代[期（Age）]：期是与阶（年代地层单位）对应的地质年代单位。必选项。

（10）化学地层信息（chemostratigraphy）：剖面中的地球化学研究记录。例如，碳、氧同位素的变化和锶、硼、锰等微量元素含量的变化，以及沉积物内铱含量的变化等。选填项。

（11）生态地层信息（ecostratigraphy）：剖面中的群落及古生态研究记录。选填项。

（12）古地磁信息（magnetic information）：剖面中岩石的磁性指示的地史时期的磁极方向。选填项。

（13）层序地层信息（sequence stratigraphy）：剖面地层的层序类型及其对沉积环境、油气勘探的指示意义。选填项。

（14）放射性同位素定年（radiogenic isotope dating）：利用放射性元素核衰变规律测定的剖面地层的年龄。选填项。

3.6 古生物学与地层学元数据标准的推广与数据交换

我们对化石标本的元数据已经采用了上述元数据标准，在此提供了 XML 格式的编码方案（表 3.8）分享给同行，希望能够进一步促进规范的推广和数据交换。JSON 和 XML 都是服务器端与客户端之间进行数据传输与数据交换的文件格式，JSON 文件相对于 XML 文件的优势就是其可以存储 JavaScript 复合对象，可能对于前端程序更具优势，除此以外，二者都有丰富的编码工具，容易编码，扩张性和可读性都很好，在数据库技术人员和领域专家中都很常用。

表 3.8 化石标本元数据 XML 编码方案表

```xml
<?xml version="1.0" encoding="UTF-8"?>
<!--古生物化石标本元数据  -->
<metadata_standard>
<bean name="化石标本元数据元数与实体">
    <property>标题</property>
    <property>数据标识符</property>
    <property>许可证标识符</property>
    <property>关键词</property>
    <property>描述</property>
    <property name="化石标本参数">
<group desc="化石标本参数包含化石标本实物信息，古生物分类信息，地理信息，地质信息，高
维信息">
        <list>


<!--化石标本实物信息 -->
<bean name="化石标本实物信息">
```

```xml
        <property name="文献">
<reference published_type="Y/N">是否公开发表</reference>
<reference language="CHS&EN" >参考文献</reference>
        </property>
    <property>项目名称</property>
<property specimens_type="Y/N">是否模式标本</property>
    <property>标本号前缀</property>
    <property>标本登记号</property>
    <property>野外编号</property>

    <property>发表图编号</property>
    <property>标本收藏单位</property>
        </bean>
    <!--古生物分类信息 -->
<bean name="古生物分类信息">
<property language="CHS&EN">大类/俗名</property>
<property language="CHS&EN">门</property>
<property language="CHS&EN">纲</property>
<property language="CHS&EN">目</property>
<property language="CHS&EN">科</property>
<property language="CHS&EN">属</property>
    <property name="种">
<species language="CHS&EN">种名</species>
    <species>修订意见</species>
    <species>鉴定人</species>
<species date_type="yyyy-mm-dd">鉴定/修订时间</species>
    <species>命名人</species>
<species date_type="year">定种年份</species>
        </property>
        </bean>

    <!--地理信息 -->
<bean name="地理信息">
    <property name="位置">
<location language="CHS&EN">产地（国家）</location>
```

续表

```
<location language="CHS&EN">产地（省）</location>
<location language="CHS&EN">产地（市）</location>
<location language="CHS&EN">产地（县）</location>
<location language="CHS&EN">产地（村）</location>
</property>
<property name="坐标">
<coordinate range="-180～180">经度</coordinate>
<coordinate range="-90～90">纬度</coordinate>
</property>
</bean>

<!--标本地质信息 -->
<bean name="地质信息">
<property language="CHS&EN">地质时代（宙）</property>
<property language="CHS&EN">地质时代（代）</property>
<property language="CHS&EN">地质时代（纪）</property>
<property language="CHS&EN">地质时代（世）</property>
<property language="CHS&EN">地质时代（期）</property>
<property default_unit="百万年">地质时代起始值</property>
<property default_unit="百万年">地质时代终止值</property>
<property language="CHS&EN">岩层地层单位</property>
<property>岩性</property>
<property language="CHS&EN">剖面名称</property>
<property>生物带</property>
<property>沉积相</property>
<property>古环境</property>
</bean>

<!--高维信息 -->
<bean name="高维信息">
<property>提供者</property>
<property>设备名称与型号</property>
<property date_type="yyyy-mm-dd">采集日期</property>
<property format="Picture/3D">图像格式</property>
<property>扫描类型</property>
```

续表

```
<property>分辨率</property>
<property>数据来源</property>
<property>数据描述</property>
<property>图像文件名称</property>
</bean>


<!--标本其他详细信息 -->
<bean name="标本其他详细信息">
<property>描述</property>
<property>备注</property>
<property>录入员</property>
<property>校对员</property>
</bean>
</list>
</group>
</property>
</bean>
<property address_type="https/http">数据连接地址</property>
<property>创建者</property>
<property date_type="yyyy-mm-dd">创建时间</procedure>
<property>访问限制</property>
<property>提交机构</property>
</bean>
</metadata_standard>
```

参 考 文 献

白殿一, 刘慎斋, 王益谊, 等. 2020. 标准化文件的起草. 北京: 中国标准出版社.

承继成, 赵永平. 1998. 地理信息及其元数据标准化. 遥感学报, 2(2): 149-154.

程变爱. 2000. 试论资源描述框架(RDF)-极具生命力的元数据携带工具. 现代图书情报技术, (6): 62-64.

樊隽轩, 迟昭利, 陈峰, 等. 2009. 元数据标准及其在古生物数据库中的应用. 地层学杂志, 33(4): 391-397.

冯天威. 2009. 应急信息资源元数据管理模型及其应用. 大连: 大连理工大学.

何心一, 徐桂荣. 1993. 古生物学教程. 北京: 地质出版社.

何幼斌, 王文广. 2007. 沉积岩与沉积相. 北京：石油工业出版社.

李军, 陈崇成. 1997. 地球科学数据的元数据研究. 地理研究, 16(1): 31-38.

李军, 陈崇成. 1998. 地球空间数据元数据标准初探. 地理研究, 17(4): 54-63.

吕秋培, 解素芳, 李新利, 等. 2003. 关于元数据及其应用. 档案学通讯, 3: 47-50.

潘照晖, 朱敏. 2020. 国内外古脊椎动物数据库综述. 高校地质学报, 26(4): 424-443.

邵梦媛, 杨眉, 何明跃. 2017. 古生物群专题数据库的构建与展示. 科研信息化技术与应用, 8(4): 77–82.

孙文隽, 李建中. 1996. 统计与科学数据库系统中的元数据管理. 黑龙江大学自然科学学报, 13(1): 37-42.

谭亮, 黄娜. 2011. 元数据及其应用价值研究. 企业导报, 21: 252-253.

王成锡, 张明华. 2011. 国家地质信息元数据管理系统的开发. 国土资源信息化, (2): 12-24.

王秀香. 2016. 我国数字图书馆标准规范建设内容及特点分析. 数字图书馆论坛, (9): 14-19.

吴淦国, 何明跃, 杨良峰, 等. 2017. 脊椎动物、植物、牙形类化石及旧石器标本资源描述标准. 北京: 地质出版社.

谢园, 杨眉, 何明跃, 等. 2017. 科学标本资源汇交整编规范与实践. 中国科技资源导刊, 49(5): 21-29.

徐海根, 薛达元, 吴小敏. 1999. 生物多样性信息元数据库的开发. 农村生态环境, 15(2): 16-21.

徐洪河, 聂婷, 郭文, 等. 2022. 古生物化石标本元数据标准. 古生物学报, 61(2): 280-290.

许绥文. 1999. 漫笔之四: 数字资源的创建——SGML 与元数据. 北京图书馆馆刊, 1: 41-44.

杨眉, 何明跃, 施爽, 等. 2017. 地学类标本资源的规范数字化及质量控制. 中国科技资源导刊, 49(5): 45-51.

姚艳敏, 姜作勤, 严泰来. 2001. 国土资源信息核心元数据的研究. 测绘学报, 30(4): 349-354.

曾丽. 2016. 国内元数据研究的文献计量分析. 情报探索, 4(222): 130-134.

赵永平, 承继成. 1998. 地理空间元数据标准研究. 中国标准化, 1: 8-11.

周成虎, 李军. 2000. 地球空间元数据研究. 地球科学, 25(6): 579-585.

周宁, 余肖生, 吴佳鑫. 2021. 信息组织. 武汉: 武汉大学出版社.

Alroy J, Marshall C R, Bambach R K, et al. 2001. Effects of sampling standardization on estimates of Phanerozoic marine diversification. Proceedings of the National Academy of Sciences, 98(11): 6261-6266.

Baca M. 2008. Introduction to Metadata. Los Angeles: Getty Publications.

Fan J, Chen Q, Hou X, et al. 2013. Geobiodiversity database: A comprehensive section-based integration of stratigraphic and paleontological data. Newsletters on Stratigraphy, 46: 111-136.

Guo H-D. 2017. Big earth data: A new frontier in earth and information sciences. Big Earth Data, 1: 4-20.

Hammer O, Harper D A T. 2006. Paleontological Data Analysis. Oxford: Blackwell Publishing.

Howe D. 1996. Free on-line Dictionary of Computing (FOLDOC). http://wombat.doc.ic.ac.uk/. [2021-12-10].

Miller P. 1996. Metadata for the Masses. Ariadne, 5.

NISO. 2004. Understanding Metadata. Bethesda, MD: NISO Press.

Pomerantz J. 2015. Metadata. Cambridge, MA. MIT Press.

Recknagel F, Michener W K. 2018. Ecological Informatics: Data Management and Knowledge Discovery. Springer.

Rong J-Y, Fan J, Miller A I, et al. 2007. Dynamic patterns of latest Proterozoic-Palaeozoic-early Mesozoic marine biodiversity in South China. Geological Journal, 42: 431-454.

Salvador A. 1994. International Stratigraphic Guide: A Guide to Stratigraphic Classification, Terminology and Procedure. No. 30. Boulder: Geological Society of America.

Simmons S. 2018. Metadata and spatial data infrastructure//Huang B. Comprehensive Geographic Information Systems. Amsterdan: Elsevier: 110-124.

Wang C-S, Hazen R M, Cheng Q-M, et al. 2021. The Deep-Time Digital Earth program: data-driven discovery in geosciences. National Science Review, 8(9): nwab027.

Xie I, Matusiak K K. 2016. Discover Digital Libraries: Theory and Practice. Amsterdan: Elsevier.

第 4 章

数据元素与内容

本章主要介绍古生物学与地层学数据的构成元素，是对第 2 章中大数据核心内容的具体分解。

4.1 文 献 数 据

科学文献是科学研究成果的一种重要呈现形式，也是专业领域科学数据的重要来源。科学数据的绝大部分内容都来自于科学文献。理解科学研究进展通常都要从本领域的科学文献入手。对科学文献的阅读、分析和掌握已经是科学研究工作中的基本技能。通过对科学文献的分析，可以展示科学研究的宏观结构，揭示科学前沿热点间的关联关系与发展进程，揭示科学研究结构及其演变，监测科学发展趋势，关注国际社会研究领域热点，描绘科学研究领域的演化变迁轨迹。大数据时代的科学文献分析工作还可以创建科学结构图谱，从科学研究的结构上反映不同国家在不同研究领域的活跃程度及变化趋势，掌握不同国家间国际合作的总体趋势，展现科学基金在科学结构上的资助分布（王小梅等，2017）。对科学文献的分析工作有赖于对科学文献数据的系统性采集。本章所列出的科学文献数据元素可以作为科学文献数据的元数据内容，也可以成为一种能共享并推广的规范标准。

科学文献的主要类型包括：期刊论文、专著、专著章节、地质或调查报告、不完全公开的内部出版材料、学位论文等。所有这些都是学者所做出的学术成果、学术发表或学术贡献（contribution），其内容是科学知识以及认识的记录与原始存档。文献数据实例参见表 4.1。

表 4.1 以一篇在学术期刊上发表的科学论文文献（Wang et al., 2018）为例展示科学文献数据元素和具体内容

类别			期刊论文			
			作者信息			
排序	姓氏	名字	单位	国家	E-mail	ORCID
1	Wang	Yao	University of Science and Technology of China	China		
2	Xu	Honghe	Nanjing Institute of Geology and Palaeontology, Chinese Academy of Sciences	China		
3	Wang	Yi	Nanjing Institute of Geology and Palaeontology, Chinese Academy of Sciences	China		
4	Fu	Qiang	Nanjing Institute of Geology and Palaeontology, Chinese Academy of Sciences	China		
通讯作者	Xu	Honghe	Nanjing Institute of Geology and Palaeontology, Chinese Academy of Sciences	China	hhxu@nigpas.ac.cn	0000-0002-78 42-1468
标题			A further study of *Zosterophyllum sinense* Li and Cai（Zosterophyllopsida）based on the type and the new specimens from the Lower Devonian of Guangxi, southwestern China			

				发表细节		
发表年	期刊名	卷	期	页码	文章号	DOI
2018	Review of Palaeobotany and Palynology	258		112-122		https://doi.org/10.1016/j.revpalbo.2018.05.008
PDF 文档名				2018_Wang_et_al_Zosterophyllum_RPP.pdf		
摘要			*Zosterophyllum sinense* Li and Cai was reported in 1977 from the Lower Devonian Cangwu Formation, eastern Guangxi of China but was rarely acknowledged by authors for its obscure original description. Based on the re-observations to the type specimens and newly-collected specimens of Z. sinense, its detailed morphological information is revealed. *Zosterophyllum sinense* consists of tufted rooting system and axes, sporangia with long and straight stalks and two unequal valves, are helically and loosely arranged forming the terminal spikes. By far Z. sinense is only reported from the Lower Devonian of Guangxi, palaeogeographically belonging to the Cathaysia Block, a sub-region of the whole South China Block. An Early Devonian floristic distinction is suggested by the plant components between the Yangtze and Cathaysia blocks.				

续表

关键词	*Zosterophyllum*	Early Devonian	Guangxi	Palaeophytogeography

研究亮点
Zosterophyllum sinense is restudied based on the type and the new specimens
The root system is recognized and the whole plant is reconstructed
Zosterophyllum sinense sporangium dehisces into two unequal valves
A distinct flora of the Lower Devonian Cathaysia Block is suggested

资助情况			
国家	资助单位	项目名称	项目编号
China	National Natural Science Foundation of China		41772012
China	National Natural Science Foundation of China		41530103

4.1.1　作者信息

科学文献在公开或非正式发表时的作者，也是著作权人，通常有多个，作者在文章中的排序情况需要录入数据系统中。

作者姓名：大部分英文或非中文的文献中，姓氏排列在名字后面，在录入数据时，姓氏与名字要分开，名字至少需要给出一个，通常给出第一名字（first name），中间名或其他名可以采用缩写形式。

作者单位：作者所在的工作单位，有时候可能超过一个，在录入单位数据的时，需要录入该单位所在的国家。

通讯作者：一部科学文献的主要责任人和联系人，有时候可能超过一个，通讯作者的联系方式有 E-mail 或传真。

作者 ORCID：即"开放研究者与贡献者身份识别码"（open researcher and contributor ID），相当于每个科研人员或科学成果贡献者的唯一身份编码。ORCID 最显著的特点在于：①其保障作者编码系统唯一性，避免姓名方面的误解，即使作者的工作单位发生变更，也不受到影响；②其本身与科学成果数据相关联，并且可以对这些科学数据进行追踪。

ORCID 可以通过一个国际承认的非盈利组织注册，截至 2024 年底，其注册量已经接近 3000000，被全球主要的科技出版界普遍接受，有超过 1400 家学术图书馆、研究机构、资助机构和出版商会使用这些 ID 来跟踪科研成果和贡献者方面的数据。

4.1.2 发表细节

标题：任何科学研究成果都有标题，即科学文献在公开或非正式发表时的完整标题。

科学文献发表的时间：通常是年。

科学文献被发表的期刊名称，具体卷、期、页码、文章号，或者文献在发表专著的发表细节、专著名称、出版社、出版城市、页码等。很多期刊文献的出版已经完全电子化，不再有具体的期和页码，而是以文章号代替。在发表细节这一个数据项的表中，要全面兼容所有的元素项，让目前存在的所有文献都可以有针对性地录入数据库中。

DOI：即 digital object unique identifier，是指数字对象唯一标识符，是科学文献的全球唯一标识，也是互联网上指向其内容的链接。DOI 特点是唯一性、持久性、互操作性、动态更新等，另外，其本身涵盖了科学文献的元数据。目前，越来越多的科学文献在出版时都支持并匹配有 DOI。

4.1.3 文档与文本信息

在版权允许的情况下收录科学文献的 PDF 文档。由于 PDF 文档不适合嵌入结构化的数据表中，因此在录入数据库系统表格中，通常是以单一文件的形式上传到数据库中，而在表格中输入该 PDF 文档完整的文件名。文件在命名时最好具有一定的指示性、可识别性，尽可能保障唯一性，尽量使用字母、数字和程序语言中不常用的下划线字符，避免使用空格字符。

摘要：摘要为一段文本信息，通常来说，无论是否有订阅权限，读者都可以阅读和下载摘要信息，由于摘要信息的开放与公开，很多文献索引的数据库都会收录摘要内容。

关键词：通常由不超过 7 个词或词组所构成，这些词通常不出现在科学文献的标题或摘要之中。关键词会对科学文献的研究范围与主要内容做出一定的说明。

研究亮点（highlight）：研究亮点不属于科学文献中正式发表的内容，通常仅仅在科学文献出版社的网络展示上体现，是作者对科学文献内容的精简概括。通常是 2～5 个句子。

4.1.4 资助信息

通过科研资助情况可以了解国家、地区、领域热点变化情况，对科学研究活动相关的政策提供指导。资助信息主要包括如下方面。

资助单位：对科学研究发现提供资助的单位名称，通常包含国家名。

项目名称：对科学研究发现的资助通常以项目的名义，项目的名称。

项目编号：资助项目的具体编号。

4.1.5　引用形式

文献部分的数据项可以根据不同的标准输出成文献完整引用格式，如百度学术上，对搜索到的文献可以提供 GB/T、MLA 和 APA 三种不同的引用格式；谷歌学术上，对搜索到的文献可以提供 MLA、APA、Chicago、Harvard、Vancouver 5 种引用格式。这些都有赖于对文献原始数据的分解与系统输入。

4.2　产 地 数 据

产地是古生物学与地层学数据项所包含的地理信息，任何一个古生物学化石标本、地层剖面、或岩心等，即使是从火星上采集的岩石，也都具有明确的地理信息。因此，产地信息被放在数据录入流程的起始位置。通过数据在地理方面的属性可以将数据与地理信息系统（geographic information system，GIS）进行关联，并可以开展相关的分析与运算。

4.2.1　行政区划

国家以下的行政区划通常包含四个级别，不同国家说法不一致，不同的区划也有不同的名称。以中国为例，第一级是省级，包括省、自治区、直辖市、特别行政区；第二级是地级，包括市、地区、盟、自治州；第三级是县级，包括县、自治县、旗、自治旗、县级市、市辖区、林区、特区；第四级是乡级，包括乡、民族乡、镇、街道、苏木、区公所。

4.2.2　经纬度

常见的经纬度通常以一对带有一个字母（N、S、E、W）的度、分、秒的数字组合来表示，为了录入数据系统更加便捷，我们推荐使用单一的一对数字表示经纬度信息，具体做法是，把度、分、秒数字转变以度为单位的数字，经度数字的正负值分别表示东经和西经，纬度数字的正负值分别表示北纬和南纬，简单的要诀就是，可以想象成地球的赤道和零度子午线把地球分为四个象限，东半球和北半球区域位于第一象限，而西半球和南半球区域位于经纬度数值均为负值的第三象限。例如，在文献 Wang 等（2018）中描述的产地的经纬度是：23°48′21.82″N，111°32′52.82″E，在录入数据库时我们将其转化为（23.806, 111.546）的一对数（表 4.2）。

表 4.2　以文献 Wang 等（2018）为例展示产地数据元素和具体内容

文献信息	Wang et al. 2018. A further study of *Zosterophyllum sinense* Li and Cai（Zosterophyllopsida）based on the type and the new specimens from the Lower Devonian of Guangxi, southwestern China. Review of Palaeobotany and Palynology, 258: 112–122.			
行政区划与经纬度				
国家	省级	地级	县级	乡级
China	Guangxi	Wuzhou	Cangwu	Shiqiao
经度	111.546			
纬度	23.806			

4.3　古生物学数据

古生物学数据主要指化石作为地质历史时期的生物所具有的属性信息，其主要包括作为生物的系统分类学特征、形态学特征，以及作为化石生物所独有的标本信息。古生物学数据是化石记录的核心内容之一，涵盖的内容项较多。

4.3.1　大类

大类是对化石开展生物学分类时较为粗略和通俗的分类信息。这部分内容是对公众开展科学传播工作时需要明确提及的，也是从事古生物学研究的专业人员信息检索时的参照。对古生物化石感兴趣的爱好者或业余的古生物学研究人员可能仅仅关注化石的大类信息，而不会再进一步深究相关的系统分类问题。例如，三叶虫是公众所熟知的一类化石生物，对于这类化石，我们会将"三叶虫"作为其大类名称。很多人在孩提时代就知道三叶虫生活在海洋里，甚至有些资深的喜欢学习的化石爱好者还知道三叶虫纲有十个目，但是若探讨某件三叶虫化石标本究竟属于什么科、属、种，那恐怕就是专业人员的事情了，公众的兴趣可能止步于化石标本的大类信息，即三叶虫。提供古生物化石在分类方面的大类信息，一方面满足公众和爱好者的需求，另一方面有利于快速检索。

另外，古生物化石的大类数据信息也有助于开展化石资源调查与分级保护，国务院和国土资源部对化石的保护工作制定了《古生物化石保护条例》和《古生物化石保护条例实施办法》[①]，明确了对古生物化石开展保护工作的必要性以及

[①]《古生物化石保护条例》：2010 年 9 月 5 日中华人民共和国国务院令第 580 号公布，根据 2019 年 3 月 2 日《国务院关于修改部分行政法规的决定》修订，参见：http://www.gov.cn/zwgk/2010-09/10/content_1699800.htm

《古生物化石保护条例实施办法》：2012 年 12 月 27 日中国国土资源部第 57 号令发布，自 2013 年 3 月 1 日起施行，参见：www.gov.cn/gongbao/content/2013/content_2371595.htm

实施细则，还建立了古生物化石大类信息与化石保护等级之间的对应关系，以及具体的保护措施。古生物化石的大类数据可以服务于政府决策工作，有助于开展化石资源调查和普查工作，贯彻落实《古生物化石保护条例》和《古生物化石保护条例实施办法》，可以增强对化石资源的保护。

4.3.2　系统分类

按照生物学领域常见的分类方案，收录生物常见的分类层级名称与内容，常见的生物分类体系有六级，包括门、纲、目、科、属、种。但是在古生物中经常还有其他的分类单元，如亚纲、超目、超科、亚科等。这些内容均应按照分类方面的层级关系进行数据化和采集。在记录分类名称时，也要收录分类群名字，命名人姓氏和命名时间。在文献中，生物的属和种的名称都需要用斜体书写。

在古生物的系统分类中，来自于生物分类学中的模式（type）的概念非常重要，属的分类群中包含模式种，种的信息还包含模式标本。模式种（type species）是用来代表一个属以下分类群的物种，通常是该属首次发现时所建立，且在特征上可以代表该属的物种，模式标本（type specimen）是确立新种时所依据并指定的标本，其通常在特征上具有一定的代表性，可以作为该物种特征展示以及定名参照。模式种和模式标本是为古生物学命名属和种时必须予以指定的项目，否则将被视为无效命名（Turland et al., 2018）。

4.3.3　观点信息

不同研究者对化石标本的鉴定和系统分类往往存在不同的观点与看法，这是因为不同学者所依据的标准不同，所采用的方法不同，所处的认识阶段不同，所有这些因素都能导致学者对同一批化石标本在形态学和/或系统学认识方面的不同。这些观点并没有必要区分对与错，它们都详细记录在学者们所发表的科学出版物中，都构成了科学贡献的内容。科学数据库对这些内容都予以收录，而不作评判，数据的使用者可以对数据进行取舍与选择。数据的使用者也在前人不同观点的基础上产生新的科学发现，严格说，这也是某种科学观点。

古生物中所涉及的观点信息主要有两方面：①对生物分类群名称的不同划分与鉴别，即不同学者对古生物的分类可能有不同的鉴定意见，在录入这些信息时要充分遵照发表文献，在录入每个分类群名称时要同时录入相关的命名人和命名时间，以此来对修订意见进行区别。②修订意见更为常见的情况是针对同一个化石标本的同异名信息，即针对同一块化石标本，不同的作者也进行了类似的鉴定工作，采用了相同或不相同的命名。这种情况的修订意见往往是物种级别的，需要对命名信息详细记录。

我们在制作数据库录入系统时，会按照生物分类层级由低到高的顺序逐步收录，遇到任何一个分类器级别存在观点性信息时，便会相应增加观点性信息的内容。这样做的好处是能够确保任何一个分类群的观点性信息都能够与分类群的底层信息，如物种名、标本编号等进行强制而有效的关联。在录入观点性信息时也要同时收录相关的作者（命名人）和相关科学贡献发表时间。

通过一个笔石化石标本的公开发表，我们对其古生物学数据的采集过程示例如表 4.3。需要说明的是，在该古生物系统分类数据表中，不同分类单元的顺序并不是按照分类群中由高级到低级的顺序而排列，这样做是为了提高制作数据库以及录入数据时的便捷性，也会使数据库系统更容易输入不同学者在分类上的观点性意见。

表 4.3 古生物学系统分类数据示例

大类	Graptolite	笔石		
分类群	拉丁名	中文名	命名人	命名年份
种	*Acrograptus ellesae*	艾氏尖笔石	Ruedemann	1904
种：观点	*Didymograptus ellesae*	艾氏对笔石	倪寓南	1991
	Didymograptus ellesae	艾氏对笔石	杨达铨等	1983
标本信息	PM007-11-1-8			
文献信息	马譞. 2020. 浙西北地区中-上奥陶统胡乐组笔石动物群及其古生态学研究. 北京: 中国科学院大学博士学位论文.			
图示信息	图版 1A，插图 6.1F			
属	*Acrograptus*	尖笔石	Tzaj	1969
属：观点	*Didymograptus*	对笔石	M'Coy	1851
模式种	*Didymograptus affinis*	亲缘对笔石	Nicholson	1869
亚科	Sigmagraptidae	线笔石亚科	Cooper and Fortey	1982
科	Dichograptidae	均分笔石科	Cooper and Fortey	1982
科：意见	Sinograptidae	中国笔石科	Willians and Stevens	1988
亚目	Sinograpta	中国笔石亚目	Maletz	2009
目	Graptoloidea	正笔石目	Lapworth	1875
亚纲	Graptolithina	笔石亚纲	Bronn	1849
纲	Pterobranchia	翼鳃纲	Lankester	1877
门	Hemichordata	半索动物门	Bateson	1885

马譞（2020）鉴定记录了大类上属于笔石的一个物种 *Acrograptus ellesae*，所依据的化石标本编号是 PM007-11-1-8，在其学术贡献中对这枚化石标本做了图

示，分别是图版 1A 和插图 6.1F，该物种是 Ruedemann 在 1904 年所命名的，对于这个物种，杨达铨等（1983）和倪寓南（1991）的研究观点是其名称应该是 *Didymograptus ellesae*。该物种的上级分类是 *Acrograptus* 属，是 Tzaj 在 1969 年建立和命名的，而 M'Coy 早在 1851 年对于该属的观点仍然是 *Didymograptus*。该属的模式是 Nicholson 于 1869 年所建立的 *Didymograptus affinis* 种。该属的上级分类群是 Sigmagraptidae 亚科，是由 Cooper and Fortey 在 1982 年建立的。该亚科的上级分类群是 Dichograptidae 科，是由 Cooper 和 Fortey 在 1982 年建立的，对于该科存在另外一种学者观点，即认为其是 Sinograptidae 科，是由 Willians 和 Stevens 于 1988 建立的。更上级的分类群根据科学文献中的信息再进行相应收录。

4.3.4　标本数据

古生物学中的系统分类学信息必须要以化石标本为依据。化石标本数据主要记录与分类名对应或关联的化石标本信息，在古生物学数据中，本项内容通常仅仅记录古生物物种所依据的化石标本信息，主要数据项包括化石标本登记号（编号）、收藏单位、图示细节、采集人、采集时间、是否为模式标本等。本项内容在古生物学系统数据中通常简化，详细内容参见 4.5 节。

4.4　形态学数据

每个化石分类群会有与生物学物种一样的形态学特征描述，对这些形态学特征也要进行数据采集。不同的生物类别，所采用的形态学特征描述差别较大，这部分内容需要根据不同的化石生物类型而专门制定。对于化石生物属级别的形态学信息，往往需要参照其模式种的形态学特征，制定专门的数据项和关键词，收集数据的范围通常包含该属在分类上的上级分类器中所有的属。而化石生物种级别的形态学信息，往往将同一个属的所有物种都列出，根据模式种的形态特征，制定数据项和关键词，再逐个物种逐项采集每个数据项的具体内容。

形态学信息的内容要求能够完整反映物种的形态学性状特征，对所有的性状类别都要细化。在对生物进行分析系统学分析、开展数值系统学的研究时，也常常将生物的性状特征进行数据化，但所使用的是二元或多元的数值型性状。我们在这里提出的古生物化石形态数据采用的是原始性状。例如，在对新生代花粉形态学数据（表 4.4）的梳理中，根据花粉萌发口器中的孔是否具有孔环，可以分为"无孔环"和"具孔环"两类，在数值分类中，这两种性状结果会分别用"0"和"1"来表示。对于超过两种类别的性状特征，相应地，表示性状的数值会更多，如根据花粉轮廓线的特征，主要有"平直"、"微波状"和"细齿状"三种，如果使用数值对这些性状进行表示，可以表示为"0"、"1"和"2"，或者不对性状的祖征和裔征进行区分，而是将此性状类别由一个变为三个，随机赋值"1-0-0"、"0-1-0"和"1-0-0"的组合性状（Willians and Ebach, 2020）。

表 4.4　新生代山核桃花粉（*Caryapollenites*）属级形态学数据表

属名	*Caryapollenites*		命名人	Raatz	命名时间	1937	中文	山核桃粉属
模式种	*Caryapollenites simplex*							
分类	被子植物花粉							
亲缘关系	胡桃科							
时代（始）	新生代			时代（末）		新生代		
产地	南海北部陆架盆地							
层位	珠江组							
离散形式	单粒花粉							
形状	透镜体形							
赤道轮廓	圆三角形，近圆形							
大小范围从	21				至	52		
轮廓线	平直							
外壁	薄							
表面纹饰	近光面							
萌发口器形式	孔							
孔特征	数量	位置	形状	大小		分布		外壁在孔处
	3～4	亚赤道	圆形	3～5		均匀分布		不加厚

　　我们在采集古生物形态学数据时，使用的是完整的形态特征，其相对于数值型性状特征具有显著的优势，具体包括：①完整的形态特征数据是完全遵照科学文献中对分类群的特征描述而采集的，其可以理解成是数据化了的形态特征描述，无论是对于专家还是对于普通读者，所有特征数据都具有可读性，易于理解和分享。②完整的形态特征数据可以轻易转变（输出）为数值型性状矩阵，用于开展分支系统学或数值分类方面的研究。③完整的形态特征数据所构成的多模态高维数据矩阵可以使用信息学人工智能领域的算法开展分析与运算，其考量元素多样，相对于数值分类，所采集与分析的信息更多，理论上，其所能挖掘的知识更加全备。

4.5　化石标本数据

　　古生物化石标本是古生物学与地层学研究中最为重要的研究对象，是生命演化的实证，化石标本是古生物与地层学研究的实物与证据，是需要永久存档的实物。化石标本作为一种地质资源，其在世界自然遗产的评估与考察中具有重要作用，对于自然资源普查、地质公园建设以及科学传播都是必不可少的。化石标本是古生物学数据的核心内容，其多项信息元素均可与古生物学和地层学信息进行关联。

作为科研材料的化石标本需要放在标本馆中永久收藏，标本馆收藏化石标本的目的在于：①将化石标本作为科学研究的实际证据而存储，并建立档案。②服务于基于化石标本的科学研究工作，为化石标本的系统鉴定、命名和进一步研究提供证据。国内外有很多科研机构都收藏有大量化石标本，这些化石标本为地质调查、资源矿产勘查、科学研究提供了不可替代的支撑作用，并且也成为标本馆和科研单位的重要财富。

英国伦敦自然历史博物馆的古生物学藏品部收藏了超过 700 万件化石标本，依据不同的古生物学分类，对这些化石藏品又做了进一步区分，并且制作了专门的数据库。仅以鱼类化石为例，英国伦敦自然历史博物馆收藏了约 90000 件鱼类化石标本，其中有 500 件为图示或模式标本（参见：https://www.nhm.ac.uk/our-science/collections/ palaeontology-collections/）。

位于美国华盛顿的国立自然历史博物馆（National Museum of Natural History, Smithsonian）是隶属于史密森研究院（Smithsonian Institution）的科研机构，其早在 1840 年左右就开始从事化石标本收藏和研究工作，目前已经收藏了超过 4000 万件化石标本，其中大多数都是第一批北美古生物学者以及美国地质调查局在 19 世纪所采集。史密森研究院的国立自然史博物馆还为化石标本建立了专门的数据库，数据库中目前收录了 799700 条化石标本记录，其中超过 134000 件标本都是主模式或副模式标本（参见：https://naturalhistory.si.edu/about）。

中国科学院南京地质古生物研究所是专门从事古生物学与地层学的研究机构，其标本馆历史悠久，藏品丰富，前身是 1928 年成立的中央研究院地质研究所标本室。该标本馆是世界上重要的古无脊椎动物和古植物化石标本收藏中心之一，现有馆藏化石标本近 100 万件，其中约 20 万件为模式标本，馆藏标本既有我国古生物学的早期开拓者李四光、葛利普、孙云铸、黄汲清、尹赞勋、赵亚曾、斯行健等科学家采集研究的标本，又汇集了瑞典、德国、美国、英国、加拿大、澳大利亚、波兰、捷克、苏联、伊朗、日本等数十个国家交流合作研究的标本。标本涉及的地域分布广阔，年代跨度宽泛，化石门类齐全，是国内外有关科研、生产、教育部门在科研和实际工作中进行参考对比和引用的重要基本资料。在其专门的数据库系统中，不但收录了化石标本的详细信息，也收录了化石标本相关的科研成果（参见：http://bbg.nigpas.ac.cn/）。

中国科学院古脊椎动物与古人类研究所也是从事古生物学研究的专业机构，其标本中心目前收藏有脊椎动物、古人类等各类标本 22 万余件，其化石标本数据库包括脊椎动物标本数据库、低等动物条码数据库、模式标本数据库、人类标本数据库和人类文化遗物数据库，已录入 56000 余条标本信息，提供关于化石标本的查询检索（参见：http://collection.ivpp.ac.cn/）。

我国目前有超过 150 家专业的古生物化石标本收藏机构（表 4.5），分属于科研院校、博物馆、国土资源部门、地质调查系统和私人团体。这些收藏机构对化石标本的收藏往往有不同的选取和侧重，对化石的科研和数据化程度也显著不同。

表 4.5   古生物化石标本在我国主要的收藏单位及其馆藏化石标本编号前缀

省级归属	中文名称	英文名称	前缀
安徽	安徽省地质博物馆	Anhui Geological Museum （Hefei）	AGM
安徽	安徽博物院	Anhui Museum （Hefei）	AHM
安徽	潜山县博物馆	Museum of Qianshan County （Anhui）	MQSC
安徽	天柱山世界地质公园	Tianzhushan Global Geopark （Qianshan, Anhui）	TZSGP
北京	北京自然博物馆	Beijing Museum of Natural History	BMNH
北京	中国地质博物馆	Geological Museum of China （Beijing）	GMC
北京	北京大学地质博物馆	Geological Museum of Peking University	GMPKU
北京	中国地质科学院地质研究所	Institute of Geology, Chinese Academy of Geological Sciences	IGCAGS
北京	中国科学院古脊椎动物与古人类研究所	Institute of Vertebrate Paleontology and Paleoanthropology, Chinese Academy of Sciences	IVPP
北京	北京大学	Peking University	PKU
北京	北京大学古生物博物馆/北京大学地质博物馆	Peking University Paleontology Museum/Geological Museum of Peking University	PKUP
北京	中国社会科学院考古研究所（北京）	Institute of Archaeology, Chinese Academy of Social Sciences	IACASS
北京	首都师范大学	Capital Normal University	CNUVB
北京	中国科学院植物研究所	Institute of Botany, Chinese Academy of Sciences	IBCAS
重庆	重庆自然博物馆	Chongqing Museum of Natural History	CQMNH
重庆	重庆綦江国家地质公园博物馆	Qijiang National Geopark Museum （Chongqing）	QJGM
福建	武夷山博物馆	Wuyishan Mountain Museum （Fujian）	WGM
福建	漳平市博物馆	Zhangping City Museum （Fujian）	ZPM
甘肃	甘肃地质博物馆	Gansu Geological Museum （Lanzhou）	GSGM

续表

省级归属	中文名称	英文名称	前缀
甘肃	甘肃省第三地质矿产勘查院古生物研究开发中心	Fossil Research and Development Center of the Third Geology and Mineral Resources Exploration Academy of Gansu Province, China （Lanzhou）	GSLTZP
甘肃	华夏恐龙足迹研究和开发中心	Huaxia Dinosaur Tracks Research and Development Center （Yongjing, Gansu）	HDT
甘肃	刘家峡恐龙国家地质公园	Liujiaxia Dinosaur Nationgal Geopark （Yongjing, Gansu）	LDNG
甘肃	甘肃省古生物研究中心	Paleontological Research Center of Gansu Province （Lanzhou）	PRCGP
甘肃	甘肃省地质矿产勘查开发局第三地质矿产勘查院	Third Geological and Mineral Exploration Institute of Gansu Provincial Bureau of Geology and Mineral Exploration and Development（Lanzhou）	FRDC
甘肃	甘肃省博物馆	Gansu Provincial Museum （Lanzhou）	GPM
甘肃	和政古动物化石博物馆	Hezheng Paleozoological Museum （Gansu）	HZPM
广东	河源博物馆	Heyuan Museum （Guangdong）	HYM
广东	南雄国土资源局	Nanxiong Bureau of Land and Resources	NXBL
广东	南雄恐龙博物馆	Nanxiong Dinosaur Museum	NXDM
广东	河源恐龙博物馆	Heyuan Dinosaur Museum （Guangdong）	HYDM
广东	南雄市博物馆	Nanxiong Museum （Guangdong）	NXM
广东	始兴县博物馆	Shixing Museum （Guangdong）	SXM
广东	中山大学生命科学院	School of Life Science, Sun Yat-sen University （Guangdong）	SLSSYSU
广西	广西壮族自治区自然博物馆	Natural History Museum of Guangxi Zhuang Autonomous Region （Nanning）	NHMG
广西	桂林龙山地质博物馆	Guilin Longshan Geological Museum （Guangxi）	GLGM
河北	热河古生物博物馆	Jehol Paleontology Museum （Chengde）	JPM
河北	兰德自然博物馆	Lande Museum of Natural History （Tangshan, Hebei）	LDMNH
河北	河北地质大学	Hebei Geoscience University （Shijiazhuang）	HBV
河南	河南地质博物馆	Henan Geological Museum （Zhengzhou）	HNGM
河南	西峡恐龙蛋博物馆	Xixia Dinosaur Egg Museum （Henan）	XXDEM
黑龙江	黑龙江省地质博物馆	Geological Museum of Heilongjiang Province （Harbin）	GMH
黑龙江	嘉荫神州恐龙博物馆	Jiayin Shenzhou Dinosaur Museum （Heilongjiang）	JSDM

省级归属	中文名称	英文名称	前缀
湖北	武汉地质和矿产资源研究所	Wuhan Institute of Geology and Mineral Resources（Hubei）	WIGM
湖北	中国地质大学	China University of Geosciences （Wuhan）	CUGW
湖北	武汉工程大学	Wuhan Institute of Technology （Hubei）	WIT
湖北	湖北地质博物馆	Hubei Geological Museum （Wuhan）	HBGM
湖北	湖北省区测队	Regional Geological Surveying Team of Hubei（Wuhan）	RGSTHB
湖北	宜昌地质矿产研究所	Yichang Institute of Geology and Mineralogy （Hubei）	YCIGM
湖南	湖南地质博物馆	Hunan Geological Museum （Changsha）	HUGM
湖南	湖南省石油普查勘探大队	Petroleum Survey and Exploration Team of Hunan Province （Changsha）	PSETH
吉林	吉林大学博物馆	Jilin University Museum （Changchun）	JLUM
吉林	吉林大学地质博物馆	Jilin University Museum of Geology （Changchun）	JLUM
江苏	中华恐龙园	China Dinosaur Land （Changzhou）	CDL
江苏	南京地质博物馆	Nanjing Geological Museum （Jiangsu）	NGM
江苏	中国科学院南京地质古生物研究所	Nanjing Institute of Geology and Palaeontology, Chinese Academy of Sciences	NIGP，PB
江苏	南京大学	Nanjing University （Jiangsu）	NJU
江西	赣州博物馆	Ganzhou Museum （Jiangxi）	GM
江西	萍乡博物馆	Pingxiang Museum （Jiangxi）	PXM
辽宁	喀左县国土资源局	Bureau of Land and Resources （Kazuo）	BLRKZ
辽宁	本溪地质博物馆	Benxi Geological Museum	BXGM
辽宁	锦州古生物博物馆	Jinzhou Museum of Paleontology （Liaoning）	JZMP
辽宁	辽宁古生物博物馆	Paleontological Museum of Liaoning （Beipiao）	LPM
辽宁	宜州化石馆	China Yizhou Fossil Museum （Yixian）	YZFM
辽宁	义县地质公园	Yizhou Fossil & Geology Park （Liaoning）	YFGP
辽宁	北票古生物博物馆	Beipiao Paleontological Museum （Liaoning）	BPM
辽宁	朝阳鸟化石国家地质公园	Chaoyang Bird Fossil National Geopark （Liaoning）	CBFNG
辽宁	大连自然博物馆	Dalian Natural History Museum （Liaoning）	DLNHM
辽宁	辽宁省国土资源厅	Department of Land and Resources of Liaoning Province （Shenyang）	DLRL
辽宁	大连星海古生物化石博物馆	Dalian Xinghai Paleontological Museum （Liaoning）	DLXH
辽宁	辽宁古生物博物馆	Paleontological Museum of Liaoning （Shenyang）	PMOL
辽宁	济赞堂古生物博物馆	Jizantang Museum of Paleontology （Chaoyang）	JZT

续表

省级归属	中文名称	英文名称	前缀
辽宁	渤海大学古生物中心	Paleontological Center, Bohai University （Jinzhou）	PCBU
辽宁	沈阳师范大学古生物研究所	Paleontological Institute of Shenyang Normal University （Liaoning）	PISNU
辽宁	觉华岛史迹宫博物馆	Shijigong Historical Site Museum of Juehua Island （Liaoning）	SJG
南宁	广西地质博物馆	Geological Museum of Guangxi （Nanning）	GMG
内蒙古	内蒙古博物馆	Inner Mongolia Museum （Hohhot）	IMM
内蒙古	龙昊地质古生物研究所	Long Hao Geological and Paleontological Institute （Hohhot）	LHGPI
内蒙古	二连恐龙博物馆	Erlian Dinosaur Museum （Inner Mongolia）	ELDM
内蒙古	鄂托克旗综合地质博物馆	Otgog Comprehensive Geological Museum （Inner Mongolia）	OCGM
宁夏	灵武博物馆	Lingwu Museum （Ningxia）	LM
宁夏	宁夏地质博物馆	Ningxia Geological Museum （Yinchuan）	NXGM
山东	山东省天宇自然博物馆	Shandong Tianyu Museum of Natural History （Pingyi）	STM
山东	诸城恐龙博物馆	Zhucheng Dinosaur Museum （Shangdong）	ZCDM
山东	山旺古生物化石博物馆	Shanwang Paleontological Museum （Linqu, Shandong）	SWPM
山东	山东博物馆	Shandong Museum （Ji'nan）	SDM
山东	山旺国家地质公园	Shanwang National Geopark （Linqu, Shandong）	SWNG
山东	临沂大学地质古生物研究所	Institute of Geology and Paleontology of Linyi University （Shandong）	IGPLU
山东	临沭县国土资源局	Linshu County Bureau of Land and Resources （Shandong）	LCBLR
山东	诸城恐龙研究中心	Zhucheng Dinosaur Research Center （Shandong）	ZDRC
山东	诸城市博物馆	Zhucheng Municipal Museum （Shandong）	ZMM
山东	中国地质调查局青岛海洋地质研究所	Qingdao Institute of marine geology	QIMG
山西	山西地质博物馆	Shanxi Museum of Geology （Taiyuan）	SXMG
陕西	西北大学	Northwest University （Xi'an, Shaanxi）	NWU
上海	上海自然博物馆	Shanghai Natural History Museum	SNHM
四川	成都理工大学	Chengdu University of Technology	CUT
四川	乐山大佛博物馆	Leshan Dafo Museum （Sichuan）	LSDFM
四川	自贡恐龙博物馆	Zigong Dinosaur Museum （Sichuan）	ZDM
四川	自贡市盐业历史博物馆	Zigong Salt Making Industry History Museum （Sichuan）	ZSM

续表

省级归属	中文名称	英文名称	前缀
四川	安岳县秦九韶纪念馆	Anyue Qinjiushao Memorial Hall （Sichuan）	AQMH
台湾	台湾自然科学博物馆	National Museum of Natural Science （Taichung）	NMNS
台湾	奇美博物馆	Chimei Museum （Tainan, Taiwan）	CMM
天津	天津自然博物馆	Tianjin Museum of Natural History	TMNH
新疆	新疆地质矿产博物馆	Xinjiang Geology and Mineral Resources Museum （Ürümqi）	XGMRM
新疆	鄯善县地质博物馆	Shanshan Geological Museum （Xinjiang）	SGM
新疆	魔鬼城恐龙及奇石博物馆	Moguicheng Dinosaur and Bizarre Stone Museum （Xinjiang）	MDBSM
云南	禄丰县国土资源局	Bureau of Land and Resources of Lufeng County （Yunnan）	BLRLF
云南	楚雄州博物馆	Chuxiong Prefectural Museum （Yunnan）	CXM
云南	昆明市文物管理委员会	Kunming Heritage Management Board （Yunnan）	KHMB
云南	玉溪市文物管理所	Yuxi Cultural Administration Station （Yunnan）	YCAS
云南	元谋人博物馆	Yuanmou Man Museum （Yunnan）	YMM
云南	禄丰恐龙研究中心	Lufeng Dinosaur Research Center （Yunnan）	LDRC
云南	禄丰恐龙博物馆	Lufeng Dinosaur Museum （Yunnan）	LFDM
浙江	浙江自然博物馆	Zhejiang Museum of Natural History （Hangzhou）	ZMNH
浙江	东阳博物馆	Dong Yang Museum （Zhejiang）	DYM
浙江	丽水市博物馆	Lishui City Museum （Zhejiang）	LSCM
浙江	天台博物馆	Tiantai Museum （Zhejiang）	TTM

4.5.1 化石标本的妥善收藏

为了能够长久保存化石标本，也为了化石标本的便捷检索，化石标本馆需要对化石标本提供妥善的收藏，这需要满足以下两方面的具体条件。

1）储藏条件与环境控制

大多数化石标本实物本身是岩石，而生物化石往往以碳质形式附着在岩石表面，其对于湿度变化较为敏感。有的化石标本是玻璃薄片的形式，其在制作过程中会使用树胶，这种树胶也对湿度变化较为敏感，而且其往往有固定的有效期。为了化石标本的长久保存，需要为化石标本的储藏间提供恒温、恒湿的环境。

2）有序收纳，科学管理

对化石标本需要进行系列编号与收纳，标本馆通常的做法是将化石标本摆放在特制的盒子里，放进抽屉，再摆放进整齐的密集柜中（图4.1）。在收藏化石标本时，收藏单位通常会将化石标本的若干信息数据记录在一个标签上，并把标签与化石标本一起收藏保存。这个标签相当于是化石标本的元数据，其提供了化石标本数据的大部分信息。标本标签所记录的内容通常包括化石标本名称、编号、野外号、产地、层位、采集人、鉴定人、出版信息、图示信息、收录日期等（图4.2）。

图 4.1　用于收藏古生物化石标本的密集柜组（拍摄自中国科学院南京地质古生物研究所化石标本馆）

　　对化石标本的科学管理离不开数据库，数据库的使用将极大提升化石标本的检索与查询效率，为科研等工作提供更好的服务。专门用于管理化石标本收藏的数据库除了需要收录化石标本的标签信息以外，还必须要收录化石标本的储存信息，如具体的储藏室、柜子、抽屉等编号和位置，以实现对化石标本的快速查找。

4.5.2　模式情况

　　模式情况记录化石标本的名称是否为模式标本。生物命名过程中，只有遵照命名法规的名称才具有合法性，才能被学界所接受和承认。模式的概念是命名法规中非常重要的内容，对古生物的系统分类具有特殊意义。模式标本不同于普通的化石标本，每个名字（种、属或科以上的单位）都具有模式，即命名最终依据

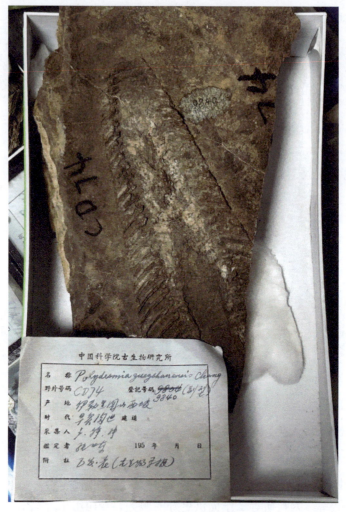

图 4.2　收藏于中国科学院南京地质古生物研究所的古生物化石标本及其标本标签

的标本。无论是化石生物还是现代生物，当对命名的定义和界定存在争议时，模式标本的重要性便立刻凸显出来。命名者指定的模式称为正模（holotype），正模的参照一般是副模（paratype），副模的指定不是必须的。如果命名者没有指定正模标本，后来的学者就要从作者所依据的标本中选出模式，即选模（lectotype）。如果原始的材料全部丢失，就从公认的并能代表这一属种特征的标本中指定新模（neotype）。模式标本的信息可以通过标本的标签或正式发表的文献中获得。

4.5.3　发表信息

发表信息记录化石标本是否公开发表，如果是，需要录入发表的细节，包括具体的文献名称和引用形式、标本在文献中的图示细节等。发表的时间对于化石生物的命名很重要，因为在对生物（现代或化石）命名明时，最基本的原则就是命名需要遵照优先率，即同一种生物，其分类群（属和种名）首次有效发表的命名为正确名字，它对后来的名字（同物异名）享有优先率。命名法规有"启用日期"方面的说明与规定，在此之前有争议的名字是无效的。

4.5.4　馆藏信息

馆藏信息具体包括化石标本的收藏单位、标本编号前缀和登记号（编号）。化石标本登记号往往有独特的前缀，其通常是馆藏或研究单位名称的英文缩写词，不同的化石收藏单位往往有不一样的化石标本号前缀（表 4.5）。部分的单位并没有为所收藏的化石标本指定编号前缀，为了引用方便，《中国古生物志》系列图书的作者为它们匹配了约定俗成的名称。部分单位的前缀有多个，其所代表的含义有所差别，如中国科学院南京地质古生物研究所的标本编号前缀 NIGP 和 PB，分别表示动物化石和植物化石的收藏。登记号是标本馆藏编号的数字部分，由保存单位或系统统一编号。前缀与登记号构成了完整的化石标本编号信息。

4.5.5　采集与鉴定信息

通常来说，对化石标本的研究过程从化石的采集阶段就已经开始了，因此化石标本的采集也是重要的科学贡献，其与科研成果的发布密不可分。另外，化石标本的获取也离不开采集过程，详细的采集人信息体现了科学过程的详细与可追溯。一些化石标本在来源和产地等方面存在争议时，采集信息就显得非常重要了。

系列的有组织的地层与野外工作中，往往会对野外采集工作进行系列编号，在采集过程中会详细记录野外采集的信息，这些用于野外采集工作中对采样进行系列编号的序列就是采样号。采样号在有的收藏体系中也被称为化石标本的野外号。采样号通常由科研单位统一进行规范管理，用于开展规模化的、组织化的野外地质调查工作，也可以经由科研团队出于特定的科研工作需要，在野外工作中对采样进行编号。这些采样号都会记录在化石标本的标签中，也常常会出现在科学研究成果对样品的描述中。

对古生物化石标本科学属性的认识离不开科学的鉴定，化石鉴定工作通常由具有一定经验的古生物学领域专家进行，相关的鉴定结果会以科学论文等形式的科学贡献发表。化石标本的鉴定人与采集人可以是或不是同一个人。

4.5.6 图像与三维模型信息

采集化石标本的图像或三维模型信息已经变得非常普遍，在基于化石标本的科学研究中，科学贡献的出版物大多数情况下都需要对化石标本以图像的形式进行展示。简言之，图像信息是化石标本的必要信息。科研人员在开展研究工作时往往会对化石标本采集数量众多的图像，然而在科学贡献发表时，所使用的通常仅有一幅或数幅图。这个过程中，我们可以理解的原因是，科学家从海量的图像中精心挑选出了最好的一或多幅图专门用来发表。但实际情况通常是科学家为了保险与稳妥，采集了大量图像。在我们搜集化石标本的数据时，除了上述科学信息以外，我们还希望能够同时收录化石标本的图像信息，不仅仅是发表在科研成果中的图像，更希望是科学家所拍摄的数量较多的化石标本的原始图像。所有这些图像与科学信息的内容将能够更加全面地展示化石标本的综合信息。而且，化石标本的大量图像也可以开展机器学习，用于训练化石领域人工智能的机器人。

不使用科研成果中公开发表的图像信息还有一个重要原因，即那些科研成果中的图像往往有非常严格的版权限制。出于学术研究的目的当然更易于获取使用权限，但是录入数据库中，作为对化石标本的全面展示途径之一，仍然无法排除潜在的商业活动或其他方式的侵权行为发生的可能性。图像的版权信息一定要进行说明，这是现代科学活动的强制要求。

三维模型信息的采集对于某些化石标本仍然是必要的，有的化石标本具有极高的立体性信息，如动物颅骨的化石、牙齿化石等。这些化石如果以二维图像形式进行展示，往往需要多个角度、多幅图像。化石标本的三维模型也是为了进一步展示化石本身。

化石图像或三维模型信息的基本数据项主要包括数据来源、版权人、提供者、数据采集人、采集设备名称与型号、采集日期、图像或三维模型格式、图像或三维模型的文件名。这些数据元素中，数据来源主要是对化石标本的说明，如化石的编号、收藏单位等。对文件进行格式方面的说明是必要的，因为这些非结构化的高维数据在数据库与网站平台上需要特殊的解码软件，对格式也有不同的要求。

化石标本数据示例参见表 4.6。

表 4.6　化石标本数据示例

模式情况			
名称	*Akidograptus ascensus*		
是否公开发表	是	是否模式标本	否
发表信息			
科学文献	Yang DQ. 1964. Some Lower Silurian graptolite from Anji, northwestern Zhejiang（Chekiang）. Acta Palaeotologica Sinica. 12, 628-635.		
图示情况	Plate I, fig 6-11		
馆藏信息			
标本号前缀	NIGP	标本登记号	14545
野外号	YA18		
收藏单位	中国科学院南京地质古生物研究所		
采集与鉴定信息			
采集人	杨达铨	鉴定人	杨达铨
图像信息			
数据来源	中国科学院南京地质古生物研究所大数据中心		
提供者	徐洪河	采集设备与型号	Nikon D800E
采集日期	2021-10-22	文件格式	JPG
文件名	14545Akidograptus_ascensus.jpg	分辨率	300 dpi
三维模型信息			
数据来源			
提供者		采集设备与型号	
采集日期		文件格式	
文件名		分辨率	

4.6　地层剖面数据

地层（stratum，复数形式是 strata）是一切成层岩石的总称，包括变质的和火山成因的成层岩石在内，其单层或单组往往具有某种统一的特征和属性，并与上、下层具有明显区别。地层可以是固结的岩石，也可以是没有固结的沉积物，地层之间可以由明显层面或沉积间断面分开，也可以由岩性、所含化石、矿物成分或化学成分、物理性质等不十分明显的特征界限分开。对于古生物学与地层学研究来说，地层通常被定义为主体由沉积岩石所构成的，连续的可以在属性与特征上进行逐层划分的地质体。地层剖面定义为：能够连续或断续展示地层的地质序列实体。

地层是普遍存在于地表的地质体，是地质历史时期生物、环境、气候、古地理格局发生变化的载体。沉积岩石构成的地层通常有多种地质学研究的元素，如岩石、化石、火山灰等。而地层剖面是一段可以被观察、记录、研究的地层，是让科学家得以了解地层全貌的一个斑点。

对地层开展综合研究的学科被称为地层学，地层是地质学研究中基本的、至关重要的研究对象。地质学中几乎所有的研究都离不开地层学的框架，如区域对比、地质时代、地球化学、环境变迁、生物演化等。由于化石常常赋存于地层之中，化石也被视为地层学若干研究元素中的一分子。因此，古生物学与地层学总是密不可分，通常合在一起研究，即古生物学与地层学。

开展地层学研究，必须要基于地层剖面。对地层剖面的所有记录都构成了地层剖面数据。地层剖面的数据不仅仅来自于对地层的原始记录，也来自于对地层开展研究的科学成果，其通常需要对地层剖面进行逐层记录，记录的内容包括层号、厚度、岩石学特征、地球化学特征、地质年代信息、化石产出信息、野外采集号、地球化等。地层剖面数据几乎涉及前文提及的所有数据，因此通过地层剖面的数据集，往往可以输出化石产出记录方面的数据集，也可以输出岩石方面的数据集，从而用于开展生物多样性与古地理重建等多种研究（Xu et al., 2020; Hou et al., 2020）。

4.6.1　剖面基本信息

剖面的基本信息其实也涵盖很多关键内容，很多都可以与其他类别的数据进行关联。

剖面名称：通常来自于剖面的地理位置或者是与剖面有关的特征描述，其经常出现在古生物学的科研成果之中。

参考文献：对地层剖面的描述与记录离不开科学研究的贡献，参考文献信息中需要列出其完整的引用格式，如果有 DOI，也最好能够提供。

产地信息：国别以外的五级行政区划、经纬度等信息与前文提及的产地信息都是一样的。除此以外，地层剖面信息往往会涉及非常具体的地理位置，比如乡间公路、建筑物等易于识别的参照物。这些信息需要尽可能收入，以便于学者能够进一步确认数据，甚至开展进一步的考察等科研活动。

地质时代信息：需要给出地质时代的范围。地层剖面所涉及的地质时代往往具有一定的跨越性，其范围需要明确。根据年代地层表，具体的指代时代名称都会转化成具体的地质年龄数值。

4.6.2 地层描述信息

对地层的描述需要逐层进行，其数据的采集与录入也需要逐层进行。除了分层描述以外，地层剖面还有非常重要的顶、底部地层信息。对于底部和顶部的地层，需要记录其与当前剖面的接触关系（整合接触、角度不整合接触、平行不整合接触），地层单位，岩石的颜色、岩性等可识别的信息。底部和顶部的地层也可能缺失或被特定的地貌、地质现象和建筑物所覆盖，这些信息需要在这部分对地层的描述中进行记录。

对地层剖面的具体描述和数据采集都需要从底层开始，按照从下到上的顺序逐层开展，记录层号、厚度、地层单位、岩石颜色、岩性、产出化石情况、野外采样号等。对于岩石岩性属性的描述往往非常多，这些内容可能在录入数据时都需要逐项添加，这些描述的相关惯例顺序是颜色、厚薄程度、质地与成分、岩石本身、内含层与夹层，以及其他一些具体信息。地层剖面的每个分层中都可以添加化石产出记录，记录其名称和野外号信息。

4.6.3 其他信息

地层学与多个分支学科产生了数量众多的交叉与融合，很多分支学科均与古生物学关系密切，如岩石地层学（lithostratigraphy）与生物地层学（biostratigraphy），它们都是开展古生物学研究以及古生物化石标本数据中必不可少的基本信息元素。除此以外，其他的相关研究还有旋回地层学（cyclostratigraphy）、化学地层学（chemostratigraphy）、磁性地层学（magnetostratigraphy）、地质年代学（geochronology）等。这些不同的研究方法都是基于对单层地层所开展的工作，其相应的科研成果也都可以作为单层地层的属性数据项目，进而拓展到对单层地层的描述性数据之中。在对地层剖面数据库进行设计时，需要充分考虑其可拓展性，这是地层与地质科学本身的性质所决定的，单层的地层所涵盖的信息可能囊括绝大多数地质科学的研究元素。

此外，为了充分考虑地层剖面数据在功能方面的拓展性，除了满足基础的古生物学与地层学科研工作外，也需要充分考虑高维度数据的采集与汇交，即如果所涉及的地层剖面有图像和/或三维模型数据可用，也需要对这些高维度数据进行采集。地层剖面的图像常见于关于地层的科学论文之中，地层剖面的三维模型目前还没有专门的研究，其数据通常需要使用专用的无人机拍摄，或是利用可采集三维深度信息的设备进行拍摄。地层剖面的全景图和三维模型可用于对地层进行全面展示、度量、虚拟体验等（参见第 10 章）。

地层剖面数据示例参见表 4.7。

表 4.7　地层剖面数据示例

剖面名称	松田		
参考文献	马譞. 2020. 浙西北地区中−上奥陶统胡乐组笔石动物群及其古生态学研究. 北京: 中国科学院大学.		
产地信息			
国家	中国		
省级	地级	县级	乡级
浙江	杭州	桐庐	分水
经度	纬度		
村或其他位置信息	松田村与珊瑚岭之间公路侧面		
地质时代范围			
从	中奥陶世	至	晚奥陶世
地层描述			
底部地层			
地层名	宁国组	接触关系	整合
颜色	紫红色	岩性（厚薄）	
岩性（质地）	钙质	岩性（岩石）	泥页岩
层号	1		
厚度/m	9.03	地层单位	宁国组
颜色	灰黑色	岩性（厚薄）	薄层
岩性（质地）	碳质	岩性（岩石）	页岩
包含层或夹层	钙质泥页岩	其他	
化石 1	*Longanograptus longani*	野外号	ST-3
化石 2	*Tetragraptus amii*	野外号	ST-3
化石 3	*Tetragraptus bigsbyi*	野外号	ST-3
化石 4		野外号	
层号	2		
厚度/m	3.9	地层单位	胡乐组
颜色	灰黑色	岩性（厚薄）	薄层
岩性（质地）	硅质	岩性（岩石）	页岩
包含层或夹层		其他	碳质含量高
化石 1	*Acrograptus ellesae*	野外号	ST-2b
化石 2	*Holmograptus intermedius*	野外号	ST-2b
化石 3	*Didymograptus* sp.	野外号	ST-2b
化石 4		野外号	

续表

剖面名称	松田		
层号	3		
厚度/m	4.09	地层单位	胡乐组
颜色	灰黑色	岩性（厚薄）	薄层
岩性（质地）	硅质	岩性（岩石）	页岩
包含层或夹层	碳质页岩	其他	碳质含量高
化石 1	*Acrograptus* sp.	野外号	ST-2a
化石 2	*Holmograptus* sp.	野外号	ST-2a
化石 3	*Didymograptus* sp.	野外号	ST-2a
化石 4		野外号	
层号	4		
厚度/m	2.44	地层单位	胡乐组
颜色	灰黑色	岩性（厚薄）	薄层
岩性（质地）	硅质	岩性（岩石）	页岩
包含层或夹层	碳质页岩	其他	碳质含量高
化石 1	*Acrograptus ellesae*	野外号	ST-1
化石 2	*Holmograptus* sp.	野外号	ST-1
化石 3	*Didymograptus* sp.	野外号	ST-1
化石 4	*Cryptograptus gracilicornis*	野外号	ST-1
化石 5	*Haddingograptus oliveri*	野外号	ST-1
化石 6	*Cryptograptus tricornis*	野外号	ST-1
顶部地层			
地层名	砚瓦山组	接触关系	整合
颜色	灰黑色	岩性（厚薄）	薄–中层
岩性（质地）	瘤状	岩性（岩石）	灰岩

4.7　钻孔岩心数据

为了获取地层剖面的信息与资料，人们有时会利用岩石钻孔的方法，从地层中直接取得连续的岩心,所获取的岩心通常是与地面垂直的。地质调查和基础科研工作中常常会在地面特定区域进行浅钻(通常深度<200 m),采集直径不超过20 cm的连续岩心,然后再对岩心开展综合研究。在矿产资源勘探工作中,经常利用钻孔采集岩心,钻孔位置可能在大陆上的盆地区域,也可能在海洋中的大陆架上。岩心的获取造价不菲,但是它是反映地表或大陆架以下地质体地质特征的第一手资料,其相对于采用地球物理方法探测绘制测井曲线具有不可替代性。因此,钻孔取心的工作仍被地质调查部门广泛采用,对于采集到的岩心往往会开展综合的、非常全面的数据采集与研究工作。岩心扫描仪就是能够快速、批量分析岩心的仪器设备,其能够对岩心的地球化学信息和岩石学等特征进行详细扫描,获取全面而连续的岩心综合数据。

钻孔岩心数据与地层剖面数据有一定的相似性,其涉及的内容比地层剖面数据更为复杂。本章仅仅梳理其与古生物学和地层学大数据相关的部分。在记录钻孔岩心数据时,钻孔的深度信息也是岩心的分层信息,这有些类似于地层剖面中的分层记录。二者的区别在于,钻孔岩心中的深度信息与地层厚度无关,因为钻孔通常垂直于地平面,其深度信息忽略地层的倾角,而地层剖面中的分层代表了地层的真厚度。钻孔岩心数据主要包含如下数据项(表4.8)。

表 4.8　钻孔岩心数据示例

钻孔名称	CSDP-2		
钻深/m	2842.3		
涉密等级	公开		
岩心保存单位	中国地质调查局青岛海洋地质研究所		
参考文献	郭兴伟,卢辉楠,徐洪河,等. 2020. 南黄海中—古生代地层古生物——CSDP-2井实录. 北京: 地质出版社.		
产地信息			
国家或区域	中国,南黄海中部		
省级	地级	县级	乡级
经度(°E)	121.262	纬度(°N)	34.555
其他位置信息	中部隆起构造带		
地质时代范围			
从	志留纪	至	新近纪
地层描述			
上覆地层			

续表

地质时代	地层单位	接触关系
新近系	固结沉积物	不整合

归属地层			
地层名	青龙组	视厚度/m	273.9
井深 从/m	866.9	井深 至/m	629
层号	28	视厚度/m	53.01
颜色	灰色	岩性（厚薄）	中-厚层
岩性（质地）	泥粒质	岩性（岩石）	灰岩
包含层或夹层	粉砂质泥岩	其他	
化石类别	孢粉	名称	*Leiotriletes* sp.
化石类别	孢粉	名称	*Lophotriletes* sp.
化石类别	孢粉	名称	*Czytonipollenites* sp.

下伏地层		
地质时代	地层名	接触关系
二叠系乐平统	大隆组	整合

钻孔名称：通常与地质调查的任务和目的有关，该名称也可以指代钻孔所获得的岩心。

钻深：钻孔总体深度，是钻孔过程的记录。

涉密等级：钻孔通常与特定的矿产资源有一定关系，矿产资源相关的公司往往投入大量的经费开展钻探工作。钻孔岩心的资料通常具有一定的涉密性，具体可以分为绝密、机密、秘密和公开。通常来说，能够开展科学数据库采集和录入的都是公开的资料。

岩心保存单位：存放岩心实体的单位。钻孔岩心的获取来之不易，通常造价不菲，所获取的岩心都是需要永久保存的研究资料，也是开展钻探的单位的有形资产。钻孔岩心的存储单位通常为会岩心建立整齐的货架、自动搬运设备以及专门的库房（图 4.3）。在完善的岩心仓库中，整齐的货架上摆放了盛放岩心的盒子，货架旁有轨道，供自动搬运设备滑动，所有岩心都通过电脑管理，通过数据库进行查询、检索等，连接至物联网，对于需要查看的岩心标本，可通过机器操作完成岩心标本的自动搬离与搬入货柜，甚至也可实现远程查看。

参考文献：与钻孔岩心相关的说明文档或公开资料。

其他的数据项都与地层剖面中的情况类似，在此不再赘述。

图 4.3　钻孔岩心会在专用的仓库中进行妥善保存（图片拍摄自中国石油化工股份有限公司华东分公司岩心库）

4.8　化石图像数据

在基于化石标本所从事的古生物学与地层学研究工作中，获取化石的图像是必不可少的步骤之一。化石标本作为不可替代的实物，每一块标本都是独一无二的。化石所呈现的科学信息是解读地球历史、地质构造演化、生命演化的重要证据。用于科学研究的化石标本会在专门的收藏单位进行永久保存，作为科学结论的实物证据，也供学者开展进一步研究工作（Allmon, 2005）。化石图像对于开展科学研究、论文发表、科学传播展示都是至关重要的，也是化石标本数据中不可或缺的高维度数据项目之一（徐洪河等，2022）。

根据对化石开展研究的方法的差异，对不同化石图像的采集过程也存在一定的差异。最常见的形式主要有大化石以及宏观照相、微观照相，以及利用各种专用设备开展的图像采集工作。无论是哪种形式的图像采集工作，无论获取图像的目的是科研工作、论文发表、展示还是数据采集，其本质目的都是以图像的形式呈现化石标本的形态学特征。本章对不同化石标本图像的采集和数据化流程进行了一定的梳理与总结。

4.8.1 大化石摄影

随着可拍照手机的普及，尤其是手机摄影功能的越发完善与强大，摄影或照相变得非常简单，几乎已经成为每个人生活中可以熟练掌握的日常操作。然而，对化石标本的拍摄具有一定的专业要求，所追求的是化石标本的形态学特征还原，任何图像畸变与失真都是难以接受的。

化石标本的摄影很难一概而论，因为化石的大小与体积变化太大了。巨大的脊椎动物化石标本往往长数米甚至数十米，除了对器材设备有一定要求以外，对其拍摄以及图像数据的采集工作势必需要多次应用图片拼接技术。在古生物学家的实验室中，使用更为广泛的是对化石标本的宏观摄影技术。

宏观摄影（macrophotography）的概念最早是在 1899 年提出的，泛指对各种较小的物体（生物或非生物，通常 10 cm 以下）所进行的放大摄影，照片中所展示的拍摄物通常要比实际的物体大（Walmsley, 1899）。宏观摄影可以理解为是一种微距摄影或放大摄影，广泛用于对各种微小生物、矿物的科研工作、生产、生活领域之中。在基于化石标本所开展的古生物学研究工作中，无论是对化石整体还是对局部拍摄，都需要使用宏观摄影，这是一项基本又具有一定难度的实用技术，值得展开探讨。适用于宏观摄影的化石标本大小范围较大，可以小至 1 mm，大到古生物学家通常开展实验研究的手标本（hand specimens）大小。更大尺度的化石标本往往需要其他设备或进行图像拼接，更小尺度的化石标本往往需要使用光学显微镜或其他专业设备。

宏观摄影的设备多种多样，其中最为基本的设备包括单镜头反光（single lens reflex, SLR）照相机，即单反相机。

使用单反相机是必要的，因为其各项参数可以调节，可以较好地还原图像，可以最佳适应多种类型图像的采集工作。套用摄影领域的经典说法就是，"只有使用单反相机才能进行创作"（美国纽约摄影学院，2000）。使用胶卷的单反相机已经成为古董，只有极少人仍在使用，数码单反相机非常普及，也易于购买，拍摄之后可以立刻查看图像，对于图像数据的采集与处理也非常方便。

对于单反相机最好能够选择合适的镜头，在宏观摄影中，推荐使用专门的微距镜头，因为微距镜头具有较大的放大倍率，特别适合对化石标本进行放大照相。

考虑到化石这一拍摄对象的特殊性，为了提高对比度等效果，往往需要专用光源，可以使用可调节色温的 LED 光源（图 4.4），也可以使用白炽灯。如果不具备专业光源，可以选择在户外，利用阳光阴影区域的漫反射光源进行拍摄，尽量不要选择阳光直射区域摄影。翻拍架是为了对拍摄设备与拍摄对象进行更好的固定（图 4.4）。某些具有悬挂相机功能的三脚架也可以替代。

图 4.4　对化石标本开展宏观摄影所需要的基本设备：可调节亮度与色温的 LED 光源（左）和可调节照相机和翻拍架（右）

宏观摄影所涉及的技术问题可归纳为三个方面：照片清晰度、光线控制、反差控制。

1）照片清晰度

照片焦距不准的原因很多，根据经验往往包括聚焦不准确、不合适的相机设定，以及相机抖动等。

在单镜头反光照相机中，可以在对焦屏上观察和聚焦所采集的图像（图 4.5），这个图像其实是最终获取图像的预览。对焦屏远远小于电脑屏幕，在高倍放大情况下，仅仅通过对焦屏或探视镜很难调焦，因此不正确聚焦所导致的焦距不准经常发生。改善的方式包括，在照相系统中配备具有放大镜的探视镜，它能放大相机对焦屏上的图像，使聚焦更加简单可靠。通常可以在白色背景下，通过单环或双环聚焦，手动调节适合操作者视力的焦距。另外，很多数码单反相机可以通过专门的软件使快门长期开启，并将所拍摄的图像实时显示在所连接的电脑屏幕上，便于完成更为清晰、准确的聚焦。准确聚焦是照片拍摄中非常基本的步骤，未能准确聚焦的照片是无法使用的，也难以通过后期的技术手段进行优化处理，唯一的办法就是重新拍摄聚焦准确的照片。

图 4.5　使用单镜头反光相机与可调节光源拍摄化石

宏观照相过程中，光圈设定对景深的控制尤为重要。小光圈（高光圈数值）保证高的景深，大光圈（低光圈数值）限制景深。尽管大多数化石标本所保存的都是"压扁了的""扁平化的"生物体，但是在化石生物体的表面，仍然可以识别出清晰、明确的三维立体信息，这些立体的信息尽管非常微小，但往往就是化石生物体中非常关键的形态学特征，是开展古生物研究中至关重要的科学信息。通过宏观照相，可以将这些立体的信息完美地呈现出来。如果一张照片的模糊区呈带状，可能表明景深未能达到标本的高度，需要调节相机以及照相系统的物镜扩大或关闭光圈，从而达到调节景深的目的。需要注意的是，缩小光圈（光圈数值变大）意味着进入相机的光线少，拍摄过程就需要较长的曝光时间，甚至可能超出快门系统的限制。这时的处理技巧是，可以通过软件进行调节，或是对所拍摄标本进行倾斜或其他方式的处理，使重要部分的聚焦落在中间区域。

聚焦不准还有一个常见的原因是，曝光过程中照相设备产生了抖动。对高反差化石标本进行高倍照相时对设备的移动十分敏感，当照相设备不是绝对静止时，就会导致图像模糊。产生抖动的原因很多，可能是使用的照相系统和实际操作过程导致的，相机曝光过程中快门本身的开合也会引起相机的振动，应优先考虑使用电缆或电子快门线，也可以使用相机上的定时器控制开关快门，或者利用专门的软件控制相机快门。建议使用化石标本拍摄专用的翻拍架，保障设备稳定牢固，有些化石可能质量较重，需要载物台有一定的承载能力，在载物台上要盖上软布，推荐黑色或深色背景纯净的软布，可以防止化石磨损，也可以使得拍摄化石背景纯净，便于后期更好地呈现与处理。

2）光线控制

在光源方面要使用交叉的点光源，亮度和方向都可以调节。点光源保证至少有两个方向的可调节的光源，光影的方向、亮度与色调都可调节。方向调节要保证光源上下可调，以便找到一个合适的照射角度。良好的光源可以为化石拍摄提供合适的光照环境，呈现更多的细节。

在高倍放大摄影时，强光的轻微变化对于感光元件都是极为敏感的。光线不均匀是运用入射光对压型化石表面照相时较常见的问题，这种情况可以通过对光源的调节而解决。可以使用可调节强度与多种方向的光学纤维光源，即利用光导纤维电缆传输光源的万向调节光源，因其可调节方向的装置灵活多变，又被称为"鹅颈"光源（图4.6）。"鹅颈"光源可以产生很强的光，其非常适用于小于几厘

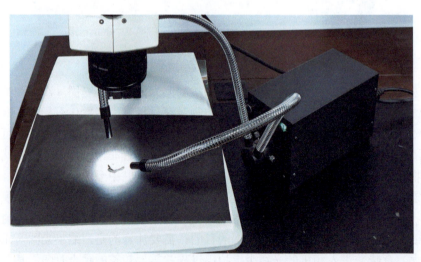

图4.6 具有光导纤维电缆的"鹅颈"光源

通常在使用立体显微镜观察化石以及开展微观照相时使用，光源的方向、角度、亮度均可调节

米的化石标本拍摄，也可以根据化石标本的大小进行各种调节。需要注意的是，在使用多个光学纤维光源照射标本的同一区域时，必须特别注意标本上的光线是否均匀，避免光线的叠加或覆盖不全，而使某些区域明显亮或暗于其他区域。对于较大的化石标本，使用光学纤维光源时最好卸下"鹅颈"镜头，让光源离开标本一定的距离，以保证光线均匀。

在高倍放大情况下，根据所照标本的类型，物镜镜头与标本之间距离通常较小，放置接近标本的光源可能很困难。对于大于 5 cm 化石标本的低倍宏观照相，可以使用 12V/20W 的卤素灯，配合使用偏振光滤色片，为压型化石材料的照相提供理想的光线调节。具有明显三维特征的物体形态，往往因入射光角度不同而引起意想不到的变化。随着入射光角度的变化，压型化石表面的高度特征可能呈现出不同方向与大小的阴影，这些阴影可能不明显、易于被忽略，或者也可能被显著放大，进而呈现出独特的立体效果。

3）反差控制

在同样光线条件下，入射光宏观照相的质量很大程度上取决于曝光过程中对反差的控制。光源的强度可能影响反差。以蓝波长为主的很亮而淡的光可能削弱较精细的颜色和反差，使图像平淡；而以红波长为主的并不是很强却很暖的光能提高图像反差。对于不同的化石材料，往往采用不同强度的光源。颜色暗淡、较黑的标本保存在浅色又反光的沉积岩中时，不太强的光或漫射光可能有利于形成一个好的反差，而其保存在较黑又不反光的沉积岩中时，则可能要求较强的直射光来分辨出沉积物和化石之间的不同反差。

生物化石在保存过程中，生物的碳质常常以压模的形式出现在化石的表面，这些黑色或暗淡的碳质在反射光的照射下，常常呈现出非常强烈的反光。这种反光也会出现在化石上，化石标本表面往往具有碳质压模，也具有非常强烈的非金属反光。需要使用具有十字交叉的偏振滤色片放置在镜头的前端，通过旋转偏振滤色片消除图像视野中的反光，以获得具有最佳反差的化石标本图像。反差小的标本，如果围岩颜色与化石本身相似，而且颜色微弱，使用十字交叉的偏振光可能显著提高反差。把偏振光片分别置于光源和物镜的前端，然后旋转偏振光片直至明显提高两者之间的反差。这种方法对突出有机质和碎屑沉积物间的反差效果明显（图 4.7）。多数光源都易于加装偏振光片，特定的偏振光片也可置于光学纤维的"鹅颈"光源头上。

对于保存在同一个平面上的化石标本来说，生物的碳质可能受到化石保存过程中成岩作用的影响，呈现不同的颜色与效果，表面常常具有强烈的反光。以新

图 4.7 对新疆富蕴地区泥盆纪地层中的石松类植物 *Gilboaphyton fuyunensis* 茎干化石标本进行不同方法的宏观摄影对比

疆富蕴地区泥盆纪地层中的石松类植物 *Gilboaphyton fuyunensis* 茎干标本（编号：PB23562，保存在中国科学院南京地质古生物研究所）为例，该化石标本表面具有清晰的植物茎干细节信息，碳质几乎已经消失，仅仅在化石表面留下了致密排列的生物细节印痕。在利用数码单反相机 Nikon D800E 设备与 Nikkor 60 mm 微距镜头进行宏观摄影，在光圈 f/13 和快门 1/2 s 的参数下，如果利用普通光源直接拍摄，则由于化石标本表面具有强烈的非金属反光，显示效果不好［图 4.7（a）］。改进的方式是：使用了可调节色温的 LED 光源，并且在微距镜头前增加了线性偏振滤镜，利用同样的设备，在光圈 f/13、快门 1/6 s 的参数下拍摄后，化石表面的反光大部分被消除，画面整体对比度有所提升，细节得到了一定体现［图 4.7（b）］。到此位置，化石标本的图像已经非常清晰，只是由于在拍摄过程中使用了滤镜，图像的整体效果略有些暗，植物体的细节似乎可以进一步凸显。继续进行改善的方式是：调整光源的角度，让光源的角度尽可能低，让平坦的植物化石表面的细节得到充分"凸显"，利用同样的设备，在光圈 f/13、快门 1/2 s 的参数下拍摄后，就获得了立体感十足的化石标本图像［图 4.7（c）］，由此获得的这幅化石标本图像已经达到了出版的要求，几乎完美地还原了化石标本的生物学细节信息。

4.8.2 微观照相和专业设备照相

对于小于 1 mm 的化石标本，往往需要利用显微镜以及相关的照相系统进行拍摄。在古生物学研究领域，对常见化石进行观察与微观照相时经常使用立体显微镜（stereo microscope）（图 4.8），其特点在于使用反射光源，通过显微镜能够像裸眼一样观察到物体的立体感与深度信息，能够对化石标本进行 2～80 倍（通过特殊的配件也可以实现 100 倍左右的放大倍数）的观察，如果搭载成像系统，也可以进行上述放大倍率的图像与视频采集工作。

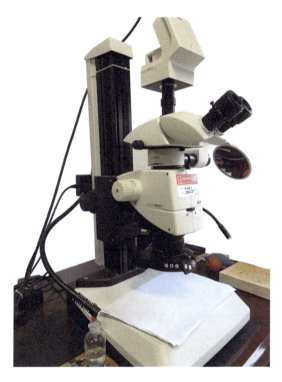

图 4.8　适用于观察和化石标本微观成像的立体显微镜 Leica M205C

　　有的化石材料更加微小，如植物的孢子与花粉直径通常小于 0.1 mm，这些微体化石往往需要经过特殊的实验技术处理，常见的孢子与花粉化石需要利用酸液溶浸泡沉积岩石而获得，然后再利用生物显微镜进行观察与照相。生物显微镜使用的是透射光源，通过其可以获得 100 倍左右的放大图像（图 4.9）。这些特殊的化石微观图像的拍摄往往与实验技术密切相关，在古生物学与地层学所发表的科研成果中也广泛体现，本书不做详细讨论。

图 4.9　常见微体化石图像示例及其形态特征简要描述

所有图像通过 Zeiss AX10 显微镜及其成像系统而成像拍摄，比例尺适用所有图像

隐孢子：（1）*Vidalgea maculata*，具有两个独立的外壁包裹的二分体，山东，朱砂洞组，寒武纪。

孢子：（2）*Camarozonotriletes sextantii*，具三缝，云南，海口组，中泥盆世；（3）*Cymbosporites microverrucosus*，具弓脊，云南，海口组，中泥盆世；（7）菌类孢子 *Dyadosporites solidus*，具双孔，江苏，第四纪；（9）苔藓类孢子 *Ricciaceae*，具有网状纹饰的远极面，内蒙古，第四纪；（10）单缝孢子 *Davallia*，具单缝，云南，第四纪；（11）*Ancyrospora tenuicaulis*，具环，云南，海口组，中泥盆世。

花粉：（4）*Carya*，具三孔，内蒙古，中新世；（5）*Acer*，具三沟，内蒙古，中新世；（6）*Pinus*，具双气囊，内蒙古，中新世；（8）*Classopollis annulatus*，具环沟，山东，曲格庄组，早白垩世；（12）*Malvaceae*，具多孔，云南，第四纪。

有孔虫：（13）*Microforaminiferal lining*，内膜结构，江苏，第四纪。

绿藻：（14）*Pediastrum*，云南，第四纪。

疑源类：（15）*Leiosphaeridia*，山东，朱砂洞组，寒武纪。

沟鞭藻：（16）*Glaphyrocysta exuberans*，南海，中新世（授权供图：杨宁）。

其他开展化石摄影的专业设备还有扫描电子显微镜和断层扫描设备。

扫描电子显微镜（scanning electron microscope，SEM）是一种用于高分辨率

微区形貌分析的大型精密仪器，其利用聚焦得很窄的高能电子束来扫描样品，通过光束与物质间的相互作用，来激发各种物理信息，对这些信息收集、放大、再成像，以达到对物质微观形貌表征的目的。新式的扫描电子显微镜的分辨率可以达到 1 nm；放大倍数可以达到 30 万倍及以上连续可调；并且景深大，视野大，分辨率高，成像直观，待测样品可在三维空间内进行旋转和倾斜。扫描电子显微镜的可测样品种类丰富，能在几乎不损伤和污染原始样品的同时获得样品的形貌、结构、成分和结晶学信息。目前，扫描电子显微镜已被广泛应用于生命科学、物理学、化学、司法、地球科学、材料学以及工业生产等领域的微观研究，仅在地球科学方面就包括结晶学、矿物学、矿床学、沉积学、地球化学、宝石学、微体古生物、天文地质、油气地质、工程地质和构造地质等（图4.10）。扫描电子显微镜所拍摄的都是黑白图片，目前大家所能看懂的彩色图片都是经过后期渲染处理的，不代表样品本身的颜色。

图 4.10　需要借助体视显微镜［（1），（2），（4），（6），（7）］或扫描电子显微镜［（3），（5）］进行拍摄的微体化石，或整体较小的化石图像示例（授权供图杨宁）

介形虫：（1）*Paracandona euplectella*，右视，大汶口组，渐新世，标尺 = 500μm；
（2）海绵骨针，华北，奥陶纪，标尺= 500μm；

（3）虫牙，贵州，早泥盆世；标尺 = 100μm；

（4）牙形刺（*Belodina confluens*），新疆，晚奥陶世，标尺 = 500μm；

（5）几丁虫（*Belonechitina hirsuta*），内蒙古，标尺= 100μm；

（6）腹足类（螺）（*Opeas changleensis*），背视，山东，卞桥组二段，古新世，标尺= 1000μm；

（7）轮藻（*Grovesichara changzhouensis*），藏卵器，侧视，山东，李家崖组，始新世，标尺= 500μm。

断层扫描技术是在传统的X光检查的基础上利用计算机辅助技术所发展出来的。传统的X光检查最多只能产生一幅分辨力不高的图像，而计算机辅助断层扫描（computed tomography，CT）是以 X 射线从多个方向沿着观测对象某一选定断层层面进行照射，测定透过的 X 射线量，再计算出该层面组织各个单位容积的吸收系数，然后对断层面图像进行重建。CT 技术广泛用于医学领域辅助诊断。近些年，CT 技术也广泛用于晶体、化石、岩石等观察与扫描。用 CT 技术对化石进行观察可以实现在完全不破坏样品的情况下，对样品内部结构进行三维重建。在 CT 扫描过程中，可以通过计算获得三维尺度上观测物的连续断层图像，这些图像中任何一帧都是观测对象在某个角度下的解剖图，也是独一的剖面图，利用计算机软件对这些图像进行分析与处理后，可以获得观测对象内部结构的三维重建图。

4.8.3　图像格式与数据化

为了便于图像数据的汇交与展示，对化石标本图像的采集格式有如下建议。

单个图像大小为 2 ～30 Mb，较为适中的文件大小为 2～5 Mb。可以在不影响图片质量与清晰度的情况下对图像进行一定的压缩。可接受的图像格式包括 JPEG、PNG、GIF 等，这些格式的文件可以广泛用于网页和办公类文档之中，其解析不需要较为复杂的运算，是较为成熟与通用的图像格式。不建议使用 TIFF、BMP、PSD 等格式，这三类文件体积较大，占用空间较多，不利于在网络上的数据共享。

JPEG 格式文件包括后缀名为 JPG、JPE、JPEG 的文件，是一种对图像进行压缩的文件，压缩技术十分先进，能够将图像压缩在很小的储存空间，不过这种压缩是有损耗的，过度压缩会降低图片的质量。JPEG 格式压缩的主要是高频信息，对色彩的信息保留较好，因此特别适合应用于互联网，减少图像的传输和加载时间。

PNG 也是一种常见的图片格式，它最重要的特点是支持 Alpha 通道透明度，即 PNG 图片支持透明背景。例如，在使用 Photoshop 等软件制作透明背景的圆形

logo 时，如果使用 JPG 格式，图片背景会默认存为白色；使用 PNG 格式，图像可以保存透明的背景。PNG 格式图片也支持有损耗压缩，虽然 PNG 提供的压缩量比 JPG 少，但 PNG 图片比 JPEG 图片有更小的文档尺寸，因此现在越来越多的网络图像开始采用 PNG 格式。

GIF 也是一种压缩的图片格式，分为动态 GIF 和静态 GIF 两种。GIF 格式的最大特点是支持动态图片，并且支持透明背景。网络上绝大部分动图、表情包都是 GIF 格式的，相比动画，GIF 动态图片占用的存储空间小，加载速度快，因此非常流行。

TIFF 格式，也叫 TIF 格式，可以支持不同颜色模式、路径、透明度以及通道，是打印文档中最常用的格式。很多科学仪器、数码摄像仪器中所采集的原始图像就有 TIFF 格式文件，其保留了图像采集中的原始信息，可以进行一定程度的压缩。TIFF 文件也可以保存图层以及其他信息，在很多方面类似于 PSD 格式文件。TIFF 格式文件通常较大，占用较多存储空间。

BMP 格式是 Windows 操作系统中的标准图像文件格式，能够被多种 Windows 应用程序所支持。BMP 格式包含的图像信息较丰富，几乎不进行压缩，故它占用的存储空间很大，所以目前 BMP 在单机上比较流行。

PSD 格式是 Photoshop 默认的存储格式，适用于存储源文档和工作文件，修改起来比较方便。PSD 格式的最大特点是可以保留透明度、图层、路径、通道等 PS 处理信息，但是需要专业的图形处理软件才能打开。PSD 格式的缺点是体积庞大，十分占用存储空间。

化石标本图像数据化过程中一定要上传文件到数据库与服务器中，每个文件的命名非常重要。图像命名时要保障名字的唯一性。尽管通过技术手段可以很容易实现并确保文件命名的唯一性，如生成随机数、添加时间戳等，但是这些技术手段通常会在数据上传到服务器之后才起作用，而且利用软件技术手段自动生成的文件名往往更适合机器读取，但这些文件名对于用户是不具有解读意义的。化石图像类数据属于非结构化数据，在录入结构化表格以及分类整理时都需要以文件名进行关联。我们建议对文件采用具有一定指示性意义的命名。我们在创建数据库时的做法是，命名字符仅限数字、英文大小写字母和下划线，不使用空格，命名形式采用标本号+化石名称+序号，也可以加上数据整理的日期与录入人员信息。这种命名的文件具有唯一性和指示性，便于检索，也可以在不打开图像的情况下获得化石的简要信息，方便化石图像的归档和管理。

4.9 三维模型数据

三维模型是通过多种技术手段创建出来的一种虚拟模型，是在虚拟世界中构建出来的三维物件的一种数字模型。人们或许会将三维模型的获取过程与利用相机拍摄的过程进行类比，但是其中的差异还是非常大的。相机拍摄记录是把环境与物件以二维世界的方式进行还原，其所体现的信息与特征是远远比不上真实世界的。而三维模型的重建是对现实环境与物件在三维世界里的重构，是一种重新创造，其信息与特征与真实世界的物件缺乏显著的可比性。

三维模型具有相当广泛的用途，在工业设计、逆向工程、机器人导引、地貌测量、医学信息、生物信息、刑事鉴定、数字文物典藏、电影制片、游戏创作等领域都得到了广泛的应用。三维模型的制作不可能仅仅仰赖单一技术，各种不同的技术与手段都有其优缺点，成本也有高低之分。目前，并无通用的三维模型重建技术，仪器与方法往往受限于物体的表面特性。例如，结构光（structured light）就是三维扫描仪领域经常用到的方法与技术基础，结构光是一组由投影仪和摄像头组成的系统结构，其利用仪器投射特定的光信息到物体表面和环境背景中，再由摄像头采集光信号，根据物体与背景造成的光信号变化来计算物体的位置和深度等信息，进而复原整个三维空间。结构光技术成本较低，使用广泛，但是对于表面闪亮（高反照率）、镜面或半透明的物体，往往难以处理，这类物体需要使用激光技术的扫描设备才能有效处理，而激光技术不适用于具有脆弱或易变质表面的物体。

4.9.1 利用三维扫描设备采集三维模型数据

采集三维模型数据最直接的方法就是使用三维扫描仪（3D scanner）。三维扫描仪作为一种科学仪器，可以侦测并采集现实世界中物体或环境的形状（几何构造）与外观数据（如颜色、表面反照率等性质），通过采集的数据进行三维重建计算，在虚拟世界中创建实际物体的数字模型。

三维扫描仪的用途是创建物体几何表面的点云（point cloud），这些点云可用来插补成物体的表面形状，越密集的点云可以创建越精确的模型，这个过程就是三维重建。有的类型的扫描仪能够获取物件表面颜色，可进一步在重建的表面上黏贴物件材质贴图，即所谓的材质印射（texture mapping）。

三维扫描仪可类比为照相机，它们的视线范围都呈现圆锥状，信息的搜集皆限定在一定的范围内。两者的不同之处在于相机所抓取的是颜色信息，而三维扫描仪测量的是距离。由于三维扫描仪测得的结果含有深度信息，因此所得到的图像常被称为深度图像（depth image）或距离图像（ranged image）。利用具有深度信息的摄影设备可以开展对大场景的三维重建，这种技术又被称为摄影测量（photogrammetry）。利用无人机辅助进行三维拍摄的过程就是摄影测量。

由于三维扫描仪的扫描范围有限，因此常需要变换扫描仪与物体的相对位置或将物体放置于转盘（turntable）上，经过多次扫描以拼凑物体的完整模型。

化石标本可以通过激光或结构光的三维扫描仪直接开展三维重建的工作（图4.11、

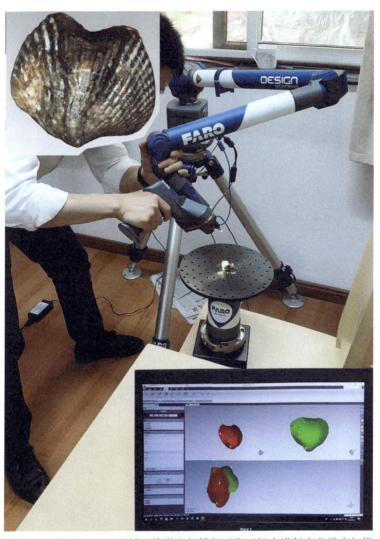

图 4.11　利用 FARO 八轴三维激光扫描仪对化石标本进行高分辨率扫描

左上角是正在扫描的化石标本图像，为一枚约 8 mm 大小的腕足动物化石。右下角是扫描时电脑软件显示画面。

图片拍摄自中国科学院南京地质古生物研究所大数据中心

图 4.12），而对于非常庞大的地层剖面，其长度通常在 50m 上，在宽度和高度上都有一定拓展，地层剖面的三维重建往往需要较为专业的设备，如专门用于场景拍摄的三维扫描仪器，这种三维扫描仪已经广泛用于场景、建筑物的三维重建之中，也适用于地层剖面（图 4.13）。

图 4.12　利用 Artec Space Spider 3D 扫描仪对较大型化石进行三维扫描
图片拍摄自中国科学院南京地质古生物研究所大数据中心

图 4.13　利用 FARO Focus 激光扫描仪对大范围地层剖面进行三维扫描建模
设备与图片来自中国科学院南京地质古生物研究所大数据中心

对于狭长和/或具有明显高度落差的地层剖面，可以使用无人机搭载深度摄像机进行拍摄。值得一提的是，使用全景摄像机也可以实现大场景复原重建。全景摄像机实际上是通过多个不同角度的摄影镜头对环境开展 720°（或接近球面）的拍摄，其所拍摄的图像中并没有深度信息，所构建的场景尽管也能造成一种身临其境的感觉，但是并不是三维模型，而是对真实世界的一种球面投影。

4.9.2 利用断层扫描重建三维模型数据

计算机断层扫描（computed tomography，CT）是利用精确准直的 X 射线、γ射线、超声波等，与灵敏度极高的探测器一同围绕观察物做连续的断面扫描，通过 X 射线和 γ 射线等在不对观察物接触或破坏的情况下实现对断面的成像复原。在 CT 扫描过程中，由探测器接收透过该层面的 X 射线，其转变为可见光后，由光电转换变为电信号，再转换为数字信号，经过计算机软件处理之后，形成可识别的图像。CT 扫描实际上是通过多种技术手段，获取观察物切面的模拟图像。由于能够获取任意角度与切面的图像，借助计算机软件也可以获取观察物体的三维模型数据。

1972 年，第一台用于医疗领域辅助诊断的 CT 机器诞生，专门用于开展人类头骨疾病的辅助诊断。此后，断层扫描类设备广泛用于医学领域，甚至在一些体检项目中也罗列出若干可以开展 CT 扫描的项目。在现代工业领域中，CT 扫描在无损检测和逆向工程中发挥重大的作用。1984 年，CT 扫描技术首次在古生物学研究中开始了应用，Conroy 和 Vannier （1984）运用 CT 扫描技术研究了古人类颅骨化石的结构，随后全球各地大量的化石材料都开始接受 CT 扫描了。例如，中国科学院南京地质古生物研究所实验技术中心的 Zeiss Xradia 520 Versa 型 X 射线断层扫描显微成像仪器，可扫描<10 cm 的材料，对样品实现 360°旋转，多尺度成像，最小可达 0.7μm 的实际空间分辨率（图 4.14）。

大量经由 CT 扫描而重建的化石三维模型由此产生，甚至还由此产生了专门的分支学科：虚拟成像古生物学（virtual imaging palaeontology），关于古生物学研究中所使用的三维模型数据，学者们也提出了相关的协议与标准（Davies et al., 2017）。

利用断层扫描技术开展对化石标本的研究工作具有若干项非常独特的优势。

（1）CT 扫描过程不接触化石，也不会对化石造成破坏。这使得 CT 广泛用于对非常珍贵化石标本的深入研究，如澄江化石产地的化石标本（赵婷等，2017），以及非常珍贵难于切割的琥珀（Dierick et al., 2007; Cai et al., 2015）。

图 4.14　Zeiss Xradia 520 Versa 型 X 射线断层扫描显微成像仪器

设备与图片来自中国科学院南京地质古生物研究所实验技术中心

（2）断层扫描技术可以详细识别出化石中生物体与围岩介质之间细微的密度差异，将化石中保存的生物细节都呈现出来，进而获取对于不同生物门类的化石的解剖结构细节，这一技术已经在腕足动物（Park et al., 2011）、鱼类化石（Lu et al., 2016）、三叶虫化石（Peteya, 2013; Schoenemann and Clarkson, 2013）等领域的研究工作中取得令人瞩目的研究发现。

（3）针对古生物学研究，专门的微观 CT 技术可以针对形体微小（＜1mm）的化石开展微观三维重建，甚至对生物微小的胚胎化石也能进行三维重建，如对我国埃迪卡拉纪处于分裂状态的胚胎化石的三维重建（Sun et al., 2020），利用微观 CT 技术可以实现对化石从多个不同角度进行扫描并得到三维无损成像，对这些图像还可以基于科学内容进行后期渲染，进一步展示胚胎内细胞和细胞核的空间分布[图 4.15（a）和图 4.15（b）]，还可以创建任意角度的虚拟切片[图 4.15（c）和图 4.15（d）]。三维无损成像中不同的灰度值所显示的就是化石内部的密度差异（图 4.15）。

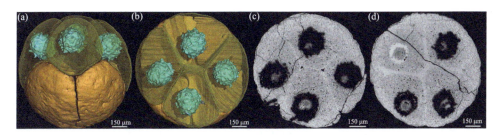

图4.15　利用 X 射线断层扫描显微成像仪器重建的埃迪卡拉纪瓮安生物群中的胚胎化石（供图：孙玮辰）

（4）由于断层扫描技术可以实现任意角度的解剖结构重建，其非常善于处理一些常规观察技术手段难以进行观察的化石，如具有内凹结构的古人类的颅骨化石（吴秀杰等，2008），对这些结构较为特殊的化石，可以轻松实现三维模型的重建。

4.9.3　三维模型数据格式

三维模型文件通常包括三种类型参数：网格模型、UV 纹理和材质贴图。不同的文件格式有不同的侧重，具体简介如下。

PCD（point cloud data）文件是点云库（Point Cloud Library，PCL）官方所指定的三维模型文件，主要是存储点云中点的具体信息。在点云库 PCL 1.0 发布之前，PCD 文件格式就已经发展更新了许多版本。这些新旧不同的版本用 PCD_Vx来编号，如 PCD_V5、PCD_V6 和 PCD_V7，分别代表 PCD 文件的 0.5 版、0.6 版和 0.7 版。在 PCL 中，用到的 PCD 文件格式是 0.7 版，即 PCD_V7。其具体参数信息如下。

（1）FIELDS：指定点云数据集中任意一个点的维度信息和其他附加信息。例如，FIELDS $x y z$ 指每个点都有 x-y-z 三个维度信息，FIELDS $x y z$ rgb 指每个点除了 x-y-z 维度信息外还有颜色信息等。

（2）SIZE：储存每个维度信息占用的字节（byte）数。1 指用字符型数据存储维度信息，2 指用短整（short）型数据存储维度信息，4 指用整型或浮点型数据存储维度信息，8 指用复（double）型数据存储维度信息。

（3）TYPE：用字符指定每一个维度的数据类型。I 表示有符号类型：int8（char）、int16（short）、int32（int）；U 表示无符号类型：uint8（unsigned char）、uint 16（unsigned short）、uint32（unsigned int）；F 表示浮点型 float 和 double。

（4）COUNT：每个维度包含的元素个数。

（5）POINTS：点云中点的总数，从 0.7 版本就开始显得有点多余，可能会在后续版本中舍去这个参数。

（6）DATA：指定存储点云数据的数据存储格式，主要包括 ASCII 码或二进制数据。

PLY 文件与 PCD 文件类似，也是存储点云的文件，全名是"多边形文件格式"（polygon file format）。PLY 文件通过三维物件中多边形片与面的集合来描述三维模型，这种方式相对于其他方法而言更为简单快捷。PLY 文件记录三维模型文件的颜色、透明度、表面法向量、材质坐标与资料可信度，并能够对多边形的正反两面设定不同的属性。

STL 文件中的 STL 是 stereolithography（光固化立体造型术）的缩写，是由 3D SYSTEMS 公司于 1988 年制定的一种为快速原型制造技术服务的三维图形文件格式。STL 格式文件存储点的信息以及拓扑信息表示封闭的面或者体，目前所接触到的 3D 编辑器和 3D 打印机都支持 STL 格式，STL 文件与其他基于特征的实体模型文件不同的是，STL 用三角形网格来表现 3D CAD 模型，其只能描述三维物体的几何信息，不支持颜色材质等信息，其数据简化，格式简单，普及快速，应用广泛，可以说是三维模型领域最为"简单易用"的文件。随着 3D SYSTEMS 的快速崛起，STL 已经成为快速原型系统事实上的数据标准，各种图形图像设计类的软件，如果需要 3D 打印，都需要转换成 STL 格式。其实，STL 并不是专门为 3D 打印而创造的，只是碰巧 3D 打印是一种较为流行和在公众中普及的快速原型制造技术。STL 文件有两种类型：文本文件（ASCII 格式）和二进制文件（binary），其中 ASCII 格式更加通用一些。

OBJ 文件是 Alias|Wavefront 公司为其基于工作站的 3D 建模和动画软件"Advanced Visualizer"开发的一种标准 3D 模型文件格式，很适合用于 3D 软件模型之间的数据交换，如在 3dsMax 或 LightWave 中建了一个模型，想把它调到 Maya 里面渲染成动画，导出 OBJ 文件就是一种很好的选择。OBJ 文件是从几何学上定义的三维模型文件格式，主要支持多边形（polygons），即网格结构模型。OBJ 文件不包含动画、材质特性、贴图路径、动力学、粒子等信息。OBJ 格式在数据交换方面十分便捷，利用 Windows 操作系统（Windows 10 以上）自带的 3D 查看器软件就可以直接打开 OBJ 格式三维模型文件，调整三维模型的光照信息［图 4.16（a）］，并可放大、缩小三维模型，查看三维模型的网格数据信息［图 4.16（b）］。目前，大多数的三维 CAD 软件都支持 OBJ 格式，大多数 3D 打印机也支持使用 OBJ 格式进行打印。虽然 OBJ 格式诞生得晚一些，也比 STL 有所进步，但二者的实质区别并不大。

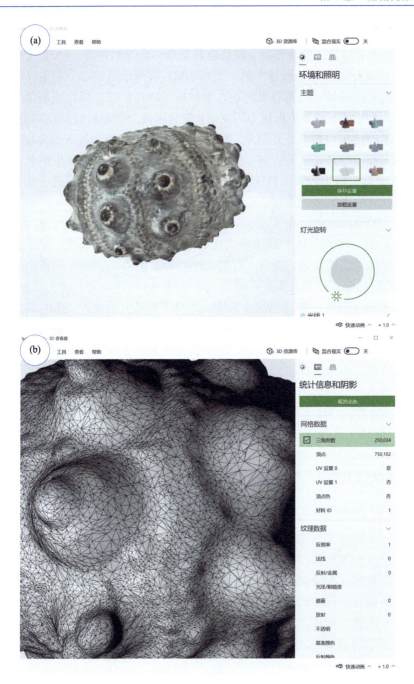

图 4.16　利用 Windows 操作系统自带的 3D 查看器软件打开一枚海胆化石三维模型 OBJ 格式文件获取参数信息

AMF 文件是以目前 3D 打印机使用的 STL 格式为基础、弥补了其弱点的数据格式，新格式能够记录颜色信息、材料信息及物体内部结构等。AMF 文件是基于 XML（可扩展标记语言）而建立的。采用 XML 有两个好处：一是不仅能由计算机处理，人也能看懂；二是将来可通过增加标签轻松扩展。新标准不仅可以记录单一材质，还可对不同部位指定不同材质，能分级改变两种材料的比例进行造型。造型物内部的结构用数字公式记录。AMF 文件可指定在造型物表面印刷图像，还可指定 3D 打印时最高效的方向，另外还能记录作者的名字、模型的名称等原始数据。AMF 有可能成为新一代 3D 打印数据的标准，但是仍需要进一步推广，需要庞大的软件生态领域的支持。

3MF（3D manufacturing format）文件是微软公司于 2015 年推出的 3D 打印格式。相较于 STL 格式，3MF 档案格式能够更完整地描述 3D 模型，除了几何信息外，还可以保持内部信息、颜色、材料、纹理等其他特征。3MF 同样也是一种基于 XML 的数据格式，具有可扩充性。对于使用 3D 打印的消费者及从业者来说，3MF 最大的好处是大品牌支持这个格式，体现了其强大的实力。3MF 联盟成员有 Microsoft、Autodesk、Dassault Systems、Netfabb、SLM、惠普（HP），加上微软曾宣布在 Windows8.1 和 Windows10 操作系统中支持 3MF 打印格式，3MF 的应用势必更加普及。

3DS 格式是一种通用导出格式，它保留的是软件统一使用的相对空间信息，是一种比较早期的 3D 文件格式。

FBX 格式文件包含三维模型的网格模型、材质贴图、动画等信息，常用于 revit、max、unity3D 等软件之间的输入与输出操作。

GLTF 或 GLB 格式是经过压缩处理的三维模型文件，号称三维模型文件中的 JPG。

4.9.4　三维模型数据规范

随着三维模型文件在科学研究中的越发广泛使用，三维模型数据可以作为论文成果的重要支撑材料，也需要随论文而一起发表。目前，大多数学术期刊都接受三维模型数据作为论文的附属材料而共享（Davies et al., 2017）。这也呼应了大数据时代所倡导的科学研究数据公开、共享、复用的原则。

对于三维模型数据，其数据项可涵盖三个方面的内容（表 4.9）。

（1）三维模型文件。该文件是科研工作中所重建出来的最终版本与形式的三维模型文献，需要与科研成果中相关的三维模型是一致的。需要提供 STL 格式的三维模型文件，利用扫描仪采集的三维模型文件，最好能提供保存有原始纹理和/或贴图信息的 PLY 或 OBJ 文件；利用断层扫描技术重建的三维模型文件，最好能同时提供重建三维模型过程中所使用的所有图像，即由分割后的图像价构成的数据库，或是重建项目的原始文件夹。

（2）图像堆栈。对于断层扫描重建的三维模型，其数据采集过程中产生了一系列高分辨率的原始图像，它们构成了 CT 图像栈，它们是重建三维模型的直接数据，这些数据需要随着三维模型一同被发表。

（3）元数据。三维模型的元数据主要涉及数据采集的技术细节和文件的参数信息，如分辨率，立体像素的大小，重建三维模型的软件、技术细节和运行环境、仪器型号、光源投影形式、化石标本信息、保存单位、相关文件的版权信息等。这些元数据信息在三维模型数据集进行科学数据共享时，需要提供专门的说明文档。

表 4.9　不同来源的三维模型数据在科学数据共享时的规范对比

数据项目/数据来源	三维扫描仪采集	断层扫描重建
主文件	STL 格式三维模型文件	STL 格式三维模型文件
原始文件	三维点云 PCD 文件	TIFF 格式图像堆栈
附属文件	展示原始纹理信息的 PLY 或 OBJ 文件	由分割图像构成的数据库，或三维模型重建项目的文件夹
元数据信息	扫描仪型号，光源投影形式，曝光时间，滤镜使用情况、分辨率、扫描三维模型技术细节与环境、化石标本信息、数据版权	扫描设备型号，立体像素大小、重建三维模型技术细节与环境、化石标本信息、数据版权

参 考 文 献

郭兴伟, 卢辉楠, 徐洪河, 等. 2020. 南黄海中—古生代地层古生物——CSDP-2 井实录. 北京: 地质出版社.

马譞. 2020. 浙西北地区中-上奥陶统胡乐组笔石动物群及其古生态学研究. 北京: 中国科学院大学.

美国纽约摄影学院. 2000. 美国纽约摄影学院摄影教材. 北京: 中国摄影出版社.

倪寓南. 1991. 江西武宁下奥陶统顶部和中奥陶统的笔石//中国古生物志, 新乙种第 2 号. 北京: 科学出版社: 1-147.

王小梅, 韩涛, 李国鹏, 等. 2017. 科学结构图谱. 北京: 科学出版社.

吴秀杰, 刘武, 董为, 等. 2008. 柳江人头骨化石 CT 扫描与脑形态特征. 科学通报, 53: 1570-1575.

徐洪河, 聂婷, 郭文, 等. 2022. 古生物化石标本元数据标准. 古生物学报, 61(2): 280-290.

杨达铨, 倪寓南, 李积金, 等. 1983. 笔石纲//地质矿产部南京地质矿产研究所. 华东地区古生物图册（一）早古生代分册. 北京: 地质出版社: 353-496.

赵婷, 侯先光, 翟大有, 等. 2017. 显微 CT 技术在澄江生物群节肢动物研究中的应用——以 *Misszhouia longicaudata* 为例. 古生物学报, 56: 476-482.

Allmon W D. 2005. The importance of museum collections in paleobiology. Paleobiology, 31(1): 1-5.

Cai C, Leschen R A, Liu Y, et al. 2015. First fossil jacobsoniid beetle (Coleoptera): Derolathrus groehni n. sp. from Eocene Baltic amber. Journal of Paleontology, 89(5): 762-767.

Conroy G C, Vannier M W. 1984. Noninvasive three-dimensional computer imaging of matrix-filled fossil skulls by high-resolution computed tomography. Science, 226(4673): 456-458.

Davies T G, Rahman I A, Lautenschlager S, et al. 2017. Open data and digital morphology. Proceedings of the Royal Society B, 284(1852): 20170194.

Dierick M, Cnudde V, Masschaele B, et al. 2007. Micro-CT of fossils preserved in amber. Nuclear Instruments and Methods in Physics Research Section A: Accelerators, Spectrometers, Detectors and Associated Equipment, 580(1): 641-643.

Hou Z, Fan J, Henderson C M, et al. 2020. Dynamic palaeogeographic reconstructions of the Wuchiapingian Stage (Lopingian, Late Permian) for the South China Block. Palaeogeography Palaeoclimatology Palaeoecology, 546: 109667.

Lu J, Giles S, Friedman M, et al. 2016. The oldest actinopterygian highlights the cryptic early history of the hyperdiverse ray-finned fishes. Current Biology, 26(12): 1602-1608.

Park T Y, Woo J, Lee D J, et al. 2011. A stem-group cnidarian described from the mid-Cambrian of China and its significance for cnidarian evolution. Nature Communications, 2(1): 1-6.

Peteya J A. 2013. Resolving Details of the Nonbiomineralized Anatomy of Trilobites Using Computed Tomographic Imaging Techniques. Columbus: The Ohio State University.

Schoenemann B, Clarkson E N. 2013. Discovery of some 400-million-year-old sensory structures in the compound eyes of trilobites. Scientific Reports, 3(1): 1-5.

Sutton M, Rahman I, Garwood R. 2014. Techniques for Virtual Palaeontology. Oxford: John Wiley & Sons.

Sun W, Yin Z, Cunningham J, et al. 2020. Nucleus preservation in early Ediacaran Weng'an embryo-like fossils, experimental taphonomy of nuclei, and implications for reading the eukaryote fossil record. Interface Focus, 10: 20200015.

Turland N J, Wiersema J H, Barrie F R, et al. 2018. International Code of Nomenclature for algae, fungi, and plants (Shenzhen Code) adopted by the Nineteenth International Botanical Congress Shenzhen, China, July 2017. Frankfurt: Koeltz Botanical Books.

Walmsley W H. 1899. Photo-micrography for everybody. The International Annual of Anthony's Photographic Bulletin and American Process Year-book, 12: 73-90.

Wang Y, Xu H-H, Wang Y, et al. 2018. A further study of *Zosterophyllum sinense* Li and Cai (Zosterophyllopsida) based on the type and the new specimens from the Lower Devonian of Guangxi, southwestern China. Review of Palaeobotany and Palynology, 258: 112-122.

Williams D M, Ebach M C. 2020. Cladistics. Cambridge: Cambridge University Press.

Xu H-H, Niu Z-B, Chen Y-S. 2020. A status report on a section-based stratigraphic and palaeontological database-the Geobiodiversity Database. Earth System Science Data, 12: 3443-3452.

第5章

多样性与形态空间

《生物多样性公约》（1992 年）定义了生物多样性（biodiversity）的概念："所有来源的形形色色的生物体，这些来源包括但不限于陆地、海洋和其他水生生态系统，以及它们所构成的生态综合体，这个定义涵盖物种内部、物种之间和生态系统的多样性"。生物多样性是生物（动物、植物、微生物）与环境形成的生态复合体以及与此相关的各种生态过程的总和，通常包括基因、物种和生态系统三个层次（Song，2017）。对于古生物学家和演化生物学家来说，物种以及更高分类群层次（如属和科）的多样性具有极其重要的意义。对地质历史时期生物多样性的研究也是古生物学与地层学领域中开展数据分析与挖掘的核心内容之一。

然而，对地质历史时期的物种多样性研究往往受制于化石物种划分方面的不确定性，难以反映生物在形态学方面的演化模式，具有一定的局限性。依托生物学形态空间而开展的生物形态多样性分析是非常必要的。形态空间分析与研究可以探索不同生物门类的形态学宏演化，形态多样性及形态空间的演化与环境变化、气候变化等地质事件，以及彼此之间的耦合作用，也可以为地球的演化历史提供生物学证据，还可以为生物的演化趋势提供预判，相关研究已经成为近年演化生物学领域的研究热点。

5.1 生物多样性研究

地史时期的生物多样性研究主要通过构建生物多样性曲线、新生率和灭绝率曲线来反映特定地史时段的生物多样性变化，识别其中的模式与规律，探究生物多样性变化与环境因素的耦合关系、生物集群灭绝事件、演化动物群更替等问题。生物多样性的综合研究对我们了解生物大辐射、灭绝、复苏等宏演化事件，生物与环境协同演化和现今生物多样性如何塑造等问题均具有重要意义。

5.1.1 从统计中寻找规律

对于生物多样性的研究，可识别出若干个阶段，最早的研究阶段主要是基于统计学的研究方法与思路，从有限的高分类单元数据的统计结果中寻找规律。该阶段始于 1860 年，标志是 Philips 绘制第一条英国海相生物化石多样性曲线（图5.1），结束于 20 世纪 80 年代 Sepkoski 等的研究工作。该阶段对生物多样性的研究结论能够基本反映显生宙时期生物多样性变化的框架，如识别了多次生物大灭绝事件、生物群的变化等，有大量内容有待进一步的细化。

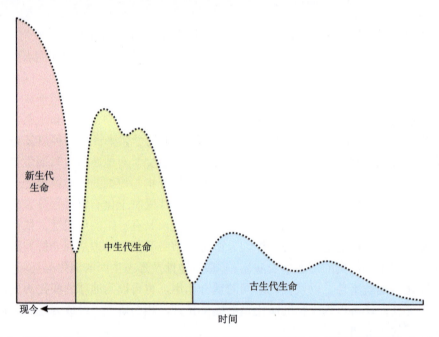

图 5.1　早在 1860 年，就有学者根据当时的化石记录数据识别生物多样性演变规律（Philips，1860）

生物多样性最早的研究是聚焦于海洋无脊椎动物多样性变化的研究。Philips（1860）根据 Morris（1854）汇总的《英国化石汇编》中的数据，完成了显生宙海洋生物多样性的变化曲线，主要数据为英国的海相化石记录。之后，长时间尺度的生物多样性研究得到了越来越多的关注，Newell（1967）基于主要的海洋无脊椎动物门类，构建了显生宙海洋无脊椎动物属级和科级多样性变化曲线。Valentine（1969）收集了当时所有的化石记录数据，建立了数据库，其主要包含 9 个化石门类：原生动物门（Protozoa）、多孔动物门（Porifera）、古杯动物门（Archaeocyatha）、刺胞动物门（Coelenterata）、外肛动物门（Ectoprocta）、腕足动物门（Brachiopoda）、软体动物门（Mollusca）、节肢动物门（Arthropoda）和棘皮动物门（Echinodermata），这些类群囊括了海洋无脊椎动物的所有门类。Valentine（1969）最早构建了显生宙海洋无脊椎动物科级多样性变化模型，表明生物多样性从寒武纪晚期的 100 个科不断增加至奥陶纪晚期的 300 个科，生物多样性在二叠纪晚期到三叠纪早期急剧下降，在侏罗纪到新生代时期生物多样性显著增加。上述多化石生物多样性所识别的变化模型基本相近，其产生的差别仅在于 Newell 所构建的数据库包含部分的脊椎动物数据，Valentine 的数据更为丰富，但主要门类与前人的依旧相似。

上述对海洋生物多样性的研究所取得的基本认识包括：①物种多样性在寒武纪和奥陶纪早期快速上升；②生物多样性在泥盆纪逐渐达到高峰；③在三叠纪早期生物多样性轻微且持续下降，并达到了低谷；④三叠纪以后，生物多样性快速增加并在新生代末期达到了显生宙生物多样性的最高峰。

Raup（1972）在 Müller 和 Valentine 的工作的基础之上，将海洋无脊椎动物多样性曲线与沉积记录相结合，对化石保存偏差问题进行了更加详尽的研究，在综合 Valentine（1969）等的多样性曲线之后，构建了纲、目、科、属、种级的多样性曲线，并得出结论：化石记录所反映的生物多样性受时间依赖性偏差（time-dependent biases）的影响，地质时代距现在越近，化石越易于保存，地质时代偏差在科、属、种等较低层级的分类单元以及和更新地层化石生物中越为显著，并进而推断，古生代之后科、属、种水平的多样性增加可能是不同地质时代化石保存潜力不同，由此造成了化石保存偏差，未来开展生物多样性研究应主要集中于偏差的定量评估方面，以便能够得到更准确的生物多样性演变模式。

Raup 和 Sepkoski（1982）构建了一个更加全面且细致的科级海生动物数据库，该数据库包含海生脊椎动物、无脊椎动物和原生生物的主要门类近 3300 个科。基于海生生物的科级数据多样性曲线分析表明，显生宙时期五次生物大灭绝事件能被识别出来，其分别发生在晚奥陶世、晚泥盆世、晚二叠世、晚三叠世和晚白垩世。Raup 和 Sepkoski（1982）在该项研究也中恢复了显生宙海洋生物科级水平的平均灭绝速率，其目的是将集群灭绝事件率与背景灭绝率进行比较，为集群灭绝提供统计的依据，对显生宙时期生物灭绝率的研究结果表明，晚奥陶世、晚二叠世、晚三叠世和晚白垩世四次大灭绝事件均能够显著地从背景灭绝中识别出来，晚泥盆世灭绝事件在统计学上不显著并不属于大灭绝事件。显生宙海生无脊椎动物的灭绝率总体呈现下降的趋势。

5.1.2 从数据中发现模式

生物多样性研究第二阶段的起始标志是 Sepkoski 等的研究工作，并没有明确的结束时间节点。该阶段对多样性的研究往往是基于海量的数据，通过对大数据的分析寻找其中的多样性演变模式。Sepkoski 及其同事通过汇交大量文献中的化石记录，构建了显生宙海洋生物科级和属级数据库，首次提出显生宙五次生物大灭绝事件和三大演化动物群（图 5.2），该理论模型搭建了生物多样性演变的框架，深刻影响着随后的古生物学研究，奠定了人们对于地质历史时期生命宏演化模式的认识格局，进而成为古生物学中定量化研究与数据驱动范式的先驱与模范。随后的研究中基于大数据和定量分析的工作变得越发多见（Alroy et al., 2001; Silvestro et al., 2014b），多样性的研究越来越细化，时间分辨率也越来越高。这些研究工作促进了古生物学与地层学领域的数据库发展与完善，特别是近年来基于古生物学数据库（PBDB）和地质生物多样性数据库（GBDB）进行的海量化石数据的分析逐渐成为前沿，其得出的结论相较于 Sepkoski 等的工作更加详细，将生物多样性研究推入新的研究阶段，对生物宏演化研究也提出了新问题和挑战。

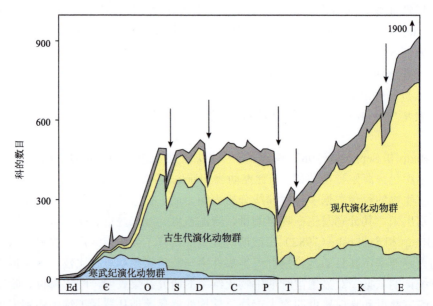

图 5.2　对古生物学界产生重大影响的显生宙海洋无脊椎动物科级多样性变化模型

Ed：埃迪卡拉纪；Є：寒武纪；O：奥陶纪；S：志留纪；D：泥盆纪；C：石炭纪；P：二叠纪；T：三叠纪；
J：侏罗纪；K：白垩纪；E：古近纪（制图参照 Sepkoski，1984）

Sepkoski（1978，1979，1981，1984）在对显生宙海洋生物多样性研究中，开创性地提出了动物群转化和生物绝灭事件的基本框架，首次识别了地质历史时期的五次生物大灭绝事件（图 5.2，箭头指示）和三大演化动物群（图 5.2），构建了当时较为完善的显生宙海洋生物科和属级数据库，并在之后的工作中不断地根据新的资料对该数据库进行完善。Sepkoski（1984）通过对数据库的分析，提出显生宙海洋生物的三个演化动物群（evolutionary fauna）：①以三叶虫为主导的寒武纪动物群（Cambrian fauna）（图 5.2，蓝色区域），该动物群在寒武纪早期迅速辐射并扩张，并占据整个寒武纪时期；②以腕足类为主导的古生代动物群（Paleozoic fauna）（图 5.2，浅绿色区域），该动物群在奥陶纪生物大辐射时期逐渐占据主导地位，生物多样性显著增加，其主导地位一直持续到古生代结束才被新的动物群所替代；③以软体动物为主导的中生代—新生代动物群（Mesozoic-Cenozoic fauna），也被称为现代动物群（Modern fauna）（图 5.2，黄色区域），该动物群在古生代时期增长较为缓慢，在晚二叠世生物灭绝事件之后迅速上升，占据主导地位并且其生物多样性在新近纪达到显生宙的最大值。新生代动物群物种多样性的增加与之前占据主导地位的动物群物种多样性的近指数级别下降同时发生，这显示出，先前的动物群可能被后继的动物群所取代（Sepkoski，1981，1984）。

显生宙的生物多样性变化总体可划分为三个大的演化阶段，即埃迪卡拉纪—寒武纪、寒武纪之后的古生代和中生代—新生代，这样划分出的这三个主要阶段与三个演化动物群相契合。Sepkoski 等在研究生物多样性变化时将定量分析的方法引入多样性的评估中，这对研究生物多样性的变化、演化动物群之间的转换和生物绝灭时间起到了极大的辅助作用。对于保存较差的数据，Sepkoski（1984）在分析过程中也予以考虑（图 5.2，灰色区域），在物种丰度定量化方面提出了逻辑方程（logistic equation），并在之后的相关研究中不断完善定量分析方法，使其更合适于对物种多样性的分析。

Sepkoski 等（1996，1997）在之前的工作基础上对数据进行了必要的更新与完善，对之前关注的新生率、灭绝率等问题进行了更加详细的研究。根据新的数据库重建了属级灭绝率，其结果显示与科级灭绝率基本相似，新生率的重建同样表明，在显生宙时期属级的新生率呈现持续下降的趋势，但在晚二叠世大灭绝之后，新生率出现了一次短暂的反弹。值得注意的是，Sepkoski 等在提出了显生宙海洋生物五次大灭绝事件和三大演化动物群的框架之后，其研究基本使用相同的数据库，之后的研究大部分都是对之前所提出框架的补充。

自 Sepkoski 等建立科和属级数据库之后，大部分关于海洋无脊椎生物多样性的研究工作都基于该数据库，其他生物，如海洋脊椎动物、陆地生物等的研究工作开展得极少，也并未引起关注。Benton（1995）注意到研究的不平衡等问题之后，使用新的数据库对显生宙的所有生物的多样性进行了研究，拓宽了我们对多样性研究的范围，即从海生生物到陆地生物，到所有生物的多样性变化研究。该数据库依据 *The Fossil Record* 中的大量数据，包含微生物、藻类、真菌、原生生物、植物和动物共计 7186 个科的化石记录。其根据所有生物的多样性曲线识别了显生宙时期 9 次主要的灭绝事件。

Alroy 等（2008）基于古生物学数据库（PBDB），使用来自 5384 条文献中的 18702 个属的 284816 条化石记录数据，重建了显生宙海洋无脊椎动物的属级多样性曲线，并与 Sepkoski 重建的多样性曲线进行了比较。其研究将显生宙分为 48 个时间间隔，平均时间精度为 1100 万年。从 Alroy 等新绘制的多样性曲线中得出了较多的新结论，在多样性曲线中记录了大量的物种多样性波动事件，推测可能与进化革新、古地理变化、全球气候变化等因素有关。另外，Alroy 的研究也表明，某一地区的多样性变化与全球多样性变化并不是耦合的，其可能由环境或者地理区域之间的差异造成。在研究物种多样性的指数级增长时，Alroy 等探究了什么样的机制导致物种多样性的饱和，并从生态系统营养级角度给出了推测。Alroy 等对于多样性变化机制的探讨、环境变化与多样性变化的耦合关系的讨论，为之后研究多样性曲线变化开拓了思路，即除了关注生物多样性变化之外，还应聚焦于多样性变化机制的探讨。

5.1.3 精度与广度的全面拓展

随着对生物多样性的研究工作越发深入，如今的研究工作主要基于海量数据和高性能运算，在地质时间上实现了更高的分辨率在古生物类群范围上实现了更广阔的空间跨度，相关的研究也显著超越了个人脑力推演与经验模型。

通过生物多样性研究和发展可见，从 1860 年第一条显生宙生物多样性变化曲线至今，大量有关生物多样性的研究基本聚焦于较长的地质时间尺度，或是关注特定时间段的生物多样性研究。在先前的大量研究中，海洋生物和陆地生物的多样性研究极不平衡，海洋生物多样性在研究程度和精度方面，明显高于陆地生物多样性研究。其中的原因，一方面可能是陆地生物在分布与产出记录等方面具有一定的局限性，相较于海洋生物，陆地生物化石的产出地层分辨率较差，且较难开展大区域的地层对比，更难于开展定量地层学或其他提高精度与分辨率方面的研究工作；另一方面，开展多样性的研究高度依赖数据库与数据的质量，但目前学界所普遍使用的数据库中，陆地生物化石数据无论是数量上还是质量上相较于海洋生物都还有很大的差距。依赖个人自建的专业数据库可能在数据可靠性方面更高，但数据量无法与专业数据库比较，很难形成对整个地史时期的生物宏演化认识。随着专业数据库中陆地生物的数据量不断丰富，如地质生物多样性数据库

（GBDB）近年来就收录了丰富的陆地生物（植物、昆虫等）化石记录（Xu et al.，2020），为开展陆地生物多样性和宏演化的研究奠定了数据方面的基础。

近年来，基于大数据分析逐渐成为生物多样性研究的热点，利用高性能运算的方法对庞大数据进行分析的工作不断涌现，影响并改变了对古生物多样性的研究与认识。

Fan 等（2020）基于 GBDB，尤其是华南寒武纪到三叠纪地质时期的古生物与地层记录数据，重建了海洋无脊椎动物从寒武纪至三叠纪早期高分辨率的多样性变化曲线，其分析的数据集包含 3112 个地层剖面的 11268 个海洋生物化石物种，近 26 万条化石记录数据，运用约束最优化法（CONOP），通过超级计算机进行运算，得到了生物多样性曲线。该研究中，时间分辨率的显著提高，如 Alroy 等（2008）的生物多样性时间分辨率为 1100 万年，Fan 等（2020）将 538.85~244.41 Ma 的地质时期分为 11326 个离散的时间段，平均时间分辨率达到（26±14.9）ka，较前人的研究在时间分辨率上提升了约 400 倍。

Cuthill 等（2020）基于 PBDB 中 171231 个物种的 1273254 条化石产出记录数据，这些数据的时间与空间范围达到了极大化，为整个显生宙全球化石生物，利用机器学习对显生宙时期的辐射与灭绝事件进行了网络分析研究，结果表明，在显生宙时期除了前人已经识别出的五次生物大灭绝事件之外，还发生了 7 次额外的大灭绝事件、2 次大灭绝-辐射联合事件，以及 15 次大辐射事件，而且研究还发现，大灭绝事件与大辐射事件在时间上不具有耦合性，两者并不存在直接的因果关系，这有别于此前人们长期秉持的大灭绝事件与大辐射事件存在关联的观点。通过对生物辐射事件的进一步研究发现，生物大辐射可能对当时的生态系统造成重大影响，产生了"破坏性的创造"（destructive creation），对显生宙时期物种转换速率的研究还表明，在某一时期构成生态系统的物种在之后的近 1900 万年时间内几乎全部灭绝，当发生大灭绝或大辐射事件时，其转换速率会加快。

陆地生物多样性的研究也得到了更多关注。该类研究主要集中于陆生生物中的植物、脊椎动物和昆虫等类群。例如，Niklas 等（1983）对所有陆地生物的主要类群多样性进行了研究，奠定了我们对植物演化阶段的基本认识，其研究结果一直沿用至今。种级层面的分析揭示了维管植物多样性变化的四个阶段：①志留纪—泥盆纪中期，维管植物以形态简单早期陆生植物为主；②泥盆纪晚期—石炭纪，植物以石松类为主；③晚古生代—中生代，裸子植物占据主导，该时期其实肇始于晚泥盆世，以种子植物出现为标志，随后，种子植物在晚古生代发生辐射，到中生代时期成为优势植物；④白垩纪—第四纪，以有花植物（被子植物）的辐射为主。

Labandeira 和 Sepkoski （1993） 对昆虫的多样性研究做了非常经典的工作，

他们分析了 1263 个昆虫科的数据后发现,显生宙时期昆虫化石的多样性超过了四足脊椎动物,现生昆虫的高多样性是昆虫这个类群的低灭绝率所造成的,昆虫的大辐射始于被子植物占主导的 1 亿年前,种子植物（裸子植物和被子植物）的辐射为昆虫的演化提供了舞台。

其他类似的研究工作还有很多,都是基于大数据的定量分析,开展对多样性演化规律和特定时段多样性变化的探讨,如 Condamine 等（2021）和 Jouault 等（2022）基于 PBDB 中的恐龙数据和昆虫数据,聚焦于晚白垩世大灭绝和晚二叠世大灭绝中新生率和灭绝率的研究,更新了大灭绝时期不同门类对灭绝事件响应的认识。

5.2　生物多样性研究的基本方法与案例

大数据时代的古生物多样性研究早已不再满足于生物分类群的计数,而是要充分考虑古生物学化石记录的多种特殊属性,尽可能避免各种统计或其他方面的偏差与误差,提高多样性分析结果的可信度。笔者在此对生物多样性研究中两种基本而且非常重要的方法进行介绍,并给出相应的案例。

古生物学多样性对比的研究样本通常受限,而且大小不一。直接对原始数据进行比较不会获得令人信服的分析结果,从统计学上来说其结果也是不准确的。稀疏标准化方法使两样本在大小不同的情况下进行多样性对比,非常适用于古生物学多样性研究。

贝叶斯原理是概率统计中应用已观察到的现象对先验概率进行修正的标准方法。古生物学数据常常有大量先验知识背景,贝叶斯原理已经成为非常适用于古生物学多样型研究的基本方法。运用贝叶斯方法计算物种的新生率和灭绝率可以获得令人信服的结果。

5.2.1　稀疏标准化

稀疏标准化方法由 Sanders（1968）首次提出,并应用于海洋底栖生物多样性研究中。Raup（1975）在前人工作的基础上,对稀疏标准化方法进行了改进,并应用于古生物多样性研究之中。Tipper（1979）讨论了稀疏标准化方法的使用等问题,并提出使用稀疏标准化方法进行比较的四个条件,所针对的都是需要开展比较与分析的化石类群：①化石生物类型必须接近或相同；②化石需要采用标准化的采样与分析方法；③化石生物具有相似的生态环境；④化石丰富度最大值不能超过最小样品容量（参见沈树忠等,2004；黄冰,2012）。同时需要注意的是,在运用稀疏标准化方法进行生物多样性比较时,稀疏标准化方法分为基于个体

（individual-based）和基于样本的（sample-based）稀疏化，古生物化石适用于基于个体的稀疏化，对于部分化石门类，如群体珊瑚、苔藓虫等，群体或群居型化石生物不能运用该方法进行比较。

运用稀疏标准化方法计算生物多样性时，常会遇到稀疏化曲线相交的问题（Raup, 1975; Huang et al., 2014）。相交的稀疏化曲线不能对多样性进行比较，稀疏化曲线外插值的方法能很好地解决曲线相交的问题。稀疏化标准方法计算公式如下：

$$E\left(S_m\right)=\sum_{i=1}^{S}\left[1-\binom{N-N_i}{m}\bigg/\binom{N}{m}\right]$$

稀疏标准化样方物种数目与预期值的方差计算公式如下：

$$
\begin{aligned}
\mathrm{Var}\left(S_m\right)=&\sum_{i=1}^{S}\left\{\left[\binom{N-N_i}{m}\bigg/\binom{N}{m}\right]\right.\\
&\left.\cdot\left[1-\binom{N-N_i}{m}\bigg/\binom{N}{m}\right]\right\}\\
&+2\sum_{j=2}^{S}\sum_{i=1}^{j-1}\left\{\binom{N-N_i-N_j}{m}\bigg/\binom{N}{m}\right.\\
&\left.-\left[\binom{N-N_i}{m}\binom{N-N_j}{m}\right]\bigg/\right.\\
&\left.\cdot\left[\binom{N}{m}\binom{N}{m}\right]\right\}
\end{aligned}
$$

式中，E（S）为稀疏标准化样方物种数目的预期值；Var（S）为 E（S）的方差；m 为稀疏标准化的样方大小；N 为稀疏标准化的样方中记录的个体总数；N_i 为稀疏标准化的样方中第 i 个物种的个体数目。

泥盆纪是植物起源与分异的关键时期，化石的多样性变化对我们了解泥盆纪植物的幕式演化、不同类群之间的演替关系等均具有重要意义。但受限于植物化石的时限过于宽泛等问题，很难对植物化石多样性曲线的精度进行提高，这限制了我们进一步了解植物多样性变化的诸多细节。以泥盆纪艾菲尔（Eifelian）期前裸子植物化石产出记录数据为例，该地质时期共有 7 种前裸子植物，它们共有 10 次化石产出记录（表 5.1）。对这些泥盆纪研究程度较高的前裸子植物化石记录进行稀疏标准化方法处理，重建泥盆纪前裸子植物的多样性变化，作为示例展示稀疏标准化方法的基本流程。

表 5.1 泥盆纪 7 种前裸子植物的 10 次化石产出记录数据

项目	物种 1	物种 2	物种 3	物种 4	物种 5	物种 6	物种 7
化石产出记录	2	1	1	3	1	1	1

使用稀疏标准化方法对物种多样性进行评估时存在不同的结果。当个体数/标本数为 $N1$ 时，物种数 $N1a > N1b$；当个体数/标本数为 $N2$ 时，曲线 a、b 所示的物种数相等；当个体数/标本数为 $N3$ 时，物种数 $N3b > N3a$。在个体数/标本数为 $N1$ 时，曲线 a 的物种多样性高，在个体数/标本数为 $N2$ 时，曲线 b 的物种多样性增高，这造成了相交曲线，难以比较物种多样性的情况，这种曲线相交的情况在稀疏化过程中较为常见（图 5.3）。这时就需要使用外推法，将个体数/标本数外推至曲线不相交之后再进行比较，即稀疏化曲线横轴更偏向右侧的部分。

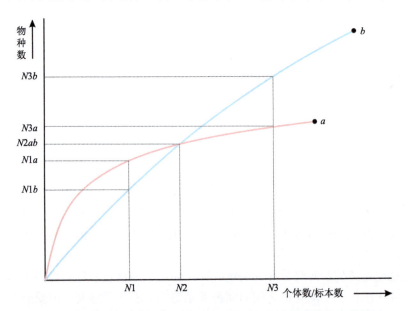

图 5.3 使用稀疏标准化方法对物种多样性进行评估时曲线相交的情况

稀疏标准化的计算方法得到了广泛的研究与关注，已有多种软件可以辅助开展多样性计算，显著提升了研究的便捷性，如 EstimateS 软件能够提供基于个体和样本的多样性计算，并能根据需要设置外推值进行外推计算。Chao 等（2014）对物种的稀疏化和外推（extrapolation）方法进行了大量的研究，并提供了网页版软件 iNEXT. 3D（https://chao.shinyapps.io/iNEXTOnline/），以及开发完成的 R 程序包"iNEXT"，这些都可用于开展物种多样性的计算。该工具支持两种数据类型，分别是基于个体的丰度数据（individual-based abundance data），以及基于采样单元的发生率数据（sampling-unit-based incidence data）。采样单元的发生率数据可分为原始数据和频率数据。古生物学生物多样研究所使用的数据为基于个体丰度的数据类型。Chao 等（2014）在计算物种多样性估算值（estimate）时采用不同的估量（estimators）进行计算，常用的多样性计算估量是 Chao1 和 Chao bc。在输出数据中，多样性的计算有三种方法，分别是稀疏化、实际观测，以及外推法（表 5.2），其中，置信区间的数值为自助采样法计算重复采样 50 次之后的数据值。置信区间和采样次数均能根据需要进行调节。

表 5.2　采用不同方法进行多样性估算所获得的数据结果对比表

个体数	方法	Chao1	95%置信区间下限	95%置信区间上限
1	稀疏化	1	1	1
2	稀疏化	1.911111	1.763686341	2.058535881
3	稀疏化	2.741667	2.369458652	3.113874682
4	稀疏化	3.5	2.8625064	4.1374936
5	稀疏化	4.194444	3.270107582	5.118781307
6	稀疏化	4.833333	3.610336846	6.05632982
7	稀疏化	5.425	3.896573646	6.953426354
8	稀疏化	5.977778	4.139638464	7.815917091
9	稀疏化	6.5	4.348724143	8.651275857
10	实际观测	7	4.531800159	9.468199841
11	外推法	7.478723	4.684823201	10.27262361
36	外推法	14.6181	4.296422162	24.93978299
62	外推法	17.0775	2.378157332	31.77683309
88	外推法	17.87147	1.000447054	34.74250101
113	外推法	18.12237	0.208049945	36.03668459
139	外推法	18.2088	0	36.66745689
165	外推法	18.2367	0	36.96483291
191	外推法	18.24571	0	37.10751774
216	外推法	18.24855	0	37.17502881
242	外推法	18.24953	0	37.21001575
268	外推法	18.24985	0	37.22730771
294	外推法	18.24995	0	37.23590019
319	外推法	18.24998	0	37.24007159
345	外推法	18.24999	0	37.24227544
371	外推法	18.25	0	37.24338147

个体数	方法	Chao1	95%置信区间下限	95%置信区间上限
397	外推法	18.25	0	37.24393782
422	外推法	18.25	0	37.24421062
448	外推法	18.25	0	37.24435598
474	外推法	18.25	0	37.24442952
500	外推法	18.25	0	37.24446677

在物种丰富度较大的类群中，很多物种丰度信息被隐藏在数据中，在统计学意义上不可能获得对物种丰富度的良好估计，精确的物种丰富度的下限往往比不精确的点的物种丰富度的估计更有意义。Chao1 估量便为计算物种丰富度下限，其计算方法如下：

$$\hat{S}_{\text{Chao1}} \approx \begin{cases} S_{\text{obs}} + \left[(n-1)/n\right]\left[f_1^2/(2f_2)\right], & \text{if } f_2 > 0 \\ S_{\text{obs}} + \left[(n-1)/n\right]f_1(f_1-1)/2, & \text{if } f_2 = 0 \end{cases}$$

$$\approx \begin{cases} S_{\text{obs}} + f_1^2/(2f_2), & \text{if } f_2 > 0 \\ S_{\text{obs}} + f_1(f_1-1)/2, & \text{if } f_2 = 0 \end{cases}$$

式中，S_{obs} 为样本中能够观测到的分类单元数量；n 为样本中能够观察到的个体数量（样本量）；f_1 为样本中个体只有 1 个的物种数；f_2 为样本中个体有 2 个的物种数。

在本次计算中的外推法使用了广为接受的多项式模型（Colwell et al., 2012），其计算公式如下：

$$S_{\text{ind}}\left(n+m^*\right) = S_{\text{obs}} + \sum_{i=1}^{s}\left[1-\left(1-p_i\right)^{m^*}\right]\left(1-p_i\right)^n$$

式中，S_{ind}（$n+m^*$）为（$n+m^*$）个个体中期望的物种数量；S_{obs} 为样本中能够观测到的分类单元数量；p_i 为样本中每个物种的真实记录的个体数量。

本章的研究案例中，将泥盆纪前裸子植物化石记录数据导入 iNEXT 网页版软件中计算生物多样性。通过多项式模型的外推计算，将较小的样本数量外推至任意数量，来检验样品取样是否充分。在选择外推值时应根据样品的实际情况进行选择，不存在一个特定的外推值适用于所有的研究。在泥盆纪植物的数据中，当个体数量达到 200 时，其多样性曲线已经接近平滑，即物种多样性的增长随个体数量的增加不再明显上升，这表明在个体数量到达 200 时，取样已较为充分（图 5.4）。将个体数量外推至 500 后，对所有的泥盆纪前裸子植物多样性数据运用稀疏标准化方法处理之后，就获得了多样性变化曲线（图 5.5），数据结果中的阴影部分和竖线表示每个数据结果的 95%置信区间。

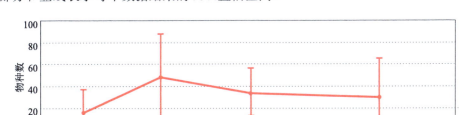

图 5.4　根据稀疏化方法计算的泥盆纪不同时期前裸子植物的多样性变化曲线（外推值个体数为 200）

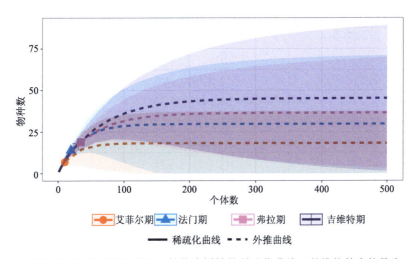

图 5.5　泥盆纪不同地质时期前裸子植物多样性的稀疏化曲线（外推值的个体数为 500）

5.2.2　贝叶斯法则

　　贝叶斯法则（Bayesian Law）是统计学中的一个基本工具，其原理也广为熟知。通俗来说就是，当不能准确了解事物或对象的本质时，可以依靠与事物特定本质相关事件出现的多少去判断其本质属性的概率。用数学语言表达就是，支持某项属性的事件发生概率越大，则该属性成立的概率就越大。贝叶斯法则又被称为贝叶斯定理，有时候也被称为贝叶斯方法，是概率统计中应用已观察到的现象对有关概率分布的主观判断（先验概率）进行修正的标准方法。近年来，贝叶斯原理已经广泛用于古生物学生物多样型的研究之中，运用贝叶斯方法计算物种的新生率和灭绝率，也为理解不同生物门类对环境的响应提供了崭新的视角。

物种的新生率（speciation rate）和灭绝率（extinction rate）估算是研究生物宏演化的重要组成部分，可为理解生物多样性变化提供量化参照。传统的计算物种的新生率和灭绝率的研究中，往往受制于化石记录数据的局限性，如①计算的时间间隔是离散的；②仅分析一个分类单元的化石记录延限，未将其他情况纳入计算中；③缺乏对过度参数化的数据进行测试；④进行分析的过程中不予考虑现生物种。基于贝叶斯法则可以实现用不完整的化石数据计算物种的新生率和灭绝率，甚至有学者开发了专门的程序辅助实现相关的功能。Silvestro 等（2014a，2014b）所开发并持续完善的 PyRate 程序已运用于对植物、恐龙、昆虫等不同化石门类新生率和灭绝率的计算（Silvestro et al., 2018; Condamine et al., 2021; Flannery-Sutherland et al., 2022; Jouault et al., 2022）。

在使用 PyRate 程序进行计算时，假设有一组 N 个物种，其定量性状的相应值使用以下向量表示：

$$B = [b_1, \cdots, b_N]$$

在给定的物种基础上对新生率进行建模，其转换公式如下：

$$\lambda(b_i) = \exp\left[\log(\lambda_0) + \alpha_\lambda \log(b_i)\right]$$

灭绝率也可用上述的公式进行转换，在具体计算过程中假设 s 和 e 代表在物种保存过程中的新生和灭绝时间，则不同谱系可能的新生-灭绝率的变化计算公式如下：

$$P\left(s, e, \beta \mid \lambda, \mu, \alpha_\lambda, \alpha_\mu\right) = \prod_i^N \left[\lambda(b_i) \mu(b_i) e^{-\left[\lambda(b_i) + \mu(b_i)\right](s_i - e_i)} \right]$$

式中，λ_0 为基准新生率（baseline speciation rate）；α_λ 为估计的相关参数；α_μ 为估计的相关参数；$\alpha > 0$ 表示正相关，$\alpha < 0$ 表示负相关，$\alpha = 0$ 表示新生-灭绝率与性状值为非共变性；e 为自然常数；log 指自然对数（由于计算机语言中 log 直接表示自然对数，故此处未表示出底数 e，本书适用）；s 和 e 分别为物种保存过程中的新生和灭绝时间，地质历史时期使用的时间单位是"距今百万年"，公式中分别使用向量：$s = s_1, \cdots, s_N$（新生时间），$e = e_1, \cdots, e_N$（灭绝时间），如果物种 i 起源于时间 s_i，灭绝于时间 e_i，那么 $s_i > e_i$。

上述计算中的贝叶斯框架使用马尔可夫链蒙特卡罗算法（Markov Chain Monte Carlo，MCMC）实现，新生-灭绝马尔可夫链蒙特卡罗算法（birth-death Markov Chain Monte Carlo，BDMCMC）用于估算模型参数的数量，即速率变化的数量和物种的成种/灭绝速率。整个运算过程可在 Python 3 环境下运行，BDMCMC 输出数据可用于绘制成种和灭绝速率变化曲线。

Silvestro 等（2014a, 2014b）利用 PyRate 程序分析研究了新近纪—第四纪熊类的多样性变化,识别了它们的新生率、灭绝率和净变化率动态变化规律(图 5.6),该结果中,中间实线表示该变化率的平均值,阴影部分表示 95%的置信区间。分析过程使用的完整数据包括 965 条化石记录,75 个物种(其中 69 个为已灭绝物种),数据来源为 PBDB 和化石哺乳动物数据库(The NOW(New and Old Worlds)fossil mammal database,NOW database),数据截止日期为 2013 年 10 月 13 日。数据类型为化石记录型数据,包含四列数据:①种名或属名;②分类群状态现存或灭绝(extant/extinct);③该物种时间跨度的最小年龄(MinT)和最大年龄(MaxT),即该物种的化石标本所在阶或者层位的地质年代数值的上、下限;④特征(trait),用于辅助或限定开展新生-灭绝分析(birth-death analysis)。该完整数据集的示例子集参见表 5.3。

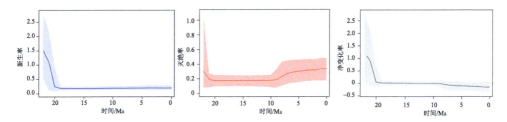

图 5.6 运用 PyRate 软件计算获得的第四纪熊类生物多样性新生率、灭绝率和净变化率(制图参照 Silvestro et al., 2014a, 2014b)

表 5.3 使用 PyRate 方法的数据示例表[Silvestro 等(2014a, 2014b)文章中示例数据的子集]

种名	状态	最小年龄/岁	最大年龄/岁	特征
伊特鲁尼亚古熊(*Ursus etruscus*)	灭绝	1.95	2.6	90
伊特鲁尼亚古熊(*Ursus etruscus*)	灭绝	1.2	1.8	90
伊特鲁尼亚古熊(*Ursus etruscus*)	灭绝	2.6	3.4	90
非洲郊熊(*Agriotherium africanum*)	灭绝	3.6	5.3	NA
古大熊猫(*Ailuropoda melanoleuca*)	灭绝	0.6	1.3	118
短吻祖熊(*Ursavus brevirhinus*)	灭绝	8.2	9	80
短吻祖熊(*Ursavus brevirhinus*)	灭绝	11.2	15.2	80

5.3 形态多样性和形态空间

地质历史时期的物种多样性研究尽管为我们展示了生物多样性的演变规律,但其也具有一定的局限性。这也是古生物学以地层中的化石记录为研究对象所决定的。对于生物宏演化的研究与认识，不仅要研究物种多样性，还要开展形态多样性和形态空间分析。

地层中所保存的化石是不完整的，化石物种的建立只能依靠不完善的形态学信息，化石物种的划分也存有争议和主观性。因此，基于化石记录中的物种多样性变化不能全面反映生物的形态学演变。例如，假定有两个代表相同地质时期的化石产地，第一个产地的化石生物组合包含 1 个脊椎动物物种、2 个节肢动物物种和 2 个植物物种；第二个产地包含 5 个节肢动物物种。此时，两个产地的化石生物多样性都是 5 个物种，但它们所拥有的形态学特征差别极大，可能分别代表陆地和海洋的不同生物生存环境。

与物种多样性相比，形态多样性可以更好地解决这些问题：将每一个生物个体描述为形态学特征及其组合，可以破除生物分类学的壁垒，更直接地探究生物的形态特征演化史。此外，地质历史时期的生态多样性很难评估，物种多样性能够揭示的信息有限。以形态学研究为基础，结合形态功能学分析，还可以推断生物不同的行为和生存能力，进而重建其古生态。化石的形态多样性研究可以为探索生物演化、重建生态系统的形成过程和探究其驱动因素提供全新的信息，近年来已逐渐成为古生物学研究的热点。

生物学中的形态学多样性（简称形态多样性）分析往往依托生物学形态空间而建立。形态空间指代表或描绘生物样本 N 个形态特征的 N 维空间，生物样本可以是生物个体、物种或者更高层级的分类单元，这个 N 维空间中不同的点代表了生物样本不同的形态特征（Henderson, 2013）。值得注意的是，由于生物系统的特殊性，基于生物形态所构建的形态空间往往并不是非欧几里得空间，可能是不可度量的。为了更好地描述形态空间，19 世纪 40 年代，形态学特征曾被引入适应性景观（adaptive landscape）中（Budd, 2021）。直到 19 世纪 60~70 年代，Raup 和 Michelson（1965）建立了螺旋类贝壳的形态空间分布，才提出了生物学形态空间的具体概念。

到了 21 世纪，随着形态学度量方法的发展，各种类型的形态学数据库愈加丰富，形态空间分析方法也日趋成熟，为形态学研究提供了方法学基础。形态空间分析在深时尺度上的重要性和影响力也越发凸显：通过形态空间分析，可以全面探索不同古生物门类的形态学宏演化。结合形态多样性及形态空间演化相关的环境与气候变化方面的地质事件，可以进一步探索地球生物与环境背景之间的关系，甚至为生物演化路径作出判断。

5.3.1 形态学数据

进行形态空间的构建和进一步的分析，最基础的是要获取形态学数据。一般来讲，可进行形态空间分析的形态学数据包括如下几种类型（图 5.7）。

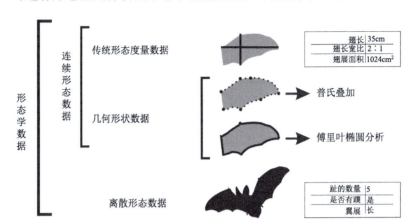

图 5.7　不同类型的形态学数据示意（制图参照 Guillerme et al., 2020a）

（1）传统的形态度量数据：对生物的形态学进行定量测度获得各项数据，如生物器官的长度、宽度、面积，以及两个线性特征之间的角度等。值得注意的是，为了更好地进行比较，也为了数据的拓展与普遍性，通常会将绝对的数值转换为相对的、无量纲的比例值，如头长与体长之比。

（2）几何形状数据：通常是二维或者三维的坐标点形式，包括界点（landmark）和半界点（semi-landmark）数据。界点的选取需遵循同源性、全面性、相对位置一致性和可重复性等原则，通常选取生物体的连接点、交叉点或端点等重要的解剖学位置。半界点的选取是通过软件完成的，如 tpsDig 软件（Rohlf, 2001），相关软件可以自动识别出一系列非同源性的点，其通常是生物体或其某一部位的外形或轮廓。

（3）离散形态数据：通常是性状特征矩阵的形式，一个性状特征可以有几种不同的状态，这些状态是有序或无序的。目前大多数基于离散形态学特征开展的形态空间分析中，都以用于系统发育的形态特征矩阵为基础（Gould 1991; Ruta and Wills, 2016; Zhao et al., 2021）；但是用于系统发育的形态特征矩阵具有较强的系统发育偏差，在进行形态空间分析之前一定要进行不同程度的重新调整，常见调整包括特征的删减、合并以及增补等。

其他形态学数据还包括基于模型的形态学数据：其基本原理是对生物样本的形态进行数学模拟，通过尽可能少的参数来代表生物样本的形态或者生长发育过程。这些参数描述了特定模型下的不同性状或形态特征，如 Raup（1966）重建的螺旋类贝壳模型就是基于对数螺旋的几何学模拟。

在进行形态空间分析时，不同类型的形态学数据往往各有优劣，在具体研究中需要根据生物样本本身的特性和需要解决的具体问题选取适合的数据类型（Hopkins and Gerber, 2017）。传统形态度量数据和几何形状数据都属于连续的形态学数据，相比于离散的形态学特征数据，其在描述形态学信息时，可以排除主观因素，使数据更加定量化。但是其对样本的完整性要求较高，对于化石类群来讲，往往会使本就不大的数据量进一步缩小，当涉及的生物样本形态学差异极大时，往往很难选取同源的界点进行比较。离散形态学特征数据虽然在描述形态学特征时精度较低，且很难完全排除主观性的干扰，但其相对于连续形态学数据，可以包含一些缺失或者无法描述的特征，在描述形态学差异极大的类群时就能体现出优势（图 5.7）。例如，腹足动物和昆虫就是两类形态学差异极大的两个类群，前者不具有翅膀，后者不具有硬质的外壳。

5.3.2 构建形态空间

基于传统形态度量数据所构建的生物形态空间属于欧几里得空间（Euclidean space），是可以直接度量的矢量空间，两点间距离具有如下特性：

D（x, y）$\geqslant 0$ （只有当 $y = x$ 时等号成立）

D（x, y）$= D$（y, x）

D（x, y）$+ D$（y, z）$\geqslant D$（x, z）

式中，x、y、z 分别为空间中不同的点；D（x，y）为 x、y 两个点的距离。

在生物的形态空间中，点代表生物样本的形态特征，两点间的距离代表两个样本之间形态学的差异。

基于几何形状数据构建的形状空间称为肯德尔形状空间（Kendall's shape space），肯德尔形状空间的构建流程如下。

（1）获取生物样本的界点数据或者半界点数据；

（2）形状坐标的对齐与叠印：得到生物样本的坐标点之后，需要对其进行平移、缩放和旋转，在此基础上才可以衡量不同形状的差异，具体方法主要有布氏形状坐标法（Bookstein shape coordinates，BSC）、广义普氏分析法（generalized Procrustes analysis，GPA）、广义耐受适应法（generalized resistant fit，GRF）、重复中值抗拟合叠加方法（resistant-fit superimposition methods，RFTRA）和傅里叶椭圆分析方法等（elliptical Fourier descriptor analysis，EFD）（Zelditch et al., 2012；葛德燕等，2012；朱国平和刘芳沁，2022）；

（3）形状坐标的比较：在上述基础上通过不同的分析方法，对样本的形状进行比较，并计算生物样本的形态歧异度。

基于离散形态数据构建的形态空间是较为抽象的高维空间，其有别于矢量空间，如欧几里得空间和肯德尔形状空间。相关的形态空间分析已经比较成熟，主要分析步骤已经流程化（Lloyd，2016），甚至也有学者专门开发了软件工具包，如 R 语言的工具包"Claddis"（Lloyd，2016）。

形态空间具有不同的特性描述和指标。

形态空间的位置：位置指的是生物组合的形态空间在空间中的位置。不同的位置代表不同的形态学特征及组合，而生物的形态学和功能性往往与之密切相关，因此也常常被用于生态学的研究之中，如质心距离（centroid distance）和最短距离（minimum distance）（Mammola，2019）。

形态空间的体积：体积指的是生物组合的形态空间在整个空间中所占据的范围大小。更大的体积一般来讲意味着生物组合具有更多的形态学特征及组合。在古生物学的研究工作中，形态空间的体积是比较常用的度量指标，不同的研究中采用的具体指标也不同，如超体积（hypervolume）（Blonder，2018）、方差之和（sum of variances）和方差之积（product of variances）、范围之和（sum of ranges）和范围之积（product of ranges）等指标（Wills，2001）。

形态空间的密度：密度指的是一定的形态空间中所包含的样本数量（生物组合的最基本单元，可以是种、属等生物的分类单位）。一般来讲，对于密度相同的两个生物组合（形态空间中的样本均匀分布时），二者之间可能具有类似的演化机制，并且体积更大的生物组合的演化时间更长。值得注意的是，取样对密度的影响较大。与体积相比，密度这一度量指标不太常用，如平均成对距离（the average pairwise distance）（Harmon et al.，2008）。

形态空间的结构：在古生物学的形态空间分析中，表征形态空间的位置、体积和密度等特性的指标应用广泛。密度可以反映一个生物组合的形态空间内部个体间的疏密程度，但是内部的分布往往是不均匀的，因此并不能反映样本的具体分布位置等信息。例如，两个生物组合具有相同的样本数，占据同等大小的形态空间，因此两个形态空间也具有相同的密度。但是如果第一个组合的形态空间内样本均匀分布，而第二个组合的形态空间内 90%的样本都集中分布在一个小区域内部，则二者的形态空间明显是不同的。目前，对生物形态空间结构的研究还比较有限（Hopkins and Gerber，2017）。

生物形态多样性的研究往往依托形态空间分析展开，目的是衡量生物样本及其组合的形态学多样性及其彼此差异。形态歧异度指的是不同的生物组合（可以是分类学尺度上的组合，时间尺度上的集合，也可以是空间尺度上的集群）的形态学多样性和差异，是表征生物形态多样性的关键变量。反映形态歧异度的指标有很多，不同的指标在反映形态空间的特性（位置、体积、密度和结构等）时有不同的侧重点，适用于解决不同的科学问题（Guillerme et al.，2020a，2020b）。

形态空间的分析流程（图 5.8）可概括如下。

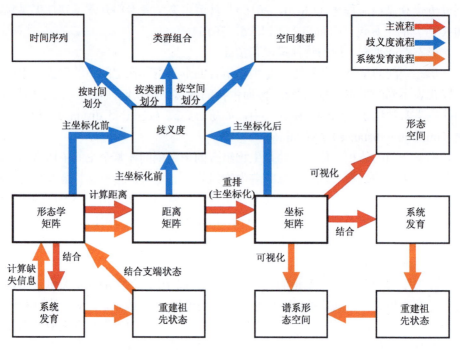

图 5.8　基于离散形态特征数据构建形态空间的分析流程示意图

（1）获取形态特征矩阵。目前大部分的形态空间特征矩阵都是以用于系统发育的特征矩阵为基础，需要进行重新调整，以排除系统发育研究中的主观性偏差，获取更加客观的形态学矩阵。

（2）基于形态特征矩阵计算距离矩阵。离散的特征矩阵直接构建的形态空间虽然是可以度量的，但是其并不是欧几里得空间，可将其映射到欧几里得空间中，计算出近似的距离。

（3）将距离矩阵重排（主坐标化）获得新的坐标矩阵。通过不同的分析方法，如主坐标轴分析（principal co-ordinates analysis，PCOA）、非度量多维度等称分析（nonmetric multidimensional scaling，NMDS）等，对距离矩阵进行重新排列。

构建形态空间之后可以开展各种有针对性的分析工作，不同的分析工作有不同的流程。

歧异度流程：与主流程密不可分的是形态歧异度的计算，可以以主流程中的形态矩阵、距离矩阵和主坐标矩阵为基础，计算不同的形态歧异度指标。主坐标化前形态歧异度是基于形态矩阵、距离矩阵计算的形态歧异度，主坐标化后形态歧异度是基于主坐标矩阵计算的形态歧异度。

系统发育流程：在主流程和形态歧异度流程的基础上，还可以结合系统发育分析，重建祖先状态，并探究系统发育过程中生物形态学及其形态空间的演化，还可以结合地质年代，构建年代谱系形态空间，更直观地反映生物谱系的形态空间演化史。

5.4　形态空间在古生物学中的研究

基于连续数据的形态空间分析研究最早以传统形态度量数据为主，开展连续数据的形态空间分析（Weiser and Kaspari, 2006）。之后，各种新的形态度量工具层出不穷，如 ImageJ 和 tpsDig，几何形状数据的获取更加便捷和高效。这种定量化的形态学数据可以大大降低人为主观性的干扰，因此备受古生物学家的青睐，在此基础上的形态空间分析也在古生物学研究中越来越重要。例如，Hu 等（2022）利用 2D 和 3D 的鸟类头骨形态学数据，构建鸟类头骨的形态空间，将鸟类化石的样本投射到形态空间之中，并据此根据现生鸟类的头骨形态和取食习性，推断化石鸟类的取食习性，Morales-García 等（2021）根据哺乳动物下颌的 2D 形态学数据，构建了哺乳动物的颌骨形态空间，并据此推断哺乳动物化石类群的取食习性。与鸟类、哺乳类等能从化石中提取较多的特征信息不同，埃迪卡拉纪宏体化石、早期陆生植物化石能够提供的特征信息有限，但通过形态空间分析能将有限的形态信息充分利用。例如，Shen 等（2008）利用埃迪卡拉化石的 50 个形态学特征构建形态空间，分析在该时期阿瓦隆组合（Avalon assemblage）、白海组合（White Sea assemblage）和纳玛组合（Nama assemblage）的形态空间变化，探讨不同组合之间潜在的联系与变化机制。

基于离散数据的形态空间分析研究具有数量庞大的生物学性状特征矩阵数据。生物学中的性状特征编码矩阵（Westoll, 1949；Sokal and Sneath, 1963）最初应用于系统发育分析，主要目的是更好地探究类群间的系统发育关系（Lloyd, 2016）。长时间积累的形态学矩阵数据为形态空间分析提供了基础。随着各种分析工具的不断涌现，结合已有的形态学矩阵（需要注意的是，用于系统发育的形态学矩阵并不适合直接用于形态空间分析），再结合基于离散形态特征的形态空间分析工具，古生物学中基于离散数据的形态空间分析越来越多，这些研究探究了生物的形态学宏演化及其驱动因素、生物演化对地质事件的响应等（Foffa et al., 2018; Yu et al., 2021; Zhao et al., 2021）。

基于模型数据的形态空间分析研究最早源于 Raup 对螺旋状贝壳的数学简化，这也是最早将形态空间分析应用于古生物的研究之中的案例，螺旋状贝壳被简化

为绕固定轴旋转和平移产生的扩展曲线，并据此用三个变量构建了其理论形态空间（Raup, 1961, 1962, 1966, 1967, 1969）。Raup 将具体的生物形态投射进理论形态空间，发现实证形态空间只占据理论形态空间的一部分，这也为讨论表型的缺失、生物形态的限制等提供了经典的模型。随后相关的模型也层出不穷，如 McGhee（1980）提出了非等距螺旋模型（anisometric spiral model）、Okamoto（1988, 1996）提出了生长管模型（growing tube model）、Checa（1991）提出了扇形扩张模型（sectorial expansion model），以及 Urdy 等（2010）提出了异速生长模型（allometric model）等。但是由于模型数据应用范围有限，基于模型数据的形态空间分析发展仍受限，关注度并不高。

5.4.1　形态学数据分析研究案例：中生代声学景观的演化

　　声学交流是动物最重要的通信方式之一，对动物的生存具有非常重要的意义。声音交流通常被用于求偶、交配、捕食和躲避天敌等行为中，这也构成了现代生态系统中纷繁复杂的声学景观的一部分。然而，声学景观无法直接保存在化石记录中，早期声景观面貌以及动物声音交流行为的起源和演化了信息也很难获取。

　　直翅目昆虫是现今多样性最高的鸣声生物，包括我们常见的蟋蟀、螽斯、蝗虫等。其中，螽斯（俗称蝈蝈、纺织娘）可以利用前翅间的相互摩擦发出声音，依靠前足的听器（鼓膜）接收声音信号。螽斯在中生代非常繁盛，因此是动物声学演化研究的一类理想类群。在侏罗纪时期的鸣螽化石中，已经发现了保存精美的听器（图 5.9），其在大小、位置和结构上与一些现生螽斯（如鸣螽、沙螽）的听器几乎一样。听器位于鸣螽一对前足的内侧（后侧）和外侧（前侧），由内部椭圆形的硬质鼓膜板和包围在其外侧新月形的软质鼓膜组成。这种结构表明其可能以硬质的鼓膜板为支点，形成杠杆结构，以大大地提高声波的传导效率。

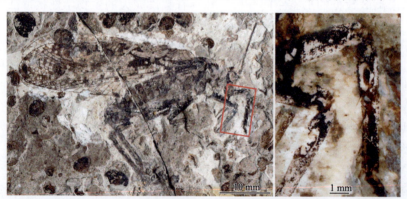

图 5.9　侏罗纪鸣螽化石中保存了精美的听器（红色框内）以及局部放大（右侧图）（授权供图：王博）

中国科学院南京地质古生物研究所研究团队构建了全球首个化石直翅目形态特征数据库，收录化石昆虫分类群 190 个，其涵盖了与声学相关的全部形态特征。结合古生物化石标本，研究团队对形态数据开展了相关性检验等综合分析，根据生物物理模型，对中生代螽斯的鸣声频率进行了系统重建。研究结果明，中生代时期，螽斯已经演化出极高的声音频率多样性，并已经具有明显的声学生态位分区现象。随着各类鸣声动物类群的辐射演化，中生代陆地生态系统的声学景观面貌逐渐复杂化（图 5.10）。中生代声学景观与现代完全不同，在三叠纪由昆虫（尤其是螽斯）鸣声占据主导，早侏罗世青蛙和晚侏罗世鸟类的出现带来了新的声音，直到白垩纪，森林中的声学景观才接近现代面貌（Xu et al., 2022）。

5.4.2 形态空间分析研究案例：二叠纪末灭绝事件驱动甲虫的早期演化

二叠纪末期生物大灭绝（EPME；约 2.52 亿年前）事件是显生宙最严重的生物灭绝事件（Benton and Newell, 2014）；西伯利亚洪流玄武岩的喷发带来甲烷等气体的大量释放（Burgess and Bowring, 2015; Fielding et al., 2019），导致全球气候变暖（Wu et al., 2021; Black et al., 2018）、海洋酸化和缺氧事件（Schobben et al., 2020）、酸雨（Black et al., 2014）、野火（Shen et al., 2011）和臭氧破坏（Benca et al., 2018）等一系列事件，造成全球性的生物灭绝。由于陆地生态系统的复杂性和多相性，EPME 事件对陆地生态系统的影响程度以及对不同生物类群的影响还存在争议。部分学者认为，其对陆地的植物和四足动物影响较大（Benton and Newell, 2014; Viglietti et al., 2021），也有学者对植物大化石和微体化石的研究持反对意见（Gastaldo, 2019; Nowak et al., 2019）。作为现生生态系统中物种多样性最高的门类，昆虫在 EPME 事件中所受的影响如何，相关研究还极为有限。

鞘翅目（甲虫）是昆虫纲中多样性最高的一个目，在生态系统中占据重要的生态位。甲虫最古老的化石记录可以追溯到二叠纪早期，之后的地质时期内化石记录都极其丰富，为探究鞘翅目的系统发育和演化史提供了丰富的信息，对探究古生代和中生代的生态系统具有重要的意义。但是由于化石保存的不完备性，部分化石（仅保存鞘翅）较难分类，且部分关键类群（干类群）的系统发育位置还存在争议，因此二叠纪时期的鞘翅目化石分类还存在诸多的问题。形态空间分析可以为探究 EPME 事件前后鞘翅目的宏演化提供全新的信息。

Zhao 等（2021）建立了鞘翅目化石的数据库，其中包含二叠纪至三叠纪之间所有已报道的鞘翅目化石种。数据库的建立主要以 1800~2020 年发表的论文为参考，结合 EDNA 和 PBDB 两个数据库，同时修订、删除了一些分类位置存疑的属种以及无效命名的属种。数据库共包含 21 科、125 属和 299 种，其中自然分类单位有 18 科、109 属、220 种。用于系统发育分析的形态矩阵沿用前人的数据库并

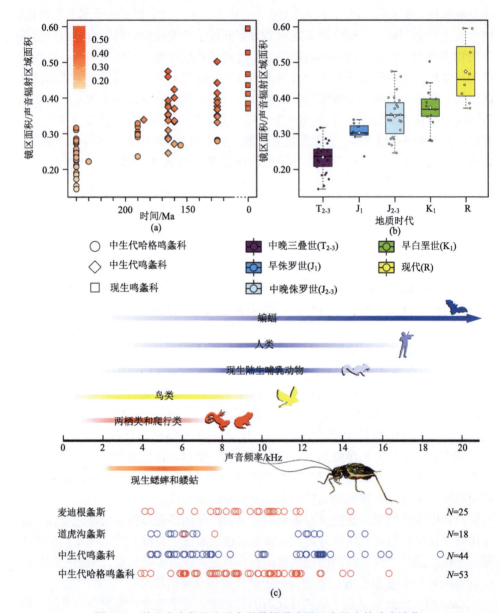

图 5.10　基于中生代昆虫形态学数据重建了远古昆虫的鸣声演化

鸣螽总科声音辐射区域演化散点图（a）和箱型图（b）；动物听力范围、现生和中生代螽斯的鸣声频率分布比较（c）（授权供图：许春鹏）

作了适当修改，其包含 2 个外群（广翅目的 *Sialis* 和 *Chauliodes*），13 个鞘翅目内群，一共有 93 个无序的形态学特征。Zhao 等（2021）使用软件 TNT（1.1 版本）完成最大简约树的构建。形态空间形态学矩阵共有两个，分别是属一级（197 属）和种一级（346 种），包含前翅的 35 个形态学特征。

早期鞘翅目化石中前翅保存最为常见，前翅的形态特征非常复杂且研究程度较高，因此以鞘翅目前翅的形态特征构建形态空间，并展开分析工作，形态空间分析流程如下。

（1）计算距离矩阵。基于特征矩阵，分别计算最大观测距离和广义欧氏距离，得出两个距离矩阵：最大观测距离矩阵和广义欧氏距离矩阵。研究表明，当性状特征缺失较多时，最大观测距离矩阵更接近真实情况 （Lloyd, 2016; Lehmann et al., 2019）。

（2）计算坐标矩阵。使用主坐标轴分析和非度量多维度分析对距离矩阵进行重新排列，得到调整后的坐标矩阵。

（3）计算形态歧异度。由于研究目的是探究 EPME 前后的鞘翅目形态空间变化趋势，因此对鞘翅目在二叠纪和三叠纪的形态空间体积进行计算。本章选取方差之和与方差之积两个指标进行计算。

（4）比较大小。采用置换检验（双尾）来验证不同时期，即新或老地质时代的鞘翅目形态空间的大小变化，每次检验重复 5000 次。用较老时代的值减掉较新时代的值得出检验统计量，如果零分布中仅有 2.5% 的值小于检验统计量，则说明较老时代的形态歧异度指标明显大于较新时代的指标；反之，如果零分布中 97.5% 的值大于检验统计量，则说明较新时代的指标更高。

（5）检验。由于化石保存的差异性，不同时期的样本量是不同的，这一现象在古生物学中比较常见，因此当两个时期的样本量不同时，本章采用置换法对其进行修正：对样本量多的时期进行二次取样，使其样本量等于另一时期；在这样两个新的取样下进行置换法分析，计算检验统计量和零分布；重复上述两个步骤10000 次，之后计算零分布中大于检验统计量的值分布。如果大于检验统计量的值占比小于等于 2.5%，则说明较老时代的形态歧异度指标明显大于较新时代的指标；反之，如果零分布中 97.5% 的值大于检验统计量，则说明较新时代的指标更高。

本书对形态空间综合取得了多项认识。

（1）多样性变化：从早二叠世到中三叠世，鞘翅目科级数量稳步上升。种和属的多样性变化趋势几乎一致：早二叠世比较稳定，在中晚二叠世有明显的提高；在早三叠世有明显的多样性下降趋势；到了中三叠世早期的安尼期才逐渐开始恢复。其中，从二叠纪到三叠纪，经历了 EPME 事件，鞘翅目的类群组合由

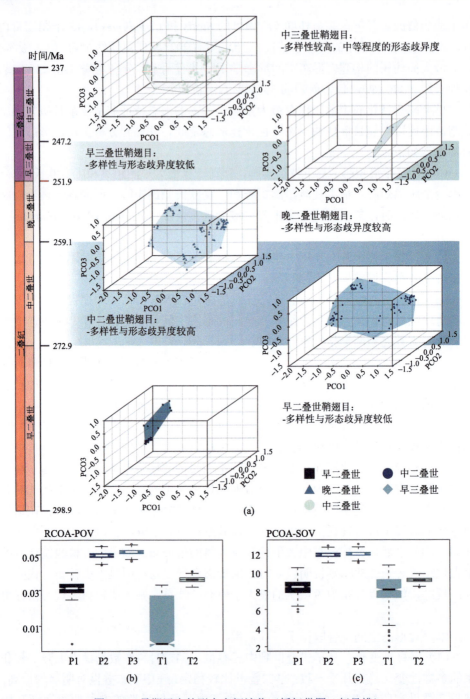

图 5.11　早期甲虫的形态空间演化（授权供图：赵显烨）

Tshekardocoleidae、Permocupedidae 和 Rhombocoleidae 占据主导转变为 Cupedidae、Phoroschizidae 和 Triaplidae 占据主导。

（2）系统发育：新的系统发育结果总体上与前人研究保持一致，并且确认了二叠纪类群（Tshekardocoleidae、Permocupedidae 和 Rhombocoleidae）的干类群位置。

（3）形态空间演化：鞘翅目在属一级和种一级的形态空间变化趋势一致，同时基于最大观测距离和广义欧氏距离两种距离矩阵的形态空间演化趋势也一致。结果表明，从早二叠世到中二叠世，鞘翅目形态空间有一个明显的提升过程；在中晚二叠世时期基本保持稳定；从晚二叠世到早三叠世，鞘翅目的形态空间明显骤降；之后的中三叠世时期才开始逐渐恢复。在中二叠世，鞘翅目的种和属级多样性变化趋势与形态空间的变化趋势一致，都有一个明显的提升过程（图 5.11）。但是在中—晚二叠世时期，二者则不同，种类多样性持续增加，形态歧异度则基本稳定，这也进一步支持了以往的结论：在生物辐射和演化的过程中，形态多样性往往在一开始就达到了最高，与种和属级多样性并不一直同步。

这项研究最重要的是通过形态空间演化，探究昆虫对 EPME 灭绝事件的响应，揭示昆虫，尤其是鞘翅目在生态系统中的重要作用。二叠纪时期的甲虫大多为食木的，通过消耗树木（木质），它们可以把大量的有机碳转换为无机碳，参与碳循环。此外，还有大量以腐木为食的甲虫，它们通过钻孔注洞、携带真菌等行为加快分解树木，扩散真菌，从而间接加速木质的分解。总之，二叠纪时期鞘翅目昆虫通过加速森林中木质的分解，将有机碳转换为无机碳，影响碳循环。古生代早期大气氧含量持续升高，大约在石炭纪达到顶峰，之后在二叠纪开始逐渐下降，之前的研究认为，这是成煤沼泽的减少和分解木质素的细菌的出现导致的，而新研究认为，很可能是二叠纪植食性动物的繁盛释放了储存的有机碳，降低了大气氧含量。二叠纪时期陆生植物的生物量主要储存在木质之中，因此相比较以根、叶和果实等为食的脊椎动物，以树干为食的昆虫，尤其是甲虫，在陆生植物的分解和碳循环中扮演着非常重要的角色。因此，二叠纪时期大气氧含量的下降，至少有一部分原因是来自于食木鞘翅目昆虫的起源和辐射（Zhao et al., 2021）。

参 考 文 献

葛德燕, 夏霖, 吕雪霏, 等. 2012. 几何形态学方法及其在动物发育与系统进化研究中的应用. 动物分类学报, 37: 296-304.

黄冰. 2012. 浅谈稀疏标准化方法(Rarefaction)及其在群落多样性研究中的应用. 古生物学报, 51(2): 200-208.

沈树忠, 张华, 李文忠. 2004. 古生物多样性统计中的偏差及其校正. 古生物学报, 43(3):

433-441.

朱国平, 刘芳沁. 2022. 几何形态测量学及其在鱼类生态学研究中的应用进展. 上海海洋大学学报, 31: 1180-1189.

Alroy J, Aberhan M, Bottjer D J, et al. 2008. Phanerozoic trends in the global diversity of marine invertebrates. Science, 321(5885): 97-100.

Alroy J, Marshall C R, Bambach R K, et al. 2001. Effects of sampling standardization on estimates of Phanerozoic marine diversification. Proceedings of the National Academy of Sciences, 98(11): 6261-6266.

Benca J P, Duijnstee I A P, Looy C V. 2018. UV-B- induced forest sterility: Implications of ozone shield failure in Earth's largest extinction. Science Advances, 4: e1700618.

Benton M J, Newell A J. 2014. Impacts of global warming on Permo-Triassic terrestrial ecosystems. Gondwana Research, 25: 1308-1337.

Benton M J. 1995. Diversification and extinction in the history of life. Science, 268(5207): 52-58.

Black B A, Hauri E H, Elkins-Tanton L T, et al. 2014. Sulfur isotopic evidence for sources of volatiles in Siberian Traps magmas. Earth and Planetary Science Letters, 394: 58-69.

Black B A, Neely R R, Lamarque J-F, et al. 2018. Systemic swings in end-Permian climate from Siberian Traps carbon and sulfur outgassing. Nature Geoscience, 11: 949-954.

Blonder B. 2018. Hypervolume concepts in niche-and trait-based ecology. Ecography, 41: 1441-1455.

Budd G E. 2021. Morphospace. Current Biology. 31: R1181-R1185.

Burgess S D, Bowring S A. 2015. High-precision geochronology confirms voluminous magmatism before, during, and after Earth's most severe extinction. Science Advances, 1: e1500470.

Chao A, Gotelli N J, Hsieh T C, et al. 2014. Rarefaction and extrapolation with Hill numbers: A framework for sampling and estimation in species diversity studies. Ecological Monographs, 84(1): 45-67.

Checa A. 1991. Sectorial expansion and shell morphogenesis in molluscs. Lethaia, 24: 97-114.

Chen X J, Fang Z, Su H, et al. 2013. Review and application of geometric morphometrics in aquatic animals. Journal of Fisheries of China, 37: 1873-1885.

Colwell R K, Chao A, Gotelli N J, et al. 2012. Models and estimators linking individual-based and sample-based rarefaction, extrapolation and comparison of assemblages. Journal of Plant Ecology, 5(1): 3-21.

Condamine F L, Guinot G, Benton M J, et al. 2021. Dinosaur biodiversity declined well before the asteroid impact, influenced by ecological and environmental pressures. Nature Communications, 12(1): 1-16.

Cuthill H J F, Guttenberg N, Budd G E. 2020. Impacts of speciation and extinction measured by an evolutionary decay clock. Nature, 588(7839): 636-641.

Fan J X, Shen S Z, Erwin D H, et al. 2020. A high-resolution summary of Cambrian to Early Triassic marine invertebrate biodiversity. Science, 367(6475): 272-277.

Fielding C R, Frank T D, McLoughlin S, et al. 2019. Age and pattern of the southern high-latitude continental end-Permian extinction constrained by multiproxy analysis. Nature Communications, 10: 385.

Flannery-Sutherland J T, Silvestro D, Benton M J. 2022. Global diversity dynamics in the fossil record are regionally heterogeneous. Nature Communications, 13(1): 2751.

Foffa D, Young M T, Stubbs T L, et al. 2018. The long-term ecology and evolution of marine reptiles in a Jurassic seaway. Nature Ecology & Evolution, 2: 1548-1555.

Gastaldo R A. 2019. Ancient plants escaped the end-Permian mass extinction. Nature, 567: 38-39.

Ge D, Xia L, Lyu X F, et al. 2012. Methods in geometric morphometrics and their applications in ontogenetic and evolutionary biology of animals. Acta Zootaxonomica Sinica, 37: 296-304.

Gould S J. 1991. The disparity of the Burgess Shale arthropod fauna and the limits of cladistic analysis: Why we must strive to quantify morphospace. Paleobiology, 17(4): 411-423.

Guillerme T, Cooper N, Brusatte S L, et al. 2020a. Disparities in the analysis of morphological disparity. Biology Letters, 16: 20200199.

Guillerme T, Puttick M N, Marcy A E, et al. 2020b. Shifting spaces: Which disparity or dissimilarity measurement best summarize occupancy in multidimensional spaces? Ecology and Evolution, 10: 7261-7275.

Han H, Wang Y, McDonald P G, et al. 2022. Earliest evidence for fruit consumption and potential seed dispersal by birds. eLife, 11: e74751.

Harmon L J, Weir J T, Brock C D, et al. 2008. GEIGER: Investigating evolutionary radiations. Bioinformatics, 24: 129-131.

Henderson C. 2013. The Book of Barely Imagined Beings: A 21st Century Bestiary. Chicago: University of Chicago Press.

Hopkins M J, Gerber S. 2017. Morphological disparity//Nuno de la Rosa L, Müller G. Evolutionary Developmental Biology: A Reference Guide. Cham, Switzerland: Springer International Publishing: 1-12.

Hu H, Wang Y, McDonald P G, et al. 2022. Earliest evidence for fruit consumption and potential seed dispersal by birds. Elife, 11: e74751.

Huang B, Harper D A T, Zhan R. 2014. Test of sampling sufficiency in palaeontology. GFF, 136(1): 105-109.

Jouault C, Nel A, Perrichot V, et al. 2022. Multiple drivers and lineage-specific insect extinctions during the Permo-Triassic. Nature Communications, 13(1): 1-16.

Labandeira C C, Sepkoski J J. 1993. Insect diversity in the fossil record. Science, 261(5119): 310-315.

Lehmann O E R, Ezcurra M D, Butler R J, et al. 2019. Biases with the Generalized Euclidean Distance measure in disparity analyses with high levels of missing data. Palaeontology, 62:

837-849.

Lloyd G T. 2016. Estimating morphological diversity and tempo with discrete character-taxon matrices: Implementation, challenges, progress, and future directions. Biological Journal of the Linnean Society, 118(1): 131-151.

Mammola S. 2019. Assessing similarity of n-dimensional hypervolumes: Which metric to use? Journal of Biogeography, 46: 2012-2023.

McGhee G R. 1980. Shell form in the biconvex articulate Brachiopoda: A geometric analysis. Paleobiology, 6: 57-76.

Morales-García N M, Gill P G, Janis C M, et al. 2021. Jaw shape and mechanical advantage are indicative of diet in Mesozoic mammals. Communication Biology, 4: 1-14.

Newell N D. 1967. Revolutions in the history of life//Albritton C C. Uniformity and Simplicity. Geological Society of America Special Paper, 89: 63-91.

Niklas K J, Tiffney B H, Knoll A H. 1983. Patterns in vascular land plant diversification. Nature, 303(5918): 614-616.

Nowak H, Schneebeli-Hermann E, Kustatscher E. 2019. No mass extinction for land plants at the Permian-Triassic transition. Nature Communications, 10: 384.

Okamoto T. 1988. Analysis of heteromorph ammonoids by differential geometry. Palaeontology, 31: 35-52.

Okamoto T. 1996. Theoretical modeling of ammonoid morphology//Landman N H, Tanabe K, Davis R A. Ammonoid Paleobiology. New York: Plenum: 225-251.

Phillips J. 1860. Life on the Earth: Its Origin and Succession. London: Macmillan and Company.

Raup D M, Michelson A. 1965. Theoretical morphology of the coiled shell. Science, 147: 1294-1295.

Raup D M, Sepkoski J J. 1982. Mass extinctions in the marine fossil record. Science, 215(4539): 1501-1503.

Raup D M. 1961. The geometry of coiling in gastropods. Proceedings of the National Academy of Sciences of the United States of America, 47: 602-609.

Raup D M. 1962. Computer as aid in describing form in gastropod shells. Science, 138: 150-152.

Raup D M. 1966. Geometric analysis of shell coiling: General problems. Journal of Paleontology, 40: 1178-1190.

Raup D M. 1967. Geometric analysis of shell coiling: Coiling in ammonoids. Journal of Paleontology, 41: 43-65.

Raup D M. 1969. Modeling and simulation of morphology by computer. Proceedings of the North American Paleontological Convention, Part B 1: 71-83.

Raup D M. 1972. Taxonomic Diversity during the Phanerozoic: The increase in the number of marine species since the Paleozoic may be more apparent than real. Science, 177(4054): 1065-1071.

Raup D M. 1975. Taxonomic diversity estimation using rarefaction. Paleobiology, 1(4): 333-342.

Rohlf H F. 2001. TpsDig, version 1. 30. New York: State University of New York at Stony Brook.

Ruta M, Wills M A. 2016. Comparable disparity in the appendicular skeleton across the fishtetrapod transition, and the morphological gap between fish and the tetrapod postcrania. Palaeontology, 59: 249-267.

Sanders H L. 1968. Marine benthic diversity: A comparative study. The American Naturalist, 102(925): 243-282.

Schobben M, Foster W J, Sleveland A R N, et al. 2020. A nutrient control on marine anoxia during the end-Permian mass extinction. Nature Geoscience, 13: 640-646.

Sepkoski J J, Bambach R K, Raup D M et al. 1981. Phanerozoic marine diversity and the fossil record. Nature, 293(5832): 435-437.

Sepkoski J J. 1978. A kinetic model of Phanerozoic taxonomic diversity I. Analysis of marine orders. Paleobiology, 4(3): 223-251.

Sepkoski J J. 1979. A kinetic model of Phanerozoic taxonomic diversity. II. Early Phanerozoic families and multiple equilibria. Paleobiology, 5(3): 222-251.

Sepkoski J J. 1981. A factor analytic description of the Phanerozoic marine fossil record. Paleobiology, 7(1): 36-53.

Sepkoski J J. 1984. A kinetic model of Phanerozoic taxonomic diversity. III. Post-Paleozoic families and mass extinctions. Paleobiology, 10(2): 246-267.

Sepkoski J J. 1996. Patterns of Phanerozoic extinction: A perspective from global data bases//Global Events and Event Stratigraphy in the Phanerozoic. Berlin, Heidelberg: Springer: 35-51.

Sepkoski J J. 1997. Biodiversity: Past, present, and future. Journal of Paleontology, 71(4): 533-539.

Shen B, Dong L, Xiao S, et al. 2008. The Avalon explosion: Evolution of Ediacara morphospace. Science, 319(5859): 81-84.

Shen S, Crowley J L, Wang Y, et al. 2011. Calibrating the end-Permian mass extinction. Science, 334: 1367-1372.

Silvestro D, Salamin N, Schnitzler J. 2014a. PyRate: A new program to estimate speciation and extinction rates from incomplete fossil data. Methods in Ecology and Evolution, 5(10): 1126-1131.

Silvestro D, Schnitzler J, Liow L H, et al. 2014b. Bayesian estimation of speciation and extinction from incomplete fossil occurrence data. Systematic Biology, 63(3): 349-367.

Silvestro D, Warnock R, Gavryushkina A, et al. 2018. Closing the gap between palaeontological and neontological speciation and extinction rate estimates. Nature Communications, 9: 1-14.

Sokal R R, Sneath P H A. 1963. Principles of Numerical Taxonomy. San Francisco, CA: WH Freeman and Company.

Song G E. 2017. What determines species diversity? Chinese Science Bulletin, 62(19): 2033-2041.

Tipper J C. 1979. Rarefaction and rarefiction-the use and abuse of a method in paleoecology. Paleobiology, 5(4): 423-434.

Urdy S, Goudemand N, Bucher H, et al. 2010. Allometries and the, morphogenesis of the molluscan shell: A quantitative and theoretical model. Journal of Experimental Zoology, 314: 280-302.

Valentine J W. 1969. Patterns of taxonomic and ecological structure of the shelf benthos during Phanerozoic time. Palaeontology, 12(4): 684-709.

Viglietti P A, Benson R B J, Smith R M H, et al. 2021. Evidence from South Africa for a protracted end-Permian extinction on land. Proceedings of the National Academy of Sciences, 118: e2017045118.

Weiser M D, Kaspari M. 2006. Ecological morphospace of new world ants. Ecological Entomology, 31(2): 131-142.

Westoll T S. 1949. On the evolution of the Dipnoi//Jepsen G L, Simpson G G, Mayr E. Genetics, Paleontology and Evolution. Princeton: Princeton University Press: 121-184.

Wills M A. 2001. Morphological disparity: A primer//Adrain J M, Edgecombe G D, Lieberman B S. Fossils, Phylogeny, and Form. Boston, MA: Springer US: 55-144.

Wu Y, Chu D, Tong J, et al. 2021. Six-fold increase of atmospheric pCO_2 during the Permian-Triassic mass extinction. Nature Communications, 12: 2137.

Xu C, Wang B, Wappler T, et al. 2022. High acoustic diversity and behavioral complexity of katydids in the Mesozoic soundscape. Proceedings of the National Academy of Sciences, 119(51): e2210601119.

Xu H-H, Niu Z-B, Chen Y-S. 2020. A status report on a section-based stratigraphic and palaeontological database-the Geobiodiversity Database. Earth System Science Data, 12(4): 3443-3452.

Yu Y, Zhang C, Xu X. 2021. Deep time diversity and the early radiations of birds. Proceedings of the National Academy of Sciences, 118(10): e2019865118.

Zelditch M L, Swiderski D L, Sheets H D. 2012. Geometric Morphometrics for Biologists. 2nd ed. Washington, DC: Academic Press,

Zhao X, Yu Y, Clapham M E, et al. 2021. Early evolution of beetles regulated by the end-Permian deforestation. eLife, 10: e72692.

Zhu G, Liu F. 2022. Geometric morphometrics and its application in fish ecology: A review. Journal of Shanghai Ocean University, 31: 1180-1189.

第 6 章

时空与网络

化石与地层是地质历史时期的产物，与其他任何地质记录一样，都具有独特的时间和空间属性，在古生物学与地层学研究中，对化石与地层开展时间和空间方面的分析与研究具有重要的科学意义，是深入理解地质历史的方式。

6.1 从"金钉子"到定量分析

在古生物学与地层学研究中，学者们会经常查阅国际年代地层表（International Chronostratigraphic Chart）（最新版本参见图 2.14），这个表是由国际地层委员会（International Commission on Stratigraphy）定期更新和发布的。年代地层通常由五级单位所构成，地层和地质年代分别用不同的词尾来代表，用来表示地层的单位分别是宇（Eonothem）、界（Erathem）、系（System）、统（Series）、阶（Stage），这些也是我们在地层表格中所看到的，它们所对应的地质年代单位分别是宙（Eon）、代（Era）、纪（Period）、世（Epoch）、期（Age）。举例来说，"泥盆系"表示的是地质时代为"泥盆纪"的地层记录，"下泥盆统"表示的是地质时代为"早泥盆世"的地层。

在国际年代地层表中，各个地层单位的界线处还有对应的数值年代（numerical age），这个数值的单位是百万年（Ma），界线处具有一个钉子符号的，表示该处具有"金钉子"剖面点作为参照。所谓"金钉子"是全球界线层型剖面和点位（global strato-type section and points，GSSP）的俗称。"金钉子"由国际地层委员会在全球范围内选取，作为标定地层阶一级底界的全球标准。根据国际年代地层表上的划分，显生宙地层共有 102 个"金钉子"需要确立，其中已有 78 个被正式批准，这在地层学的研究工作中是令世界瞩目的（图 6.1）。

图 6.1　全球界线层型剖面和点位（"金钉子"）在全球的地理分布（数据与资料来自国际地层委员会）

　　"金钉子"是为开展全球地层对比而在某一地区所选取的典型案例，是在地层学和古生物学等领域所确立的，用于开展全球对比的地层标尺。一旦在某地钉下"金钉子"，该地就变成一个地质年代的"国际标准"，成为地层年代统一的"度量衡"、全球地质学家开展地层学工作的参照。"金钉子"是目前地质学界普遍接受的界定地质时间界线的方法，被选为金钉子的地层剖面清楚标识一个阶一级地层单元界线层位或点位，其上下地层连续发育，并可用于开展大范围内的对比研究。第一个"金钉子"于 1972 年建立（Chlupáč et al.，1972），最初"金钉子"的概念仅适用于显生宙地层，通常以一个生物演化序列中的后裔种的首次出现，即首现（first appearance datum，FAD）为标志来指示年代地层的界限位置，这也是传统的基于古生物化石和生物地层学的对比方法。与首现相对的生物地层学概念还有末现（last appearance datum，LAD），其表示生物演化序列最后出现的地质时期。生物的首现与末现数据涵盖了其在地质历史时期的时代延限。在不同地区的地层剖面甲、乙、丙中，将其地层中不同化石 A、B、C 首现，即化石所产出的最低层位，确定为地质时代上的等时面，虚线连接的地层柱状图表示生物地层对比的结果，依据化石 A、B、C 分别建立了较为精细的地质时间单位——化石生物带 A、B、C（图 6.2）。

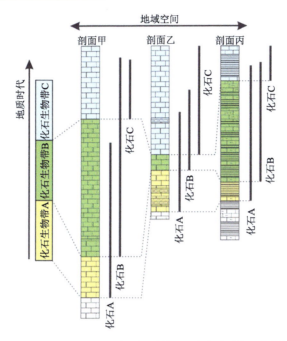

图 6.2 基于化石记录的首现数据开展地层对比示意图

近年来，"金钉子"的确立通常还需要有其他化石以及地球化学、古地磁信号等辅助标志，需要同位素年龄标定，不受岩相控制，在区域和全球均可进行地层对比等。

"金钉子"的工作可以说是古生物学与地层学完美结合的实例之一，是以生物地层为核心的工作。近年来，随着古生物学与地层学研究的深入开展，单纯以"金钉子"来确定年代地层的工作越来越难以满足高精度年代的要求，另外"金钉子"地层剖面在开展全球地层对比时，其本身也存在一定的缺陷，如①由于化石记录普遍不完整，几乎不可能找到一个化石物种的首现层位或点，先前定义的"金钉子"层位往往会被后续发现的标志化石物种的更早"首现"层位所打破；②由于生物化石分布的局限性，定义"金钉子"的标志化石在洲际间或不同岩相区对比时，时常存在困难；③因不同研究者所从事的化石门类不同，人们通常更多地强调自己所从事的古生物门类的对比价值，容易主观强调一个剖面上某一化石的出现，而其他标志和其他剖面上的非标志化石相对被轻视甚至弃用；④生物地层定义的"金钉子"与许多具有等时意义的物理、化学标志层（如火山灰层、同位素地球化学突变等）存在诸多矛盾；⑤现在定义的"金钉子"都采用了海相地层剖面作为标准剖面，难于解决陆相地层的对比问题（沈树忠等，2022）。

　　以综合化石记录开展生物地层方面的对比工作是古生物学领域的经典工作。同任何工作一样，它不是尽善尽美的，克服研究本身局限性的方法就是将地层综合对比与大数据和算法相结合，以全球或区域的地层剖面数据为支撑，全面收集包含化石记录、地球化学、磁性地层记录等综合数据，对所有这些数据元素开展综合考量与对比，运用大数据分析的技术与手段，采用人工智能领域的算法与程序设计，对化石的不完整性进行优化校正，获得地层对比的统计学最优解，进而提高对比精度。这方面的研究又被称为定量地层学。

　　传统的生物地层学通常会选取数量有限的标准化石来建立生物地层序列，所能够对比的地层剖面数量也有局限性。定量地层学基于生物地层学原理，采用大数据分析的方法对大量地层剖面中的尽可能多的数据元素开展对比，是传统地层学对比的重要补充，可以在传统生物地层学的基础上得到更高分辨率的地层对比结果。基于大数据的定量地层学研究被作为一种推广建议，用于建立国际通用的高精度数字化地质时间轴（沈树忠等，2022），但是实际工作中，其可行性仍较为欠缺，因为①对数据的要求较高，而实际情况中，全球各地的地层剖面数据缺乏体系化和标准化，所收录的各个数据项也参差不齐；②符合开展综合地层对比的数据量相对较少；③生物地层学中的化石记录数据是最重要的对比元素，其往往需要由古生物学领域专家开展专门的厘定，把控数据的质量，否则将显著影响生物地层的对比结果；④运用大数据的方法开展地层综合对比其目的之一是消除地层对比中的人为因素，但是由于地层剖面数据的不均衡，对数据的选取过程缺乏标准，难以避免偏差。

　　总之，定量地层学作为一种地层剖面对比方法，通过将生物地层学的基本原理与计算机算法相结合，利用地层剖面综合数据中的大量生物事件，如生物的首现和末现，重建生物在地质历史中的时间顺序，从而在传统生物地层学的基础之上建立更高分辨率的时间标尺，定量地层学是古生物学与地层学大数据分析不可或缺的方法。

6.1.1　图形对比

　　在地层剖面中，理论上化石生物首现与和末现的顺序应该是相同的，但实际上，由于化石保存、物种迁移和采样误差等，不同地层剖面所呈现的化石物种首现和末现顺序是混乱的。无论是现代生物，还是化石生物，其分布都具有独特的时空属性。地质历史时期中，生物的实际时空分布范围（图6.3，绿色区域）可能是无法直接获得的，通过地质调查，对多区域地层剖面采集化石，可以识别出一种古生物化石首现层（B）和末现层地质时代（C），生物在地域上分布范围是剖面2与剖面10之间的区域（图6.3，蓝色线段区域）。根据地层古生物野外观察工作会获得该古生物化石的地质时代延限（B 与 C 之间）和空间分布区域（蓝色线段）范围，这些都小于生物实际的时间（A 与 D 之间）与空间（超过剖面 2 和剖面 11）范围（图 6.3）。

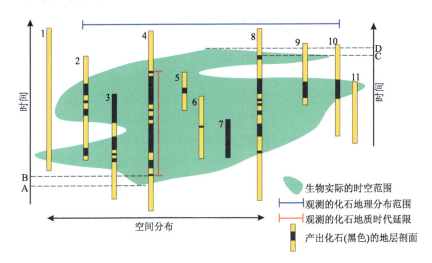

图 6.3　生物具有独特的时空属性

不同地理区域中的地层剖面所获得古生物化石地质时代延限与化石记录数据均不相同

　　传统的生物地层学受制于计算方面的局限性,无法对所有化石记录开展研究,通常仅选取极少数在多个剖面中常见的、具有较强对比意义的化石物种首现来建立生物地层序列。这在大多数情况下保障了生物地层的区域对比性，也使得古生物学与地层学的野外调查工作更加可行，甚至已经形成了地层研究中长期的、约定俗成的标准。然而，其显而易见的缺陷就是，未能考虑原本就稀少的、特定生物门类的化石记录，这些化石信息可能很关键，因此其地层对比的结果是不全面的，可能隐含很多关键问题。

　　图形对比法最早是由 Shaw（1964）提出的，其目的之一就是解决由化石保存不完整所造成的地层对比上的误差，综合分析尽可能多的野外证据，重建更为精确的、一致的、广为接受的地层对比结果。图形对比法从两个地层剖面开始，将两个地层剖面作为平面直角坐标系的两个坐标轴，将化石记录的首现和末现数据按照层位进行线性拟合投点，得到表示两个地层剖面各层位的对应关系的综合对比线，再根据对比线，对两个地层剖面中的化石延限进行比较和扩展，从而将两个剖面合并为一个复合标准序列。当针对两个以上的剖面组成的数据集时，则重复上述过程，将每个剖面逐一进行复合。不同学者在对地层剖面的符合方面积累了一定的经验，对于选取进行最初复合的地层剖面，确立了广泛采用的选取标准；

①剖面发育完整，断层及其他不整合面尽量少；②在研究范围内，该剖面覆盖的时间跨度尽量大；③对需要的化石有适宜生存的古环境；④剖面的采样密度尽量高（Carney and Pierce，1995）。

图形对比法作为最早的定量地层对比方法，对传统地层对比方法进行了有效的补充，显著修正了由化石记录的不完整性所带来的偏差。这一方法原理简单，对比过程的各个环节都能通过人工干预进行有效控制，因而广泛应用于地层对比的研究工作中。图形对比法要求地层剖面数据中的标准化石发育较好、化石记录完整且在各个剖面均有出现。对于化石分布较为均一、随机性较弱的数据集，其对比结果与理论值差值最小。对于数据集中的物种总数和共有物种占比的变化，图形对比法无显著响应。另外，图形对比法的操作过程对人工的依赖程度高，每次对比需要人工选取控制点而不能自动筛选，因此通常应用于少量地层剖面的对比。对于大量地层剖面的对比工作，数据和计算量庞大，势必要求运用计算机与程序辅助，约束最优化软件应运而生。

约束最优化（constrained optimization，CONOP）最早由 Kemple 等（1989）提出，后来引入相应的计算机成本，并被集合成专用的软件，之后不断改进和完善。CONOP 是图形对比在大数据+软件领域的应用，它们所依据的地层学原理也是相同的，除此以外，还对化石记录做了一些限定，如①化石生物的延限是可以扩展的；②化石生物最早出现的时间一定早于其化石记录的首现；③化石生物的灭绝时间一定晚于其化石记录的末现。这些限定都是基于一种广泛接受的认识（或者说假设），即化石记录是不完全的，往往受制于多种因素，而真实化石生物延限可能是永远未知的，通过大数据的方法或许能够尽可能接近这个真实值。

在不同地理区域中，所研究的地层剖面并不相同，所获得的古生物化石地质延限也不同，由此获得了不同的化石记录数据。CONOP 方法试图通过多剖面综合对比的方法获得化石生物真实的延限，或者说，构建出生物时空分布的理论范围。

CONOP 相对于图形对比法的优点在于通过调整每个化石物种的延限，使所有化石物种的首现面找到最低点，末现面找到最高点，在此基础上寻求与地层剖面在实际观测中的不吻合度最小的，即与实际最为符合的，可以被普遍接受的生物地层综合序列。CONOP 是调用机器进行的图形对比，庞大而繁重的生物地层对比工作由计算机来完成。在算法上，CONOP 做了一定的优化，实现了自动剖面对比，能够一次性复合多个剖面。对于各剖面共有物种较多的数据集，CONOP可以实现较为理想的对比效果。数据中的化石数量越多，对比结果越好。对标准化石的质量有一定要求，各个负面条件对其对比结果均有影响，但综合来看影响程度较小，整体结果较为稳定。正因如此，CONOP 也成了现阶段最为常用的定量地层学研究方法，由于 CONOP 通过计算的方法对生物的地质延限做出了精确的调整，其也可以用于生物多样性的重建与计算工作，并且显著提高了生物多样性的时间分辨率。

单元组合法（unitary association method，UAM）由 Guex 和 Davaud （1984）提出，并在之后进一步发展（Guex et al., 2016）。该方法主要运用图论的概念与算法，从化石之间的共存关系中提取最大共存延限（unitary association，UA）作为对比结果中的基本单位，根据化石的先后顺序构建有向图并从中提取 UA 的最长序列来确定其先后关系，从而建立最终的物种共存序列。对于剖面间共有物种较多的数据集，单元组合法同样可以实现较为理想的对比结果。在共有物种较少的情况下，其对比结果与实际情况差距较大。对比结果主要受数据集中物种间关系的复杂程度所影响。叠覆关系出现相互矛盾的情况越少，对比结果越理想，反之则会出现不同程度的偏差，需要对数据集进行进一步的人工排查。单元组合法对数据集中物种总数的增大有显著的响应，物种的增多会对计算结果产生一定的负面影响。单元组合法在地层对比研究中缺少普遍性，不过这种方法中所依据的生物共存关系的思路，在对化石记录的网络分析中得到了拓展。

6.1.2　高分辨率地质时代与生物多样性

相比于传统地层对比方法，定量地层学研究基于所有的生物面信息，调整化石延限和先后顺序，从而试图构建完美的、被普遍接受的、最接近真实物种分布的地质时间序列。这种方法可用于重建高分辨率的地质时间轴以及生物多样性演变。

此处的多样性是指古生物分类单元多样性（taxonomic diversity），其所衡量的是特定时间间隔或地理范围内不同级别的分类单元数目的变化。传统的多样性计算中往往是基于已有的时间间隔，如地层中的某个期或某个世，统计得到分类单元多样性曲线。而 CONOP 方法所使用的时间间隔是不分时段的（unbinned），这种多样性计算方法是根据复合剖面中分类单元的更替得到的，而不是在时间间隔内对分类单元计数获得生物多样性变化曲线。

复合剖面的详细信息可以在 CONOP 运行后的"Outmain.txt"文件中获取。任何一个化石生物的首现和末现（都被视为开展分析工作中的"事件"）在复合剖面中的位置，即地层剖面的厚度信息，都可以作为地质时间的替代指标，并以生物带化石的首现为时间基准，生物带的具体时间可以通过查询年代地层表以及每隔四年更新出版一次的《地质年代表》（Gradstein et al., 2020）而获得。通过分段线性插值的方法可以对两个绝对年龄值之间的其他地质事件赋予年龄数值，进而精确确定每种生物高分辨率的地质事件延限。这里需要注意的是，如果要开展大范围区域内的多门类的生物多样性研究，不同区域的生物带化石在地质事件，甚至先后顺序方面可能存在差异，因此需选择更多可替代的其他门类带化石。如果有足够多的绝对年龄事件，如利用放射性同位素获得的地质年龄值，那么在复合剖面合成前就可以进行插值。但所研究的地层剖面沉积速率必须稳定，且无间断，选择较短的插值距离，以减少插值过程带来的误差（Sadler et al., 2009）。

必须要说明的是，古生物分类单元多样性曲线不能完全解释生物的灭绝、复苏与辐射，由于生物的形态特征与其对生态系统的适应性密切相关，因此分类单元多样性与形态多样性的耦合研究可以更好地探究古生物多样性的演变，还可以进一步结合地球化学数据探讨生物与环境的协同演化科学问题。在多样性趋势演变以及生物大灭绝事件的研究中，除了依靠多样性曲线以外，还要同时考虑新生率（origination rate）、灭绝率（extinction rate）、更替率（turnover rate）和多样化率（diversification rate）等。

CONOP 方法曾用于分析奥陶系—志留系几丁虫、牙形石和笔石动物的多样性模式（Sadler, 2012; Chen et al., 2014; Goldman et al., 2014; Paluveer et al., 2014）。Shen 等（2011）和 Wang 等（2014）利用 CONOP 构建了中国华南及西藏地区二叠纪—三叠纪之交的复合剖面，并建立了二叠纪突发式的大灭绝模式，表明二叠纪末生物大灭绝的时间约为 2.52 亿年前，约 62%的物种在 20 万年时间内快速灭绝。Cooper 等（2014）基于 CONOP 方法得到的奥陶纪—志留纪高时间分辨率的笔石多样性曲线，识别出在凯迪期前后发生的笔石生物群的阶段更替的精细变化，阐述了灭绝事件与碳同位素正漂的紧密关系。

基于 CONOP 方法绘制的奥陶纪—志留纪全球笔石类的多样性曲线揭示出，奥陶纪笔石生物的物种新生率和灭绝率较低，从凯迪期晚期到志留纪时期，其生物多样性具有较高的不稳定性，新生率和灭绝率均值较高。奥陶纪末生物大灭绝事件的数值反映生物灭绝率显著升高，出现两个灭绝的峰值。而志留纪初期生物复苏，尽管从新生率的峰值开始，但其间均伴有物种的新生和灭绝。在奥陶纪—志留纪整个地质时代进程中，生物灭绝都表现为灭绝率升高，而非新生率下降（Sadler et al., 2011; Cooper et al., 2014; Crampton et al., 2016, 2018）。Fan 等（2020）建立了寒武纪到三叠纪的高分辨率海洋无脊椎生物多样性曲线，克服了以往较低的时间分辨率对生物多样性估算的影响，证实了奥陶纪末和二叠纪末大规模灭绝事件的存在，揭示了中—晚泥盆世生物多样性的长期衰退，并识别了寒武纪—中奥陶世、早志留世、晚石炭世—早二叠世三个多样性升高事件。Deng 等（2021）将华南板块奥陶纪生物地层对比的时间分辨率提高到了~21.0 ka，将华南板块多门类多样性时间分辨率提高了 200 余倍。

6.2　时空分布

任何一种古生物都具有时间与空间属性，古生物的时空信息是地质历史时期沧海桑田的见证，追溯古生物在时空中的演变是研究生命演化的重要途径。古生物的时空信息也蕴含在其本身的数据元素之中，在时间上，古生物有起源（出现）时间和灭绝（消失）时间，二者之间的连线就构成了这种生物的地质时代延限。在空间上，生物具有特定的分布区域，化石也有特定的产出地点。随着地质时间的变化，生物发生演化，地理格局、海陆分布也都会发生相应的变化。生物的时空分布就是要探讨生物随地质时代和地理格局所发生的变化模式。相关研究对于理解生物演化、生物地理分区、生物与环境之间的相互作用等具有重要意义。

在具体研究中，需要对化石生物的产地进行古地理方面的转换。不同地质时期的古地理格局都是不同的，甚至在很多地质历史时期的古地理重建上不同学者也未形成统一的意见。古生物化石记录与地层记录作为沉积岩石地质体中的重要元素，也是重建古地理的第一手资料，其往往可以对古地理格局进行一定的修正。目前学者使用广泛的古地理图，如 Scotese（2016）最初就是基于全球腕足动物化石的时空分布记录所绘制的。

很多网站都提供了古地理转换的工具，所需要的参数包括现代经纬度数值[单位是度（°）]和年龄值（单位是 Ma）。软件工具会根据目前已经绘制的古地理格局信息给出古代的经纬度数值，甚至还可以在古地理图上进行投点，以可视化的方式展示其古地理位置。通常在转换经纬度的网站（如 https://paleolocation.org/）首页，会要求输入上述数值。在示例中，选取输入了经纬度数值（−70，44）（数据表示法参见第 4 章）和地质年代数值 380，即试图获取该坐标位置在距今 3.8 亿年以前的古地理信息。提交数据之后，网站生成了一幅古地理图，目标点已经被投到了 3.8（实际为 3.79）亿年以前的古地理图上，并以数据简表形式给出了古地理位置的具体描述：泥盆纪 Frasnian 时期，劳亚板块，古经纬度坐标（−80.9079，−17.6217）（图 6.4）。

需要说明的是：①目前的古地理格局是基于海洋动物化石粗略估算获得的，其往往是以大陆和大洋的板块为单位，古经纬度无法做到和现代地理学中一样的精确程度，都是依据经验而开展的"估算"；②对古地理格局详细的重建涉及微分几何方面的计算，目前在板块边界、化石记录、古地磁记录等数据方面仍无法实现；③古经纬度重建信息都是相对的，具有参照意义，新发现的化石与地层记录可能对已有的古地理重建信息进行修订。

图 6.4　古经纬度转换示例（通过网页：https://paleolocation.org/）

通过古生物与地层剖面的时空分布数据，即使不开展古地理重建工作，也可以开展板块构造等方面的研究与探讨，对于从古生物学研究的角度对广西运动的研究就是这方面工作的案例。

广西运动最早是由中国地质事业的奠基人之一、地质学家丁文江（1887～1936年）先生提出来的，代表遍布华南的泥盆系与其下伏地层之间的区域不整合接触关系。这种大区域的不整合接触或沉积间断是华南地质块体上不可忽略的沉积特征，任何一个从事地球科学研究的专业人员都耳熟能详。这次沉积结构指示了一次强烈的地质构造事件，很可能是全球加里东期构造运动在华南的具体表现，它对华南大地构造的演化和再造产生了深远的影响。陈旭等（2010，2012，2014）通过生物地层学的研究方式，汇总分析华南陆块上奥陶纪—志留纪时期大量笔石化石记录，对广西运动的进程做了阐述。广西运动经历了从晚奥陶世至志留纪晚期，历时约 6000 万年的强烈差异构造运动，其被集中记录于古生代中期地层界面中。王怿等（2021）分析研究了华南 126 条地层剖面中古生界地层界面的接触关系，运用大数据分析的方法，重建了华南板块上广西运动的时空规律：广西运动是一次长历程的地质作用，在华南广大地区以不同的方式发生和推进，各地发生、发展、结束时间和后续推进过程略有差异。广西运动最先发生于晚奥陶世珠江区，到达扬子区的时间大约晚了 10 Ma，发展的高点在志留纪普里道利世早期，结束的时间从早泥盆世洛赫考夫晚期开始，呈现为一个由南向北、由西向东的强力推进过程。

古生代时期，华南在古地理上位于冈瓦纳大陆的东北边缘，由华夏和扬子两个陆块在新元古代时期拼合而成，两个陆块之间分布有广泛的陆表海。华南古生界地层中最重要的构造界面就是泥盆系与其下覆寒武系—志留系不同层位地层之间的大间断，其表现为地层间的角度不整合或平行不整合接触。这些不整合接触面是华南泥盆系以及下覆地层最显著的识别特征，是从事地层学和古生物学野外工作的重要参照，其在构造地质学上被解释为广西运动的结果。已有学者通过奥陶纪岩相和生物相的分析，开展了华南广西运动的进程以及相关的构造运动等研究工作。然而，对于广西运动之后华南的海侵以及接受沉积的过程鲜有研究，相关的研究工作离不开华南的泥盆纪植物化石以及相关的浅水沉积记录。

Xu 等（2019） 通过在我国江西崇义阳岭砾岩发现的典型的早泥盆世植物化石，明确了阳岭砾岩的地质时代为早泥盆世布拉格期，同时，研究团队还梳理总结了华南板块，尤其是华夏陆块上 23 个产有植物化石的地层剖面和 52 个泥盆纪植物化石产地。这些层位与产地都具有泥盆纪的近岸浅水沉积的证据。通过这些化石记录，识别了广西运动之后华南板块，尤其是华夏陆块上，海侵和接受沉积的阶段性模式，华夏陆块上的海侵和沉积过程始于早泥盆世布拉格期，从广西六景等地开始，持续向东北方向增强，至晚泥盆世时，已到达下扬子地区，在图 6.5 中，泥盆纪植物化石时空分布信息反映了广西运动之后泥盆纪不同时期的海侵模式。图 6.5（a）~图 6.5（c）分别代表早、中、晚泥盆世时期，这些时期的植物化石产地以数字与符号的形式投点到了地图上，它们代表浅水相的沉积记录，随着地质时代的演进，浅水区域逐步向东北方向退缩，相应地，深水区域也持续朝东北方向推进，代表海侵的方向与强度。图示模式发生在华夏古陆地（Cathaysia），未涉及扬子板块（Yangtze）和华北板块（North China）的数据。

泥盆纪是植物登上陆地的早期阶段，全球不同古陆均已出现了多种多样的植物群，植物地理分区的现象也已经显现。泥盆纪植物中已经可以识别出独特的地方型属种和全球广布型属种。莱氏蕨（Leclerciqa）是研究非常充分的一种泥盆纪原始鳞木类石松植物，长期以来，除了华南以外的全球泥盆纪古陆上均有其化石记录被广泛报道，而华南泥盆纪植物群则以地方型属种为主。Xu 等（2020） 基于云南盘溪所发现的莱氏蕨植物大化石标本以及该植物相关的全球化石产出记录，发现了莱氏蕨在全球泥盆纪不同地质时期和古气候带的时空分布模式。图 6.6（a）~图 6.6（c）分别代表早、中、晚泥盆世时期的全球古地图，莱氏蕨的大化石（粉色点）与孢子化石（黄色点）时空分布规律：莱氏蕨主要分布在全球干旱气候带，在中泥盆世时期几乎遍布全球分布，至晚泥盆世式微（图 6.6）。研究工作利用部署在大数据中心 GBDB 的古经纬度转换以及 ArcGIS 软件，将莱氏蕨的分布

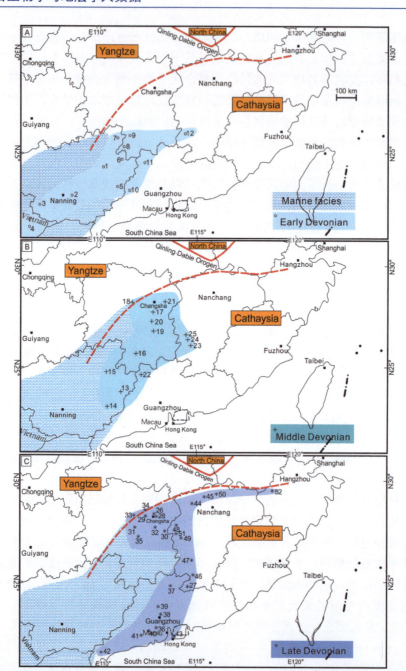

图 6.5　基于泥盆纪植物化石时空分布信息重建广西运动之后泥盆纪不同时期海侵模式

Yangtze:扬子板块；North China:华北板块；Qinling-Dabie Orogen:秦岭一大别构造带；Viernam:越南；Marine facies:
海相；Early Devonian:早泥盆世植物产地及分布区；Middle Devonian:种泥盆世植物产地及分布区；Late Devonian:
晚泥盆世植物产地及分布区

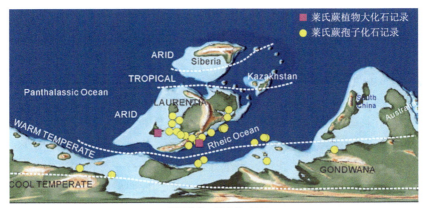

(a) 早泥盆世，距今约4亿年

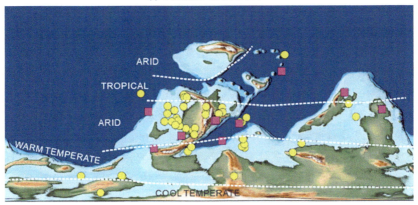

(b) 中泥盆世，距今约3.9亿年

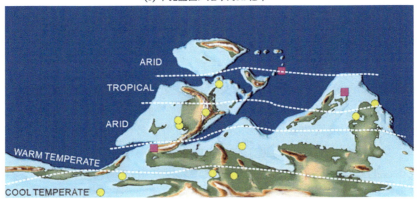

(c) 晚泥盆世，距今约3.8亿年

图 6.6 全球广布型石松类植物莱氏蕨（*Leclerciqa*）在泥盆纪不同时期的时空分布模式

ARID:干旱带；Siberia:西伯利亚；Panthalassic Ocean:泛大洋；TROPICAL:热带；Kazakhstan:哈萨克斯坦；
LAURENTIA:劳伦大陆；South China:华南；Australia:澳大利亚；Rheic Ocean:瑞克洋；COOL TEMPERATE:凉温
带；GONDWANA:冈瓦纳

情况投点到了相应的古地理图上，获得了该植物的全球时空分布模式。结论表明，莱氏蕨在早泥盆世起源于欧美古陆，到中泥盆世扩散到了全球所有的古陆和古气候带上，至晚泥盆世之后发生了灭绝。

Wu 等（2022）基于全球化石记录数据，以及首次在华南地区发现的臭椿属翅果化石，揭示了臭椿属的迁移扩散途径。臭椿属植物曾在新生代时广泛分布于北半球，但在低纬度地区鲜有化石记录。海南岛和广东臭椿属化石的发现表明，该属至少在始新世中期就已扩散至中国华南地区，并在渐新世早期开始广泛分布于东亚低纬度地区。随着渐新世以来全球气候持续变冷，臭椿属在中高纬度地区逐渐消失，并可能通过晚渐新世之后的亚洲-大洋洲板块碰撞从亚洲继续向南扩散至大洋洲北部，形成当前的分布格局。

疑源类是一类有机质壁微体生物化石，其壳壁成分类似于孢粉素，大多数早古生代疑源类化石被认为是海生真核浮游生物的休眠孢囊（cyst），是古生代海洋浮游植物的重要组成部分。现代海洋中，孢囊是浮游植物生命过程中重要的一环，在浮游藻类演化和海洋碳循环中具有重要意义。作为初级生产者，以疑源类为代表的浮游植物可能在古生代海洋生态系统的演化上起着非常重要的作用；进而有助于我们对奥陶纪生物大辐射的启动过程、奥陶纪生物大辐射与寒武纪生命大爆发之间的关联以及寒武纪晚期的浮游生物革命（plankton revolution）的研究。Shan等（2022）以疑源类化石记录数据结合沉积环境研究，对寒武纪、奥陶纪疑源类生态空间的变化进行了深入探索。研究以寒武纪和奥陶纪疑源类优势类群的变化探究了该时期浮游植物古生态模式的演变。这项研究以相对丰度为标准，选取了40 多种优势形态类型，涉及华南、华北以及塔里木三大板块的 60 多个剖面。将选取的疑源类优势类群按照其古环境分布进行投图，结果表明，疑源类生物的生态空间在寒武纪到奥陶纪期间存在从近岸环境向远离海岸方向拓展的趋势，并且在寒武-奥陶纪界线附近的转变最为显著。该发现为"奥陶纪浮游生物革命"（Ordovician plankton revolution）的开始与发展提供了证据。演化方面的意义还包括，疑源类形态类型从寒武纪早期以具有简单纹饰和简单突起的形态类型组合为主，演变为早、中奥陶世具有非常复杂形态的高度多样化组合；到了中、晚奥陶世时期，复杂的疑源类类群占据了相当部分区域的海洋生境，形成了与现代单细胞藻类相似的分布模式。该研究还创造性地发现了疑源类优势类群的重要意义，与生物地层学研究中关注某类化石的出现不同，优势类群对疑源类古生态研究有着更为重要的作用。

6.3　网　络　分　析

网络也被称为数学图谱（graphs by mathematicians），其为社会系统、计算网络、生物网络和物理系统的状态空间等复杂系统的结构提供了必要的抽象化过程（Newman, 2012）。网络分析（network analysis）是通过计算特征值间的相关系数，寻找变量之间的联系，以网络图或者连接模型（connection model）来展示数据的内部结构，并将显著相关的特征节点用不同粗细的线相连来表示不同变量（物种或基因等）间的相互作用关系，从而简化复杂系统，并提取有用信息的一种定量分析方式。

在现代生物学研究中，常利用相关性来构建生物的生态网络模型，如可以对物种群落数据进行分析，展现物种之间的共现（co-occurrences）模式，也可以结合多个数据集进行分析，如分析环境因子对物种的影响等。组间的网络分析反映相同样品内部不同指标的相互关系，如微生物物种与生物抗性基因的关系等。在古生物大数据分析中，网络分析也得到了广泛的应用，包括古生态学中生物共现模式分析（Muscente et al., 2018）和宏演化分析（Cuthill et al., 2020）、生物地理分区的研究（Shi, 1993; Shen and Shi, 2004; Huang et al., 2012; Ke et al., 2016; Muscente et al., 2019）等。网络分析具有强烈的拓展性，基于任何一种科学属性都可以构建网络，无论什么网络，其原理都是相通的。基于网络分析开展生物地理分区的研究应用较为广泛，很多学者也都极其敏锐地意识到了这个问题，并开始开发专门计算软件，本节以生物地理分区作为实例，讲述网络分析方法的应用。

6.3.1　生物地理分区

网络图包含节点（nodes）和边（edges）元素，在古生物数据分析过程中，节点通常为产地或物种，边为某物种与产地之间具有关联关系时的连接线。在构建网络中通常使用关联矩阵（incidence matrix）进行构建。

网络分析一般使用生物地理连通度（biogeographic connectedness, BC）来量化分类群-产地的相关关系（taxon-locality occurrences relative），该值大小范围是0~1，值越小表示地方性越高，即生物分区越明显；值越大表示世界性越强，即生物分区较差。该参数由 Sidor 等（2013）首次提出并已得到较多应用（Button et al., 2017; Qiao et al., 2022），其计算公式如下：

$$BC = \frac{O - N}{L \cdot N - N}$$

式中，O 为网络中边的数量；L 为分类的数量；N 为产地的数量。

在网络分析过程中，Gephi（Bastian et al., 2009）、R 语言的 igraph 应用包（Csardi and Nepusz, 2006）、CytoScape（Smoot et al., 2011）、EDENetworks（Kivelä et al., 2015）均可实现网络分析。现以早中泥盆世部分植物数据为示例，讨论使用网络分析揭示生物地理区的基本流程。首先将收集的数据按照产地物种对应的关系整理为关联矩阵，方便之后导入数据进行计算。

生物地理分区中常用 Gephi 软件进行分析。Gephi 是基于 Java 开发的一款开源、免费且多平台支持的软件 （Bastian et al., 2009；刘勇和杜一，2017）。网络分析软件往往会提供若干可调节的参数 （表 6.1），通过调节这些参数可实现：①通过不同的布局算法将表示关系的数据可视化，并以图形的方式直观展示网络；②根据节点与边的不同连接关系应用不同的统计算法，再通过计算网络的模块度、图密度、节点的中心度等来定量地研究数据网络的相关特征。王骞和黄冰（2020）系统介绍和对比了使用 Gephi 软件和 R 语言进行网络分析的方法和差异。相较于 R 语言而言，Gephi 软件具有容易操作、成图美观等特点，但其对数据的处理有限不能进行更多的数据后续的分析处理。而 R 语言具有强大的数据分析处理能力，并根据自身需求自行设计，更推荐使用 R 语言进行分析（王骞和黄冰，2020）。

我们还可以通过构建加权网络（weighted networks）来体现生物分区的变化，还可以通过不同产地之间的相异度[dissimilarity，或者称为距离（distance）]，设置不同的阈值来确定不同节点的连接或不连接，并可以叠加古地理图使分区更加清晰。阈值的方法用于显示节点之间的关系（Moalic et al., 2012; Kiel, 2016, 2017），两个节点之间的相异度（距离）高于阈值的将会被移除，只保留那些相异度小的[相对来说就是相似度（similarity）大的将会被保留]，保留下来的连接更为重要（Kivelä et al., 2015; Kiel. 2016）。

生态与演化网络（ecological and evolutionary networks，EDENetworks）是基于 Python 语言而编写的开源软件（Kivelä et al., 2015），专门用于构建生态学中的生物网络，可轻易实现对生物网络的加权和各种处理。

关于相异度或距离的计算方法非常多，能够实现权重的测度也很多，在"机器学习"领域的教科书中有大量介绍，本书不再赘述。在此仅对古生物学数据分析中较为常见的评估相异度的方法做个简介，这些方法都是近年古生物学数据分析领域常用的技术手段，在古生物学与地层学专业的科研论文中被广泛提及。

（1）布雷-柯蒂斯相异度（Bray-Curtis dissimilarity）：其是来自于生态学和生物学的术语（Bray and Curtis, 1975），是基于物种多度，对不同采样区域物种组成差异进行衡量的测度，其对于古生物的地理分区同样适用，Kiel（2017）使用 Bray-Curtis 相异度参数识别了二叠纪末生物大灭绝之后全球腕足动物生态复苏过程中

的古地理分区。Bray-Curtis 相异度的计算公式是

$$BC_{ij} = 1 - \frac{2C_{ij}}{S_i + S_j}$$

式中，i、j 为两个产地；S_i、S_j 为分别在 i、j 两地的物种总数；C_{ij} 为在两个产地发现的每个物种的较小数量的总和。

（2）Dice 相异度（Dice dissimilarity）是一种集合相似度度量函数，Dai 和 Song（2020）分析了二叠纪至三叠纪时期海洋生物菊石的地理分区模式。Dice 相异度的计算公式是

$$\text{Dice dissimilarity} = 1 - \frac{2 \cdot a}{2 \cdot a + b + c}$$

式中，a 为产地 1 和产地 2 中共有物种的数量；b 为仅产出于产地 1 的物种；c 为仅产出于产地 2 的物种。

（3）杰卡德相异度（Jaccard dissimilarity）是衡量相似性最常见的系数，两个集合 A 和 B 的交集元素在 A、B 的并集中所占的比例为两个集合的杰卡德相似系数，即 $(A \cap B) / (A \cup B)$。杰卡德相异度就是：$1 - (A \cap B) / (A \cup B)$，即

$$\text{Jaccard dissimilarity} = 1 - \left(\frac{a}{a + b + c} \right)$$

式中，a 为产地 A 和产地 B 中共有物种的数量；b 为仅产出于产地 A 的物种；c 为仅产出于产地 B 的物种。

表 6.1　生物地理分区中的网络分析常用参数（刘勇和杜一，2017；王骞和黄冰，2020）

名称	释义
度（degree）	节点所连接的边的数量总和即该网络的度。某个节点所连接的边的数量即该节点的度。度包括出度和入度，出度为该节点所连出的边的数量，入度为该节点所连入的边的数量。在无向图中度为所有边的数量，在有向图中为出度和入度之和
平均度（average degree）	该网络中所有节点的所有度数除以节点的数量即平均度。在无向图中，平均度为度总数除以节点数量。在有向图中，出度的总数等于入度的总数，平均度为出度总数除以节点总数
图密度（graph density）	实际存在的边的数量除以最大可能存在的边的数量
阈值（thresholding）	在加权网络图中移除低于给定阈值的连接，只在网络中保留最重要的连接
分块化（partitioning）	在社会学中主要为社区发现，在生物分区中主要是根据不同群组的不同特点划分生物分区
模块度（modularity）	主要用于优化和检测各种网络结构，生物地理中可用于探究不同分区之间的变化和转换等问题
中介中心性（betweenness centrality）	度量一个节点通过最短路径连接其他节点时的重要性，一个节点充当中介的次数越高，其中介中心性就越高

6.3.2　研究案例：泥盆纪植物的古地理分区

生物与地理区域之间存在关联关系，不同的生物物种（1~7）分布在不同的产地（1~3）（表 6.2），用二值数代表这种关联关系，"1"代表某物种属分布于某产地，"0"代表不属于某产地，由此建立了生物与地理区域之间的关联关系数据矩阵（表6.2），它们的网络关系也可以绘出（图6.7），即3个产地中存在7个物种，节点为10个，根据物种与产地的关系，该网络具有10条边。

表 6.2　物种与产地关联数据矩阵示例表

	物种 1	物种 2	物种 3	物种 4	物种 5	物种 6	物种 7
产地 1	1	0	1	0	0	0	0
产地 2	1	2	1	1	0	0	1
产地 3	0	0	1	0	1	1	0

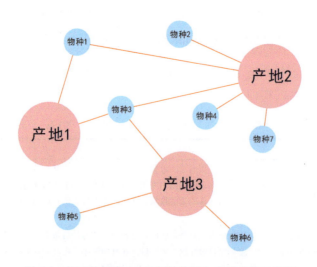

图 6.7　基于数据表 6.2 绘制的物种与产地网络示意图

泥盆纪是陆生植物演化与多样性递增的关键时期，植物已经扩散至全球所有陆地区域，植物的地理分区现象已经出现。基于泥盆纪植物化石产出记录数据与全球古地理重建，可以对泥盆纪植物的古地理分区开展研究。本节选取 9 个全球广布型泥盆纪植物属的化石记录，将这 9 个属与它们的化石产地之间建立关联数据矩阵（表6.3），用二值数代表这种关联关系，"1"代表某属分布于某产地，"0"

代表不属于某产地。基于古地理重建数据，将化石产地数据按照古地理中的陆地板块进行了必要的整理，将美国和加拿大合并为北美古陆（NA）、委内瑞拉和阿根廷合并为南美古陆（SA）、比利时和德国合并为波罗的海古陆（BA）、中国准噶尔盆地西缘合并到哈萨克斯坦古陆（KZ）、中国准噶尔盆地东缘合并到西伯利亚古陆（SI）。

表 6.3　全球中泥盆世草本石松类植物和前裸子植物化石记录数据简表

	属1	属2	属3	属4	属5	属6	属7	属8	属9
阿根廷	0	0	0	0	1	1	0	0	0
澳大利亚	0	1	0	0	0	0	0	0	0
比利时	0	1	0	0	0	0	1	1	0
加拿大	0	1	0	0	0	0	0	0	0
德国	0	1	0	0	0	0	1	1	1
哈萨克斯坦	0	1	0	0	0	0	1	0	0
西伯利亚	0	1	0	0	1	0	1	0	0
中国华南分区	1	1	1	1	0	0	0	0	0
美国	1	1	0	0	1	1	1	1	1
委内瑞拉	1	1	0	0	1	0	0	0	1
中国准噶尔盆地	1	1	0	0	1	0	1	0	0

中泥盆世时期，全球共识别出四个植物地理大分区，分别为西伯利亚[包含西伯利亚（SI）和哈萨克斯坦（KZ）]、欧美[包含北美（NA）、南美（SA）和波罗的海（BA）]和中国华南分区（图6.8）。澳大利亚古陆（AU）相较于其他地区的数据较少，其分区未能识别。

将整理后的数据导入 R 语言（R version 4.2.1）中，使用 igragh 应用包分析生物地理分区。在模块化计算中使用 Fastgreedy 算法（Clauset et al., 2004）识别出中泥盆世古生物分区有 4 个。在 R 语言中使用 Bootstrap（Davison and Kuonen, 2002）应用包，对中泥盆世的生物地理连通度（BC）重复采样 10000 次进行计算，得到中泥盆世 BC 为 0.2578。该数值较小，指示植物的地方性较大，植物的地理分区已经形成。如果能够用不同地质时期的数据展示该数值的动态演变过程，则可以解释植物地理分区的形成过程。

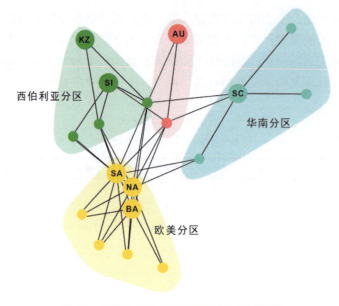

图 6.8　中泥盆世植物地理分区网络分析结果

　　将中泥盆世植物数据（表 6.3）导入 EDENetworks 软件中，使用杰卡德相异度得到不同阈值下的加权网络（图 6.9）。需要注意的是，在选择阈值确定生物分区时，阈值的大小没有一个特定的值。加权网络图在不同阈值下所发生的变化可能对应生物分区情况，根据生物分区的结果，可以选择合适的阈值。在本节的研究案例中，阈值在 0.55 或在 0.65 时，就能够识别出两个较为明显的生物分区（图 6.10）。

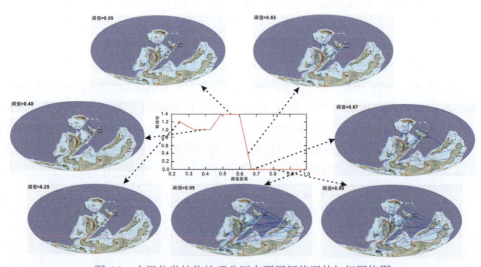

图 6.9　中泥盆世植物地理分区在不同阈值下的加权网络图

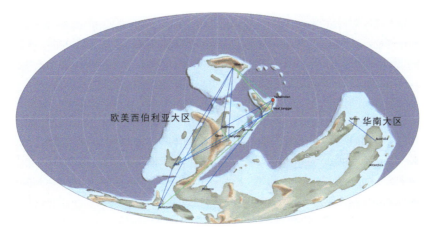

图 6.10 中泥盆世植物地理分区在阈值为 0.65 时的加权网络图，能够识别出欧美西伯利亚大区和华南大区

参 考 文 献

陈旭, 樊隽轩, 陈清, 等. 2014. 论广西运动的阶段性. 中国科学: 地球科学, 44: 842-850.

陈旭, 张元动, 樊隽轩, 等. 2012. 广西运动的进程: 来自生物相和岩相带的证据. 中国科学: 地球科学, 42: 1617-1626.

陈旭, 张元动, 樊隽轩, 等. 2010. 赣南奥陶纪笔石地层序列与广西运动. 中国科学: 地球科学, 40: 1621-1631.

刘勇, 杜一. 2017. 网络数据可视化与分析利器 Gephi 中文教程. 北京: 电子工业出版社.

沈树忠, 樊隽轩, 王向东, 等. 2022. 如何打造高精度地质时间轴? 地球科学, 47: 3766-3769.

王騫, 黄冰. 2020. 浅谈网络分析法及其在古生物学中的应用. 古生物学报, 59(3): 362-374.

王怿, 戎嘉余, 唐鹏, 等. 2021. 华南古生代中期地层界面的特征与大地构造意义. 中国科学: 地球科学, 51: 218-240.

Bastian M, Heymann S, Jacomy M. 2009. Gephi: An open source software for exploring and manipulating networks. Proceedings of the International AAAI Conference on Web and Social Media, 3: 361-362.

Bray J R, Curtis J T. 1957. An ordination of the upland forest communities of Southern Wisconsin. Ecological Monographs, 27: 325-349.

Button D J, Lloyd G T, Ezcurra M D, et al. 2017. Mass extinctions drove increased global faunal cosmopolitanism on the supercontinent Pangaea. Nature Communications, 8: 1-8.

Carney J L, Pierce R W. 1995. Graphic correlation and composite standard databases as tools for the exploration biostratigrapher//Mann K O, Lane H R. Graphic Correlation. Tulsa: SEPM Special Publication: 23-43.

Chen Z, Fan J, Hou X, et al. 2014. The Llandovery (Silurian) conodont species diversity on the Upper Yangtze Platform, South China. Estonian Journal of Earth Sciences, 63: 201-206.

Chlupáč I, Jaeger H, Zikmundova J. 1972. The Silurian devonian boundary in the Barrandian. Bulletin of Canadian Petroleum Geology, 20: 104-174.

Clauset A, Newman M E J, Moore C. 2004. Finding community structure in very large networks. Physical Review, E70: 066111.

Cooper R A, Sadler P M, Munnecke A, et al. 2014. Graptoloid evolutionary rates track Ordovician-Silurian global climate change. Geological Magazine, 151: 349-364.

Crampton J S, Cooper R A, Sadler P M, et al. 2016. Greenhouse-icehouse transition in the Late Ordovician marks a step change in extinction regime in the marine plankton. Proceedings of the National Academy of Sciences of the United States of America, 113: 1498-1503.

Crampton J S, Meyers S R, Cooper R A, et al. 2018. Pacing of Paleozoic macroevolutionary rates by Milankovitch grand cycles. Proceedings of the National Academy of Sciences of the United States of America, 115: 5686-5691.

Csardi G, Nepusz T. 2006. The igraph software package for complex network research, Internationa Journal of Complex Systems, 1695: 1-9.

Cuthill H J F, Guttenberg N, Budd G E. 2020. Impacts of speciation and extinction measured by an evolutionary decay clock. Nature, 588(7839): 636-641.

Dai X, Song H. 2020. Toward an understanding of cosmopolitanism in deep time: A case study of ammonoids from the middle Permian to the Middle Triassic. Paleobiology, 46(4): 533-549.

Davison A C, Kuonen D. 2002. An Introduction to the Bootstrap with Applications in R. Statistical Computing & Statistical Graphics Newsletter, 13(1): 6-11.

Deng Y Y, Fan J X, Zhang S H, et al. 2021. Timing and patterns of the Great Ordovician biodiversification event and Late Ordovician mass extinction: Perspectives from South China. Earth-Science Reviews, 220: 103743.

Fan J, Shen S, Erwin D H, et al. 2020. A high-resolution summary of Cambrian to Early Triassic marine invertebrate biodiversity. Science. 367: 272-277.

Goldman D, Bergström S M, Sheets H D, et al. 2014. A CONOP9 composite taxon range chart for Ordovician conodonts from baltoscandia: A framework for biostratigraphic correlation and maximum-likelihood biodiversity analyses. GFF, 136: 342-354.

Gradstein F M, Ogg J G, Schmitz M D, et al. 2020. Geologic Time Scale 2020, Volumes1, 2. Amsterdam, Oxford, Cambridge: Elsevier.

Guex J, Davaud E. 1984. Unitary associations method: Use of graph theory and computer algorithm. Computers & Geosciences, 10: 69-96.

Guex J, Galster F, Hammer Ø. 2016. Discrete Biochronological Time Scales. Switzerland: Springer.

Huang B, Rong J, Cocks L R M. 2012. Global palaeobiogeographical patterns in brachiopods from survival to recovery after the end-Ordovician mass extinction. Palaeogeography Palaeoclimatology

Palaeoecology, 317: 196-205.

Ke Y, Shen S, Shi G, et al. 2016. Global brachiopod palaeobiogeographical evolution from Changhsingian (late Permian) to Rhaetian (late Triassic). Palaeogeography Palaeoclimatology Palaeoecology, 448: 4-25.

Kemple W G, Sadler P M, Strauss D J. 1989. A prototype constrained optimization solution to the time correlation problem//Agterberg F P, Bonham-Carter G F. Statistical Applications in the Earth Sciences. Geological Survey of Canada Paper, 89: 417-425.

Kiel S. 2016. A biogeographic network reveals evolutionary links between deep-sea hydrothermal vent and methane seep faunas. Proceedings of the Royal Society B: Biological Sciences, 283(1844): 20162337.

Kiel S. 2017. Using network analysis to trace the evolution of biogeography through geologic time: A case study. Geology, 45(8): 711-714.

Kivelä M, Arnaud-Haond S, Saramäki J. 2015. EDENetworks: A user‐friendly software to build and analyze networks in biogeography, ecology and population genetics. Molecular Ecology Resources, 15(1): 117-122.

Moalic Y, Desbruyères D, Duarte C M, et al. 2012. Biogeography revisited with network theory: Retracing the history of hydrothermal vent communities. Systematic Biology, 61(1): 127.

Muscente A D, Bykova N, Boag T H, et al. 2019. Ediacaran biozones identified with network analysis provide evidence for pulsed extinctions of early complex life. Nature Communications, 10(1): 1-15.

Muscente A D, Prabhu A, Zhong H, et al. 2018. Quantifying ecological impacts of mass extinctions with network analysis of fossil communities. Proceedings of the National Academy of Sciences, 115(20): 5217-5222.

Newman M E. 2012. Communities, modules and large-scale structure in networks. Nature Physics, 8(1): 25-31.

Paluveer L, Nestor V, Hints O. 2014. Chitinozoan diversity in the East Baltic Silurian: First results of a quantitative stratigraphic approach with CONOP. GFF, 136: 198-202.

Qiao L, Zhang Y C, Liu C Y. 2022. Palaeobiogeographical analysis of the Mississippian (early Carboniferous) brachiopod fauna in the Tibetan Plateau. Palaeogeography Palaeoclimatology Palaeoecology, 596: 110999.

Sadler P M, Cooper R A, Melchin M J. 2009. High-resolution, early Paleozoic (Ordovician-Silurian) time scales. Geological Society of America Bulletin, 121: 887-906.

Sadler P M, Cooper R A, Melchin M J. 2011. Sequencing the graptoloid clade: Building a global diversity curve from local range charts, regional composites and global time-lines. Proceedings of the Yorkshire Geological Society, 58: 329-343.

Sadler P M. 2012. Integrating carbon isotope excursions into automated stratigraphic correlation: An example from the Silurian of Baltica. Bulletin of Geosciences, 87: 1-16.

Scotese C R. 2016. PALEOMAP PaleoAtlas for GPlates and the PaleoData Plotter Program, PALEOMAP Project. http://www. earthbyte. org/paleomap-paleoatlas-for-gplates/.[2019-01-01].

Shan L, Yan K, Zhang Y, et al. 2022. Palaeoecology of Cambrian-Ordovician acritarchs from China: evidence for a progressive invasion of the marine habitats. Philosophical Transactions of the Royal Society, B377: 20210035.

Shaw A B. 1964. Time in Stratigraphy. New York: McGraw-Hill.

Shen S, Crowley J L, Wang Y, et al. 2011. Calibrating the end-Permian mass extinction. Science, 334: 1367-1372.

Shen S, Shi G. 2004. Capitanian (Late Guadalupian, Permian) global brachiopod palaeobiogeography and latitudinal diversity pattern. Palaeogeography Palaeoclimatology Palaeoecology, 208(3-4): 235-262.

Shi G. 1993. Multivariate data analysis in palaeoecology and palaeobiogeography-a review. Palaeogeography Palaeoclimatology Palaeoecology, 105(3-4): 199-234.

Sidor C A, Vilhena D A, Angielczyk K D, et al. 2013. Provincialization of terrestrial faunas following the end-Permian mass extinction. Proceedings of the National Academy of Sciences. 110: 8129-8133.

Smoot M, Ono K, Ruscheinski J, et al. 2011. Cytoscape 2. 8: New features for data integration and network visualization. Bioinformatics, 27: 431-432

Wang Y, Sadler P M, Shen S, et al. 2014. Quantifying the process and abruptness of the end-Permian mass extinction. Paleobiology, 40: 113-129.

Wu X K, Maslova N P, Kodrul T M, et al. 2022. Fossil samaras of Ailanthus from South China and their phytogeographic implications. iScience, 25: 104757.

Xu H H, Wang Y, Chen Y S, et al. 2020. Spatio-temporal distribution of Leclercqia (Lycopsida), with its new discovery from the Middle to Upper Devonian of Yunnan, South China. Palaeogeography Palaeoclimatology Palaeoecology, 560: 110029.

Xu H H, Wang Y, Tang P, et al. 2019. Discovery of Lower Devonian plants from Jiangxi, South China and the pattern of Devonian transgression after the Kwangsian Orogeny in the Cathaysia Block. Palaeogeography, Palaeoclimatology, Palaeoecology, 531: 108982.

第 **7** 章

古地理重建

古地理学（paleogeography）是研究地质历史时期自然地理特征及其演化的学科，其研究内容包括地球上的海陆分布，以及陆地和海洋内部的地形、气候以及生物等（Ross, 1999; Torsvik and Cocks, 2017; Hou et al., 2019）。古地理学是一门综合性很强的地球科学，是地质学的重要分支，涉及众多地学分支学科，如地史学、地层学、古生物学、岩石学、沉积学、大地构造学、自然地理学、海洋学、生物学、气候学、天文学、矿床学、地球化学、地球物理学、石油天然气地质学、煤田地质学、环境地质学、防自然灾害学以及生命科学等。根据分支学科的划分以及研究侧重的不同，古地理学又可分为构造古地理学、生物古地理学、岩相（或沉积）古地理学、地层古地理学、自然地理古地理学、第四纪古地理学等（冯增昭, 1999, 2003, 2009）。古地理学研究为地质学、地理学、海洋学、气候学等研究提供了理想的框架约束，具有重要的科学意义，同时，古地理学可以让我们更好地了解地球上矿产资源的成因与分布，具有重要的生产实践意义（王成善等, 2010）。

7.1 发展与沿革

人类很早就对古地理知识产生了朴素的认知，如我国先秦时期的"高岸为谷，深谷为陵"以及东晋时期的"沧海桑田"即对地貌变化及海陆变迁的形象概括。古地理学作为一门学科，它的产生与发展与自然科学及地质学的发展过程是息息相关的。15 世纪末到 16 世纪的大航海时代，大量欧洲的探险家与科学家投身环球航行与探险考察，促进了地理大发现和更加准确的全球地图的产生，同时拓展了人们对全球地质、地貌的认知（路甬祥, 2012）。总体而言，20 世纪初之前"固定论"是地质学领域的主流观点，即主张大陆和海洋自形成后外形轮廓、地理位置是基本不变的，海陆的转换主要由地壳在垂直方向的运动引起，代表学者有

James Hutton、Élie de Beaumont、James Hall 等（杨静一，1988）。但同时，这一时期已经有部分学者开始意识到，海陆存在水平方向运动的可能性，如 1596 年，法兰德斯地图学家 Abraham Ortelius 最早提出大陆漂移假说；1620 年，英国 Francis Bacon 观察到非洲大陆西部和南美洲东部的海岸线有着相似的轮廓，可以近乎完美地拼合到一起；1857 年，奥地利地质学家 Eduard Suess 根据南半球各大陆上地质岩层和古生物化石的相似性，认为在南半球曾存在一个统一大陆，并将其命名为冈瓦纳；后来 Eduard Suess 又根据非洲与阿尔卑斯山脉的化石纪录，提出了特提斯洋的存在，并认为现代地中海便是特提斯洋的残余部分。

"古地理"（paleogeography）一词被正式提出是在 19 世纪后期（Hunt，1873），最初被定义为利用古植物学和古动物学系统研究地质历史时期的地理学科，随后 Willis（1910）将这两个重要研究分支合并为古生物地理学（paleobiogeography）。1915 年，德国的地球物理学家 Alfred Lothar Wegener 正式出版了《海陆的起源》一书，在前人研究的基础上系统地论述了大陆漂移学说，明确提出了在中生代末期泛大陆的崩解、漂移，标志着大地构造学说中"活动论"的诞生。由"固定论"向"活动论"的转变经历了地质学家的长期探索，是观点和思路的一次巨大跨越，"活动论"也成为古地理研究的指导思想（许效松，1999）。继大陆漂移学说提出之后，20 世纪中后期又陆续先后诞生了诸多学说，如海底扩张、板块构造等，进一步深化和丰富了古地理学理论。

古地理学的基本原则是将今论古，即假定现代所存在的自然地理过程在过去时期里都同样被遵循，因而可以参考现代地球的自然地理过程和原理，反演地球表面过去的状态。经过数百年的发展，古地理学在许多分支领域都形成了成熟的研究体系与方法，如①构造古地理：通过标志性沉积物的分布、古地磁测量数据、生物化石组合、断裂带的分布等，恢复地质历史时期的全球构造古地理格局；②岩相古地理：通过岩石的沉积特征、横向展布等，重建区域内的沉积环境；③生物古地理：通过古生物化石的时代、组合面貌、空间分布等特征来探讨地质历史时期地区间生物组成的相似性。

古地理学各个分支领域的研究，无一例外都涉及地球科学大数据，在此基础上才能对区域性或全球性的海陆分布、环境背景，以及生物分布格局等进行重建，古地理学可谓典型的基于大数据（或依赖数据）的学科。当今的信息时代，古地理学领域也积累了海量的研究数据，数据数量和质量的迅速提升使得古地理学研究更加客观全面。同时，人们对数据的采集、处理和分析等技术过程也有了更加智能化的手段，在此基础上，大数据驱动的古地理学研究迎来了迅速的发展。本章拟列举古地理学的数个分支领域，对其学科发展历史，以及近年来数据驱动的科学研究方法和成果进行介绍。

7.2 构造古地理学

构造古地理学（tectono-paleogeography）是研究地质历史时期地理单元的构造属性及其演变特征的科学，其重建内容包括板块的位置、边界、运动过程以及内部地貌特征等（侯章帅等, 2020; Tang et al., 2022）。构造古地理重建先后经历了前板块构造理论期和板块构造理论期两个阶段（陈洪德等, 2017）。前板块构造理论期的学者以 Emil Haug、Alfred Lothar Wegener 等为代表，主要基于地层学和古生物学的资料进行构造古地理绘图，但缺乏定量证据。板块构造理论期，具有精确定位作用的古地磁学的广泛应用，加上深部地球物理揭示板块构造力机制，促进了构造古地理研究的飞速发展。20 世纪 70 年代以来，多个研究团队开始使用新生的计算机技术重建不同时期的全球构造古地理图。进入 21 世纪，随着计算机技术及软件平台的不断完善，构造古地理学进入新的发展纪元，在更长时间尺度、更多学科融合、更精准模型重建方面有了飞速进步，出现了 PaleoMap、PLATES、UNIL、GOLONKA、GMAP 和 EarthByte 等构造古地理重建模型（图 7.1）（侯章帅, 2020）。

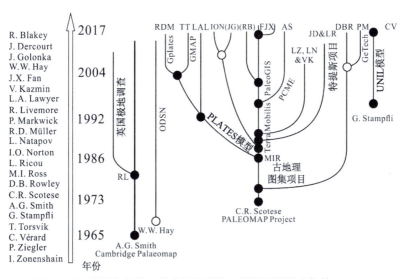

图 7.1 全球构造古地理重建历史沿革（制图参照侯章帅等, 2020）

恢复板块在地质历史时期的位置需要考虑多方面的证据，如古地磁数据、古生物分布、沉积记录等。其中，古地磁是重建深时板块位置的主要依据（图 7.2），也是定量古地理重建的首选工具（朱利东等，2008；冯岩等，2012；van Hinsbergen et al.，2015）。自然界冷却形成的岩浆岩中，磁性矿物会受到一定程度的磁化获得剩余磁性，其方向与地磁场方向相同，并且具有很强的稳定性。由岩浆岩风化后形成的沉积岩，在沉积过程中磁性矿物也会按照地磁场方向来排列。因此，岩浆岩和沉积岩可以记录形成时的地磁场信息。

在地质历史时期，地磁极在不断移动，且往往与地理极不重合，但对千年尺度的地磁场进行平均，则古地磁极的平均位置与地理极基本重合（冯岩等，2012）。磁倾角与地磁纬度之间存在如下关系：

$$\tan i = 2\tan\varphi$$

式中，i 为磁倾角；φ 为地磁纬度。

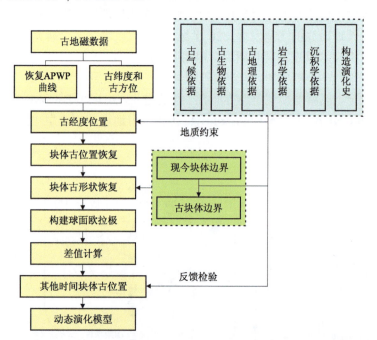

图 7.2　古大陆位置恢复方法流程（制图参照冯岩等，2012）

举例来说，赤道地区磁倾角为 0°，而两极地区近于 90°，这对于古地理重建具有重要意义（Torsvik et al.，2016）。根据岩石的剩磁倾角和取样位置等数据可以计算板块的古纬度和古地极位置等信息。此外，古生物地理区系对于恢复古板块的相对位置起到重要作用，一般来说两个板块的古生物面貌（特别是底栖生物）相似性与两个地块的距离成反比，即距离很近则容易发育相似的生物类型，而距离很远的板块间由于大洋这一地理隔离的存在则可能独立形成不同的生物组合（Cocks and Torsvik, 2002; Cao et al., 2017）。沉积记录比古地磁记录更为稳定，相对来说不易受到高温高压环境的破坏，因而沉积岩，特别是受纬度位置控制以及气候敏感的类型，是恢复板块相对位置的重要参考依据（Boucot et al., 2009）。

下面以 Tang 等（2022）为例，介绍大数据在构造古地理重建中的应用。中二叠世至中三叠世的地球经历了古特提斯洋的消减和新特提斯洋的开启。特提斯洋的东部区域分布着众多板块（地块），如拉萨、羌塘、喜马拉雅、华南、印度支那、塔里木—华北等。几十年的研究给区域积累了大量的地磁学、沉积学、古生物学等数据。Tang 等（2022）对于各方面的研究数据进行整合、分析，对中二叠世至中三叠世的东特提斯洋域进行了综合性的古地理重建工作。

在数据选择方面，Tang 等（2022）依据 Meert 等（2020）新修订的 "seven-point quality criterion" 对前期积攒的海量古地磁数据进行筛选，采用符合该标准的数据对中二叠世至中三叠世期间 260 Ma、250Ma 和 240Ma 三个时间节点东特提斯洋域的各个板块进行古地理重建。经过分析，中二叠世至中三叠世期间东特提斯洋域诸板块均位于低纬度区域（图 7.3）。恢复板块的古经度是相对困难的过程。Tang 等（2022）采纳 Torsvik 等（2008）的理论：300 Ma 至今的大火成岩省（large igneous provinces, LIPs）分布于核幔边界的剪切波低速区（large low shear-wave velocity provinces, LLSVPs）的边缘，如果剪切波低速区保持长时间稳定状态并且其真极移较小，那么或可据此来恢复 260 Ma 华南的峨眉山大火成岩省的古经度信息。在获取了古经度信息后，华南板块的准确位置即可确定，再根据古生物亲缘性等数据确定周边其他板块和地块的古经度，Tang 等（2022）则根据古生物亲缘性等数据进行推断。

此外，Tang 等（2022）根据古生物学数据库（PBDB）中 260~240 Ma 的 12487 条化石数据（包括化石时代延限、起源地、产地古经纬度、赋存岩性、埋藏特征、古环境信息等）恢复了各板块的古海岸线轮廓，大致思路为：①选取其中的海相化石数据，因为陆相化石可能会被搬运至海洋，而海相化石则可相对可靠地指示海洋环境；②计算各时期海相化石的平均地质年代；③采用 ArcGIS 和 GPlates 软件，对筛选出的海相化石进行古地理位置投点，附加于前述重建的各板块古地理位置图上；④根据化石投点进行各个板块古海岸线的勾勒。综合上述古地理重建结果，Tang 等（2022）认为在中二叠世时期，古特提斯洋的东西向跨度比前人的认知要更大，且此时古特提斯洋被分隔为南北两个分支，处于仅有狭窄海道沟通的半关闭状态。

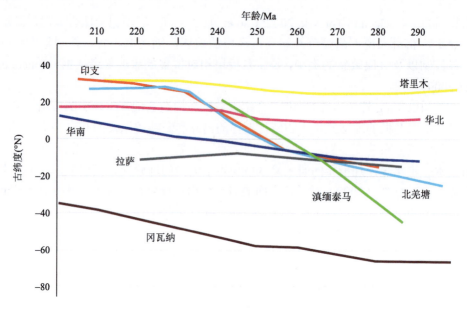

图 7.3 二叠纪—三叠纪特提斯洋域主要板块的古纬度变化

7.3 岩相古地理学

岩相古地理学（litho-paleogeography）也称沉积古地理，是对一定地质历史时期形成的地层进行沉积相分析，以恢复海陆分布、沉积环境等特征的学科。岩相古地理学涉及构造地质学、古生物学、地层学、地球化学、沉积学等方面，是一门综合性古地理学分支（刘宝珺和曾允孚, 1985; 牟传龙, 2022）。

19 世纪之前是岩相古地理学的萌芽阶段，主要体现为"水成论"和"火成论"两种理论的交锋。"水成论"认为水对地表的改变起到决定性因素，支持者以 Abraham Gottlob Werner 为代表；而"火成论"把"地下热火"看成地质现象的主要动力，支持者以英国地质学家 James Hutton 为代表。19 世纪至 20 世纪中期是岩相古地理的逐渐形成阶段，学科体系的建立和完善，许多耳熟能详的地质学理论都是这一时期出现的，如 William Smith 提出"化石层序律"，Charles Lyell 的"将今论古"（the present is the key to the past），Johannes Walther 提出的"瓦尔特相律"等。20 世纪中期至今，岩相古地理学逐渐发展成熟，新技术、新方法的应用，相关科学领域新成就的引进和渗透，以及模拟实验的大量工作，促使岩相古地理学得到了全面迅速的发展。

在国内，1961 年由北京石油学院矿物岩石教研室编写的《沉积岩石学》以及后续诸多版本的教材中都有关于岩相古地理的详细论述。《华北地台石炭纪岩相古地理》（王竹泉，1964）是我国早期岩相古地理领域的著作之一，后续如《中国南方岩相古地理图集》（刘宝珺和许效松，1994）、《中国古地理图集》（王鸿祯等，1985）、《中国南方构造-层序岩相古地理图集》（马永生等，2009）等专著相继出版，极大地丰富了我国的岩相古地理学。此外，我国也创立了一批岩相古地理方面的期刊，如《岩相古地理》（1981 年创刊）、《沉积学报》（1983 年创刊）、《古地理学报》（1999 年创刊）等，对我国的岩相古地理学起到了重要促进作用。时至今日，岩相古地理学是我国研究人员最多、成果最丰、生产实践效益最好的一个古地理学分支学科（冯增昭，2003）。

目前，最适合大数据定量岩相古地理重建的方法是冯增昭（2016）倡导和采用的"单因素分析多因素综合作图法"，单因素是能独立地反映某地区、某地质时期、某层段沉积环境某些特征的因素。它的有无或含量的多少均可独立地、定量地反映该地区、该层段的沉积环境的某些特征，如沉积环境水体的深浅、能量高低、性质等。某沉积层段的厚度以及它的特定的岩石类型、结构组分、矿物成分、化学成分、化石及其生态组合、颜色等均可作为单因素（冯增昭，2003）。"单因素分析多因素综合作图法"可分为三个步骤：①对各剖面进行地层学和岩石学研究取得各种资料（尤其是定量资料），了解各剖面各沉积层段的沉积环境特征。②在已取得的各剖面定量资料中选择能独立反映沉积环境的因素（即单因素），并把全区各剖面各作图单位的各种单因素的百分含量统计出来，绘制各种相应单因素图，主要是等值线图。这些单因素图可以从不同的侧面定量地反映该地区、该层段的沉积环境，这就是单因素分析。③将定量的单因素图叠加并结合该地区、该层段的其他资料，综合分析，编制出该地区该层段的定量岩相古地理图，这就是多因素综合作图（冯增昭，2003）。

下面以 Hou 等（2020）为例，介绍定量岩相古地理重建的流程。为反映晚二叠世吴家坪期华南板块的古地理位置、海陆分布格局并为自然资源分布提供参考，Hou 等（2020）进行了该时期华南板块综合、定量的古地理恢复工作，其中包括了详细的岩相古地理重建。在此项研究中，使用 GBDB 中 449 条包含华南吴家坪阶沉积数据的剖面资料，这些资料包含各个剖面的位置信息、地质时代、岩性描述、岩层厚度、岩层接触关系、化石记录等。经过人工核对和筛选，其中 18 条剖面因位置信息有误而被舍弃，最终采用了 431 条剖面的数据。这 431 条剖面中，有 165 条剖面涵盖了完整的吴家坪阶沉积，被选作优先参考的核心剖面；另有 261 条剖面只包含部分吴家坪阶沉积数据，作为次一级的支持性数据；剩下 25 条剖面包含的吴家坪阶信息有限，仅起到参照作用。

在采用"单因素分析多因素综合作图法"过程中，Hou 等（2020）比对前人采用的单因子类型和应用,结合研究目的,选取了8个单因子用于重建(图7.4):①地层厚度。地层厚度通常表示该时段区域沉降幅度,厚度最大的地区往往表示该期沉积中心的位置,同时能够反映物源区和盆地轮廓。②碳酸盐岩比例,包括灰岩和白云岩及其过渡类型,代表较纯的碳酸盐岩台地沉积环境。其比例大小代表碳酸盐台地的稳定性。③碎屑岩比例,包括砾岩、砂岩、细砂岩和粉砂岩等较粗颗粒碎屑岩,主要为陆源物质,其比例与陆源供应量以及到碳酸盐岩台地的距离成正比。④泥岩比例,主要包括泥岩、黏土岩(包括钙质页岩、炭质泥岩等),主要为陆源成分,但水动力条件较弱,常形成于潟湖、潮坪和三角洲前缘等环境中,泥岩比例通常也可反映其沉积地点到陆源的距离,常为负相关关系。⑤深水沉积物比例,包括灰黑色-黑色薄层硅质岩、硅质页岩、页岩等,其中常产菊石、放射虫、海绵骨针等深水相化石,其比例可反映深水环境的稳定性。⑥砂泥比,该参数是划分海陆过渡相环境的重要依据。⑦优质烃源岩厚度,包括暗色碳酸盐岩和泥页岩,主要用于反映各期优质烃源岩的分布特征。⑧特殊沉积特征,主要包括煤、火山作用产物(火山灰、凝灰岩、熔岩)、生物礁、铝土矿、锰矿、磷矿、白云岩、微生物岩等。

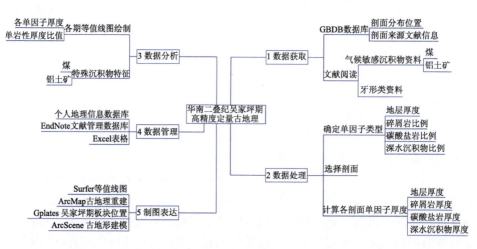

图7.4 定量岩相古地理重建流程示意图(制图参照侯章帅, 2020)

在成图过程中,Hou 等(2020)使用了 ArcGIS 软件,主要成图步骤如下:①根据点位分布特征或定量插值结果绘制不同单因素数据的区域覆盖轮廓。②数据渲染。采用不同图形对研究数据中的地理单元和标注进行表达、组合或排布,显示其潜在的定性和定量关系。③地图制图,并向地图中添加图例、方向示意,以及经纬网等元素。④导出岩相古地理图。最终文章作者恢复了吴家坪期早期和晚期的华南板块岩相古地理格局（图 7.5），并对海平面变化进行了探讨。

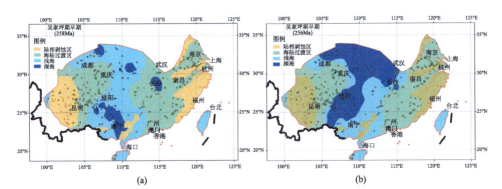

图 7.5 华南晚二叠世吴家坪期岩相古地理重建（制图参照 Hou et al., 2020）

7.4 生物古地理学

生物古地理学（paleobiogeography）是研究地史中生物群的地理分布及其演变的学科，是古生物学与古地理学的结合（Lieberman, 2000, 2005）。生物古地理又包括三种学说：①分类生物古地理学（taxonomic paleobiogeography），基于古生物类群在不同气候带和地域（海域）的共同、分异程度来区分不同级别的生物地理分区，如大区（realm）、区（region）、省（province）等；②生态生物古地理学（ecological paleobiogeography），依据生态环境（温度、降雨、地貌）划分出生物古地理区系，同一区系具有相同的生态特征；③历史生物地理学（historical biogeography），生物时空分布与地质/生物事件结合，研究物种、单系类群的系统发育史，重点研究生物地理区的成因或历史。

古生物地理学的起源与现代生物地理学密切相关。19 世纪中后期是生物古地理这一学科分支的早期发展阶段，代表人物有 Charles Robert Darwin，他于 1831 年乘 Beagle 号进行了为期 5 年的环球旅行，其间获得了许多古生物及现代生物标本，如阿根廷的兽类化石、安第斯山的贝壳化石等（吴凤鸣, 2009; 郭建崴, 2018）。Charles Robert Darwin 于 1859 年发表了划时代巨著《物种起源》，提出了以自然选择为基础的生物进化理论，并认为地理隔离能引起物种种群间或种群内的可遗传变异。这一时期另一代表人物是 Alfred Russel Wallace，他应用进化论的自然选择理论，建立动物地理学的基本概念和原则，是第一位通过多种动物类群来分析陆地动物地理分布区域的学者，被称为"现代生物地理学之父"。Alfred Russel Wallace 于 1860 年提出了著名的华莱士线（Wallace's Line），作为动物地理区划中东洋区同澳洲区的分界线（van Oosterzee, 1997; Smith and Beccaloni, 2008）。此外，Alfred Russel Wallace 根据苏门答腊、爪哇、婆罗洲、亚洲大陆的生物相似性及地方性程度，判断从亚洲分离的顺序由早到晚为爪哇、婆罗洲、苏门答腊。从 19 世纪后期到 20 世纪中叶是生物古地理学的近现代发展阶段，这一时期的生物古地理学与构造古地理"固定论"-"活动论"的交锋同步发展。在"固定论"占主导时期，许多学者提出了诸如陆桥等相应的解释古生物在板块间迁徙的假说。而"活动论"诞生之初，跨越不同大陆如南美洲、非洲、南极洲、澳大利亚等分布的水龙兽、中龙、犬颌兽、舌羊齿等化石成为支持大陆漂移假说的一项有力证据。

生物古地理学的研究思路是通过对一定数量生物的地理分布格局进行分析，以寻找其分布规律和宏演化轨迹。21 世纪之前，大部分生物古地理研究大多选取某一化石产地中的部分化石类别与其他地区进行横向对比，定性判断彼此之间的古生物地理亲缘性。21 世纪之后，随着古生物学领域大量化石记录的积累，加上计算机技术的日益成熟，在生物古地理研究领域出现了大量的定量分析手段（黄冰等, 2013），如①聚类分析（cluster analysis, CA），将一批数据的个案或变量的诸多特征按照关系的远近程度进行分类；②非度量性多维度等称分析（non-metric multi-dimensional scaling, NMDS），通过两两对象间的不相似数据形成"距离"矩阵，然后通过调整对象在低维空间中的位置，改进空间距离与不相似数据间的匹配程度，在低维空间中标出对象点之间的相对位置并使其尽可能接近实际距离；③网络分析（network analysis, NA）：数据可视化途径和定量方法，简化复杂系统，发现元素间的关系模式。

下面将以 Shen 和 Shi（2004）的研究为例，介绍大数据定量分析在生物古地理研究中的应用。为研究二叠纪瓜德鲁普世卡匹敦期的全球生物古地理分区，并探讨其与瓜德鲁普世末期海平面下降及生物灭绝的潜在关系，Shen 和 Shi（2004）从已发表和未发表的系统古生物资料、生物群资料以及生物地层、古地理、岩石学、构造地质学资料中收集并构建了卡匹敦期的涵盖全球多个地区的腕足动物数据库。笔者收录了该时期腕足动物化石的系统分类位置、部分产地的化石丰度信息、高分辨率的生物地层、岩石地层方面信息以及古地理信息，最终形成了包括 3365 个腕足动物化石产地的 251 属、821 种的数据库。

基于上述构建的卡匹敦期腕足动物数据库，Shen 和 Shi（2004）分别采用聚类分析和非度量性标度变换等手段，来探讨该时期的全球腕足动物生物地理分区（图 7.6），将各个化石产地划分成 2 个超组、3 个组和 6 个亚组，分别对应 2 个大区、3 个区和 6 个省一级的生物古地理单元。本书认为卡匹敦期的腕足动物生物古地理格局与吴家坪期、长兴期整体相似，并认为该时期生物地理因素（如地理隔离、宜居区域分布、洋流状态等）相较于与纬度相关的温度梯度在影响腕足动物的扩散、古生物分区的生物面貌以及多样性方面起到更重要的作用。

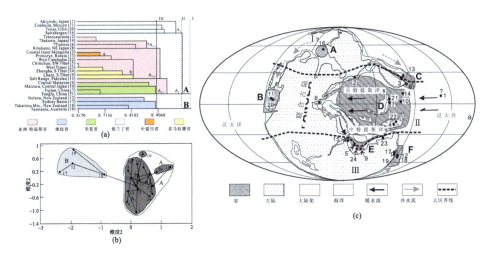

图 7.6 二叠纪卡匹敦期全球腕足动物 CA（a）、NMDS （b）分析结果及生物古地理分区示意图（c）（制图参照 Shen and Shi, 2004）

参 考 文 献

陈洪德, 侯明才, 陈安清, 等. 2017. 中国古地理学研究建站与关键科学问题. 沉积学报, 35(3): 888-901.

冯岩, 温珍河, 高志清, 等. 2012. 古地磁方法在古大陆再造中的应用. 海洋地质前沿, 28(1): 62-68.

冯增昭. 1999. 我国古地理学的形成、发展与展望. 古地理学报, 1(2): 1-7.

冯增昭. 2003. 我国古地理学的形成、发展、问题和共识. 古地理学报, 5(2): 129-141.

冯增昭. 2009. 中国古地理学的定义、内容、特点和亮点. 古地理学报, 11(1): 1-11.

冯增昭. 2016. 论古地理图. 古地理学报, 18(3): 286-314.

郭建崴. 2018. 进化论系列讲座(十一): 达尔文—(二)改变个人与世界的航行. 化石, 177(3): 57-59.

侯章帅, 樊隽轩, 张琳娜, 等. 2020. 全球古地理重建模型的构建方法、比较与知识发现. 高校地质学报, 26(1): 86-99.

侯章帅. 2020. 华南二叠纪高精度定量古地理研究. 北京: 中国科学技术大学.

黄冰, Harper D A T, Hammer Φ. 2013. 定量古生物学软件 PAST 及其常用功能. 古生物学报, 52(2): 161-181.

刘宝珺, 曾允孚. 1985. 岩相古地理基础和工作方法. 北京: 地质出版社.

刘宝珺, 许效松. 1994. 中国南方岩相古地理图集. 北京: 科学出版社.

路甬祥. 2012. 魏格纳等给我们的启示——纪念大陆漂移学说发表一百周年. 科学中国人, 17: 14-21.

马永生, 陈洪德, 王国力. 2009. 中国南方构造-层序岩相古地理图集. 北京: 科学出版社.

牟传龙. 2022. 中国岩相古地理研究进展. 沉积与特提斯地质, 42(3): 340-349.

王成善, 郑和荣, 冉波, 等. 2010. 活动古地理重建的实践与思考——以青藏特提斯为例. 沉积学报, 28(5): 849-860.

王鸿祯, 楚旭春, 刘本培, 等. 1985. 中国古地理图集. 北京: 地图出版社.

王竹泉. 1964. 华北地台石炭纪岩相古地理//中国煤田地质局选辑. 王竹泉选集. 北京: 煤炭工业出版社: 284-300.

吴凤鸣. 2009. 纪念达尔文诞辰200周年——达尔文进化思想与莱伊尔的《地质学原理》. 国土资源, 99(10): 60-61.

许效松. 1999. 古地理研究的前景与挑战. 古地理学报, 1(4): 1-11.

杨静一. 1988. 论大地构造学中的固定论的形成和发展. 自然辩证法通讯, 20(6): 51-59.

朱利东, 阚瑷珂, 王绪本, 等. 2008. 对古地理再造中古地磁方法的回顾与探讨. 地球物理学进展, 23(5): 1431-1436.

Boucot A J, 陈旭, Scotese C R, 等. 2009. 显生宙全球古气候重建. 北京: 科学出版社.

Cao W C, Zahirovic S, Flament N, et al. 2017. Improving global paleogeography since the late Paleozoic using paleobiology. Biogeosciences, 14: 5245-5439.

Cocks L R M, Torsvik T H. 2002. Earth geography from 500 to 400 million years ago: A faunal and paleomagnetic review. Journal of the Geological Society, 159: 631-644.

Hou M C, Chen A Q, Ogg J G, et al. 2019. China paleogeography: Current status and future challenges. Earth-Science Reviews, 189: 177-193.

Hou Z S, Fan J X, Henderson C M, et al. 2020. Dynamic palaeogeographic reconstructions of the Wuchiapingian stage (Lopingian, Late Permian) for the South China Block. Palaeogeography Palaeoclimatology Palaeoecology, 546: 109667.

Hunt T S. 1873. The paleogeography of the North-American continent. Journal of the American Geographical Society of New York, 4: 416-431.

Lieberman B S. 2000. Paleobiogeography, Using Fossils to Study Global Change, Plate Tectonics, and Evolution. New York, Boston, Dordrecht, London, Moscow: Kluwer Academic/Plenum Publishers.

Lieberman B S. 2005. Geobiology and paleobiogeography: Tracking the coevolution of the Earth and its biota. Palaeogeography Palaeoclimatology Palaeoecology, 219: 23-33.

Meert J G, Pivarunas A F, Evans D A D, et al. 2020. The magnificent seven: A proposal for modest revision of the Van der Voo (1990) quality index. Tectonophysics, 790: 228549.

Müller R D, Zahirovic S, Williams S E, et al. 2019. A global plate model including lithospheric deformation along major rifts and orogens since the Triassic. Tectonics, 38: 1884-1907.

Ross G M. 1999. Paleogeography: An earth systems perspective. Chemical Geology, 161: 5-16.

Shen S Z, Shi G R. 2004. Capitanian (Late Guadalupian, Permian) global brachiopod palaeobiogeography and latitudinal diversity pattern. Palaeogeography Palaeoclimatology Palaeoecology, 208(3-4): 235-262.

Smith C H, Beccaloni G W. 2008. Natural selection and beyond: The intellectual legacy of Alfred Russel Wallace. Oxford: Oxford University Press.

Tang M X, Ren Q, Hou M C, et al. 2022. Digital paleogeographic reconstruction of the eastern Tethyan tectonic domain from the Middle Permian to the Middle Triassic. Geosystems and Geoenvironment, 3: 100127.

Torsvik T H, Cocks L R M. 2017. Earth History and Palaeogeography. Cambridge: Cambridge University Press.

Torsvik T H, Steinberger B, Ashwal L D, et al. 2016. Earth evolution and dynamics - a tribute to Kevin Burke. Canadian Journal of Earth Sciences, 53(11): 1073-1087.

Torsvik T H, Steinberger B, Cocks L R M, et al. 2008. Longitude: Linking Earth's ancient surface to its deep interior. Earth and Planetary Science Letters, 276: 273-282.

van Hinsbergen D J, de Groot L V, van Schaik S J, et al. 2015. A paleolatitude calculator for paleoclimate studies. PLoS One, 10: e0126946.

van Oosterzee P. 1997. Where Worlds Collide: The Wallace Line. Ithaca: Cornell University Press.

Willis B. 1910. Principles of paleogeography. Science, 31: 241-260.

第 8 章

机器视觉

化石标本图像数据属于非结构化的高维数据，它显著不同于化石记录和地层剖面等数据，而是将化石标本图像数据与古生物学和地层学领域数据结合，再结合人工智能领域的算法与技术，从而开展机器视觉领域的应用，如化石智能识别等，并服务于基础科研、地质调查，以及对化石和地层感兴趣的社会公众，达到科学传播的目的。

古生物学与地层学在大数据时代的发展中，对于结构性与非结构性的多模态数据开展梳理与整合，旨在通过数据挖掘探索海量数据背后隐藏的新知识。对数据进行分析与运算，当然离不开擅长计算的机器，对图像数据的分析更离不开机器的力量。

8.1 定　义

机器视觉（machine vision），是人工智能领域一项重要的前沿技术，通过模拟人类视觉系统，赋予机器"看"和"认知"的能力，其是机器认识世界的基础。机器视觉利用成像系统代替视觉器官作为输入手段，利用视觉控制系统代替大脑皮层和大脑的剩余部分完成对视觉图像的处理和解释，让机器自动完成对外部世界视觉信息的探测，做出相应判断并采取行动，实现更复杂的指挥决策和自主行动。

机器视觉也称为计算机视觉，计算机毕竟是机器。类似的说法还有很多，如人工智能近年被更为普遍地称为"机器智能"。计算机不再从事单纯的计算工作，而是越发智能，可以与人类进行某种交互。人类通过数据、算法等对机器进行教学，虽然可以实现机器学习、机器视觉、机器智能，但是机器还是机器。

机器视觉技术已经广泛用于生产生活之中。机器视觉所具有的识别功能可以甄别目标物体的物理特征，包括外形轮廓、颜色、字符识别（OCR、OVR）、条码。这些技术应用包括人脸识别系统、车牌读取系统、支付系统、字符识别等。在工业生产领域，机器视觉技术可以用于检测与判断产品是否合格，如外观验伤、检验外观是否存在缺陷、产品装配是否完整等。机器视觉技术还可以用来完成对复杂形态对象的高精度测量，具体方法是：把获取的图像像素信息标定成常用的度量衡单位，然后在图像中精确地计算出目标物体的几何尺寸。在一些显微镜成像系统中往往配备了专用的图像测量模块，可以轻易实现对化石图像的各种测量。

相对于人类视觉而言，机器视觉在量化程度、灰度分辨力、空间分辨力和观测速度等方面存在显著优势（表 8.1）。其利用相机、镜头、光源和光源控制系统采集目标物体数据，借助视觉控制系统、智能视觉软件和数据算法库进行图形分析和处理，软硬系统相辅相成，为自动化、智能化制造行业赋予视觉能力。随着深度学习、3D 视觉技术、高精度成像技术和机器视觉互联互通技术的发展，机器视觉性能优势进一步提升，应用领域也向多个维度延伸。值得一提的是，我们对于数据的讲述中并未提及视频文件或数据，这是因为，在计算机"看"来，视频文件其实就是很多幅图像，机器视觉凭借其强大的处理能力，很容易分析处理这些快速变化的图像。笔者仅在本书中探讨机器视觉领域中的图像分类问题，其他方面不做展开。

表 8.1　人类视觉与机器视觉综合情况对比简表

性能指标	人类视觉	机器视觉
适应能力	适应性强：复杂、变化的环境中可识别目标	适应性强：对环境要求不高，可添加防护装置
智能程度	高级：逻辑推理识别变化的目标，总结规律	差：不能很好地识别变化的目标
颜色分辨力	强：可以分辨出约 1000 万种不同的颜色	差：受限于硬件条件
量化程度	难以量化，极易受心理影响	可量化
灰度分辨力	差：一般能分辨 64 个灰度级差	强：一般可使用 256 个灰度级差，采集系统具有 10bit、12bit、16bit 等灰度分辨率
空间分辨力	差：不能识别微小的目标	强：可识别小到微米、大到天体大小的目标
观测速度	慢：视觉暂留约 0.1s，无法看清快速运动目标	快：可区别持续 10μs 左右的目标

8.2　图像分类问题

图像分类是计算机视觉领域中一个经典的、非常重要的任务。图像分类的目标就是识别出图像中的语义特征，将不同图像划分到不同类别中，实现最小的分类误差。图像分类技术是计算机视觉中重要的基本问题，是目标检测、图像分割、物体追踪等视觉任务的基础。图像分类有广泛的应用，如人脸识别，车牌识别，图片自动分类，卡片识别，动、植物识别，化石识别等。

即使是三岁的孩子，也能轻易区分出狗和关于狗的照片（或玩具）。然而，对于机器，这样的问题是机器视觉领域的图像分类问题。图像分类问题是看起来很简单的工作，但是其过程中存在诸多挑战，涉及数据、算法、技术框架等诸多领域。近年来，随着深度学习技术的兴起，图像分类得到飞速发展，并衍生出一系列的研究方向，如多类别图像分类、细粒度图像分类、多标签图像分类、无/半监督图像分类、零样本图像分类等。

8.2.1 算法演进

传统算法的图像分类问题主要是试图模仿人类图像的识别过程，设计并提取图像的主要特征，一般先从图像中提取某些局部特征，然后利用相关编码模型进行特征编码，再利用线性分类器进行分类。Wah 等（2011）利用训练好的模型对测试图像进行局部区域定位，然后提取出局部区域的 RGB 颜色直方图和向量化的等尺度特征转换（scale invariant feature transform，SIFT）特征，再将特征经过词包（bag of words，BoW）模型进行编码，视觉词包是为了进一步提升分类精度，在局部特征的基础上进一步提出视觉词包概念，通过统计图像的整体信息，将量化后的图像作为视觉单词，通过视觉单词分布来描述图像内容。最后通过线性 SVM 分类器完成分类。该方法的流程比较复杂，但最终在 CUB-200-2011 数据集上获得的分类准确率仅为 10.3%。即使在测试时输入图像的标注框信息，分类准确率也只能提高到 17.3%。

在古生物学领域，有学者基于形态学检索的目的而构建化石生物的形态性状特征库。值得一提的是，这种形态编码不同于古生物学和现代生物学中经常用到的数值分类编码，后者主要是基于对生物某种性状的有或无，编码为二值的 0 或 1（多值型性状特征也可以通过增加性状个数等方式转换为二值编码），构建形状矩阵，再对性状矩阵进行计算，进而开展分支分析和系统学研究（Williams and Ebach, 2020）。用于检索并尝试自动分类的形态性状库更像是生物的形态特征数据库。

罗伦德等（2018）基于国内外正式出版的孢子花粉形态专著与文献，以孢子花粉的物种为基本单位，对它们的形态学特征进行双十位数字化编码，即将孢粉的形态学性状特征分为 20 类，将其序列化，将每类性状固定在 A~T 编号序列中，只占一位（称码位），然后将每类性状分为 10 个型（等级），分别用 0~9 这 10 个数字来代表（码数）。其中，A 位为编码的纲，是依据孢粉的性状特征建立，其他各位上的编码规范随 A 位的不同而变化。通常一个孢粉物种可以表示为 20 位的编码，它可分为两段：前段 A~J 位代表总体特征或侧位子午线轮廓特征，后段以空格开始，代表该物种的附属特征或赤道面轮廓特征。这一串编码序列就能代表某种孢粉主要形态构造的综合特征；这些编码与各孢粉植物名称和其他生物学等资料联系起来形成格式化的图文系统，以此构建孢粉数字化分类检索系统，并收录了中国现代孢粉 6000 余种，但缺少来自于化石标本的图片。该系统的编码规范体系庞杂，基本上相当于是为化石孢粉建立的电子化形态卡片。这是对传统形态学分类方法的电子化，其目的主要用于学习与检索，难以实现图像分类和智能鉴定。

传统方法所关注的重点是特征的提取，因为特征表示能力的强弱直接影响最终的分类准确率，设计出一种强大的特征提取算法在当时成为该研究领域的关键。特征提取方法难以做到全面，难以照顾到局部之间或局部与整体之间的关联信息，即局部特征和视觉词包都没有构建全局特征之间的关联，只在图像的部分区域进行语义挖掘。针对图像特征提取方面一直有相关研究在不断开展，以改善图像特征提取的方法与准确性。方法之一是对特征进行定位，利用关键点的位置信息发现更具价值的图像信息。通过位置信息的辅助，其实就是精细的人工标注，即人为地将图像中的重要信息圈选出来，让计算机记住这些特定特征的语义——这有点类似于让孩子死记硬背书本上的某处内容。

随着机器学习与人工智能技术的普及，图像识别领域也发生了变革。传统的基于人工标识采集特征的方法严重受限于特征的表征能力，并且在机器学机技术多阶段的模型训练和测试流程中，实用性也越发式微。Berg 和 Belhumeur（2013）设计了一种被称为基于局部的一对一特征（part-based one-vs-one features，POOF）提取算法，它能够自动地从带有特定位置标注的图像数据集中学习到大量具有高区分度的特征。在图像的标注信息足够精确的情况下，POOF 算法能够达到 73.3% 的准确率，如果不使用标注信息，而是借助一些定位算法来确定关键点的话，准确率也能够达到 56.8%。

8.2.2　细粒度图像分类

粒度其实是来自于地质学领域的术语，古生物学和地层学领域的研究人员一定都很熟悉，但是这个词已经被借用到信息科学领域，成为一种被常识化了的术语。粒度是沉积岩石分类的基本术语之一，是地质学家对沉积岩的分类中所参照的岩石碎屑粒径差异程度。例如，砾岩代表由粒度相差悬殊的岩屑、砾石或角砾所构成，粗碎屑含量大于 30% 的岩石；砂岩代表粒度为 2~0.1 mm 的以石英、长石为主的碎屑物质构成的岩石。在计算科学与信息学领域中，"粒度"与沉积岩石完全无关，它并不代表具体岩石碎屑的颗粒，而是用于衡量数据细化程度的级

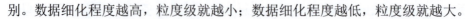

别。数据细化程度越高，粒度级就越小；数据细化程度越低，粒度级就越大。

细粒度图像分类强调的是对图像语义的细致识别，是在区分基础类别的基础上，对子类别进行更细致的划分，因此也被称为子类别图像分类，比如区分不同品种的狗（Khosla et al., 2011）、不同种类的鸟（Wah et al., 2011）、不同款式的车辆（Krause et al., 2013）等。细粒度图像分类无论是在工业界还是在学术界都有着广泛的研究需求与应用场景（Krause et al., 2015; Juan et al., 2020）。

最早在 1990 年，就有学者尝试利用计算机辅助开展对微体化石的识别，并将相关成果率先运用到石油工业之中（Swaby, 1990）。随着机器运算能力的飞速提升，对微体化石，如孢粉学研究中的植物孢子与花粉，开展基于人工智能的自动鉴定已经成为一种需求和研究方向（Zhang et al., 2004; Rodriguez-Damian et al., 2006），相关的方法在对有孔虫的自动鉴定中也进行了最早的尝试（Ranaweera et al., 2009）。化石的自动识别已经开始与人工识别进行相关对比（MacLeod et al., 2007）。这些研究中，所使用的数据通常较为有限，对实验模型的性能难以开展进一步验证，尽管提出了机器学习技术的应用，但是在古生物学领域中并没有得到推广，影响力较小。

随着深度学习技术与算法的飞速发展，图像识别技术在医学领域的应用取得了在实验、应用双方面的显著突破，已经用于辅助开展皮肤病诊断（Esteva et al., 2017）、骨折诊断（Lindsey et al., 2018）、乳腺癌诊断（McKinney et al., 2020）等，甚至已经变成医学领域的一种常规辅助手段（Richens et al., 2020），这重拾了古生物学者们对化石智能鉴定的信心。学者们纷纷开始创建大规模高分辨率化石图像数据，运用深度学习技术与算法，开展了对多种微体生物化石的智能识别，如识别有孔虫洞（Hsiang et al., 2019）、花粉（Romero et al., 2020），以及区分显微镜薄片中所观察到的微体化石与非生物体（Kopperud et al., 2019; Liu and Song, 2020）。

对化石进行自动识别所涉及的问题都是细粒度图像分类问题，即通过化石的图像判断化石所代表的古生物类别。如果分类的结果仅仅告知某个图像是化石，则属于一般的图像分类问题。细粒度图像同属于一个基础类别，它们往往具有更加相似的形态特征，生物普遍具有的分类学（taxonomy）体系在细粒度的生物图像识别中是可以借助的力量，由此可以研发独特的算法，开发专有的模型与系统。细粒度图像分类问题需要采用深度学习技术与算法构建卷积神经网络模型。

8.2.3 深度学习与卷积神经网络

深度学习（deep learning，DL）是机器学习（machine learning，ML）领域中一个新的研究方向。深度学习的概念源于人工神经网络的研究，神经网络没有一个严格的正式定义。它的基本特点是试图模仿大脑的神经元之间传递、处理信息的模式。深度学习通过建立适量的神经元计算节点和多层运算层次结构，选择合适的输入层和输出层，通过网络的学习和调优，建立起从输入到输出的函数关系。虽然不能 100%找到输入与输出的函数关系，但是可以尽可能地逼近现实的关联关系。使用训练成功的网络模型，可以实现对复杂事务处理的自动化要求。"深度"一词指的是神经网络的层数，在一定范围内，当神经网络的层数足够多时，就能学习到输入数据与输出数据之间准确的映射关系，从而做出准确的预测。相比人工设计特征，使用深度神经网络提取的特征具有更强大的表征能力和区分性，并且可以进行端对端训练，因此深度学习已被广泛应用于人工智能领域的各项研究中（LeCun et al., 2015）。

传统的神经网络采用全连接的方式构建，网络中每层的任意一个神经元都与下一层的所有神经元相连接。这导致随着深度神经网络层数的增加，网络参数量增加巨大，造成计算成本迅速提升、模型结果过拟合等。对于图像数据来说，传统神经网络不利于保留图像的原有特征，深度卷积神经网络较好地解决了这些问题。

卷积神经网络（convolutional neural network，CNN）是一种典型的深度学习模型，是基于神经网络的一个重大改进。卷积神经网络受视觉系统的结构启发而产生，第一个卷积神经网络计算模型基于神经元之间的局部连接和分层组织图像转换，将有相同参数的神经元应用于前一层神经网络的不同位置，得到一种平移不变的神经网络结构形式。

LeCun 等（1998） 用误差梯度设计并训练卷积神经网络，在一些模式识别任务上得到优越的性能。至今，基于卷积神经网络的模式识别系统是最好的实现系统之一。卷积神经网络利用稀疏连接和权值共享的思想优化了神经网络的结构，大大降低了神经网络的参数量，并且更适合提取图像数据的特征。一个基础的CNN 主要由卷积层（convolution layer）、池化层（pooling layer）和全连接层（fully connected layer）构成。其中，卷积层和池化层主要通过卷积、激活及池化操作来提取图像特征，全连接层根据提取到的特征进行最终的分类。卷积是指利用卷积核在图像矩阵的空间维度上滑动，并在滑动的过程中在对应位置进行矩阵相乘并求和。其中，卷积核是由若干个权重值固定的神经元构成的矩阵，该矩阵的深度与该层输入的特征图（feature map）的通道数（channel）相同。在二维空间上的卷积过程中，卷积核在每次滑动时会与图像中对应的局部区域（和卷积核大小相同）进行矩阵相乘，然后累加为一个特征值（图 8.1）。因此，卷积操作可以看作是一种提取图像局部区域特征的互相关操作。

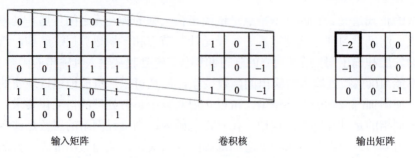

输入矩阵　　　　　　　　卷积核　　　　　　　　输出矩阵

图 8.1　CNN 二维卷积操作过程

激活是指通过在卷积操作后面添加非线性的激活函数，使神经网络能够适应复杂的非线性问题。如果不添加激活函数，无论神经网络有多深，最终得到的只是输入数据进行一系列矩阵相乘后的线性组合，而激活函数可以使神经网络逼近任意的非线性函数。常用的激活函数包括 ReLU 函数、Sigmoid 函数和 Tanh 函数等（Nwankpa et al., 2018）。

池化操作也被称为降采样操作。它通常在卷积层之后，负责对提取到的图像特征进行降维，以减少特征冗余。这样做能加速网络计算，并降低神经网络的总参数量以防止过拟合问题。此外，池化还能够在一定程度上提高神经网络的尺度不变性和旋转不变性，以提升网络的泛化能力。常用的池化操作有最大值池化和平均值池化两种，前者是对待池化的局部区域求最大值，保留了该局部区域的最大响应（图 8.2），而后者是对局部区域中的所有元素求平均值，以综合考虑该局部区域中的所有特征。

filter尺寸为2×2，
步长为2的最大值池化

图 8.2　最大值池化操作的过程

全连接层在 CNN 中起到的是"分类器"的作用。它通常位于 CNN 的最后几层，负责将经卷积层和池化层提取到的图像特征映射到样本标记空间中，然后利用 Softmax 软件进行数据归一化（Liang et al., 2017），最终获得对图像预测的概率分布，完成图像的识别工作。

Zeiler 和 Fergus （2014）通过可视化方法对卷积神经网络中各层的功能进行解释与说明：CNN 中的前几层主要负责提取图像的一些简单特征，如纹理与边缘特征，后面几层主要负责将简单特征组合为更高层的语义特征，如局部结构等。

总体而言，卷积神经网络利用大量的中间层参数与输入图像进行一系列矩阵运算，得到预测概率分布，然后计算它与真实标签分布之间的差异，并通过梯度下降法对模型参数调优，使模型的预测结果逐渐接近真实结果。相比人工设计特征，卷积神经网络所提取的特征被证明具有更强大的表示能力和区分性。此外，卷积神经网络将特征提取、分类预测等步骤结合在一起，大大简化了分类流程，使模型可以实现端到端训练。

8.3 构建数据集

细粒度图像的采集和标注过程往往比普通图像更加困难，通常需要具有专业知识背景的专家来完成。但随着细粒度图像分类的蓬勃发展，普通图像数据集越来越不能满足科学研究和现实应用的需要，因此近 10 年来，有越来越多的基准细粒度图像数据集被公开发布，这为该领域的深入研究打下了基础。

8.3.1 用于细粒度图像识别的数据集

近年来，产生及贡献了很多用于开展细粒度图像识别的数据集，对常用的一些数据简单介绍如下。

现代鸟类数据集 CUB-200-2011 是细粒度图像分类领域中最经典、最常用的细粒度图像数据集（Wah et al., 2011），它涵盖 200 个鸟类类别，包括 13 个目、37 个科、122 个属，以及 200 个种，共包含 11788 幅图像，从这些图像中，又细分出 5994 幅训练集图像和 5794 幅测试集图像。每张图像不仅具有类别标签，还具有边界框、局部区域和二值属性等详细的标注信息。

以狗类为基础类别的 Stanford Dogs 数据集（Khosla et al., 2011），它是从 ImageNet 数据集中挑选并构建的，属于 ImageNet 的子数据集。该数据集有共计 20580 幅图像，包含 10222 幅训练集图像和 10358 幅测试集图像，每张图像都有类别标签和标注框两种标注信息。

以车辆为基础类别的 Stanford Cars 数据集（Krause et al., 2013），该数据集提供了 16185 幅图像，覆盖了 196 个不同车型、不同生产日期的车辆。其中，训练集包含 8144 幅图像，测试集包含 8041 幅图像。该数据集也提供了图像的类别标签和标注框信息。

以飞机为基础类别的 FGVC Aircraft 数据集（Maji et al., 2013），该数据集包

含 102 个类别的飞机图像，每个类别包含 100 幅图像，共有 10200 幅图像，同样提供了图像的类别标签和对象的标注框信息。

这些数据集已经广泛用于细粒度图像识别的研究与实验中。虽然它们覆盖了多个领域，但到目前为止还没有任何一个古生物领域的专业数据集用于细粒度图像识别。基于此，笔者的研究团队构建了一个以化石为基础类别，可用于开展细粒度图像识别的综合数据集，并对每张图像都提供了标注框和像素级标注信息。该数据集填补了细粒度图像分类数据集在古生物领域的空缺，并对细粒度图像分类的后续研究带来了新的挑战和前景。

8.3.2 笔石化石标本综合数据集

自 2019 年 9 月起，中国科学院南京地质古生物研究所的徐洪河带领的大数据研究团队，包括陈焱森，天津大学的牛志彬和潘耀华等，致力于宏体化石智能识别问题的研发，有针对性地创建了多模态的笔石化石综合数据集。数据集的构建人员为来自中国科学院南京地质古生物研究所以及国内外约 20 位古生物学领域专家和油气矿藏部门的地层学专家，他们都是从事化石鉴定、古生物学系统分类、综合地层学等方面的专业人员。借助专家的力量对化石开展精确的鉴定，对化石标本的科学信息进行了科学信息梳理与专业厘定，专家的鉴定意见是数据集的科学基础。在化石标本图像数据采集方面，研究团队聘用了 7 名数据员，对他们开展技术培训，开展对化石标本图像数据的采集、汇交与整理，并对化石图像进行具有科学内涵的像素级精细标注，对超过 1500 块化石标本的科学信息开展电子化和数据化的工作（Xu et al., 2023）。

笔石（graptolite）是一种已经灭绝的、生活在海洋中的、具有有机质外壁的化石生物，全球的笔石化石记录大约有 210 个属和 3000 个种，广布在全球范围内从寒武纪到石炭纪（距今 5.1 亿~3.2 亿年）的页岩或泥页岩为主的沉积物中（Maletz，2017）。笔石在奥陶纪时期生物多样性显著增加，并在奥陶纪末的全球第二次生物大灭绝中遭受重创（Goldman et al., 2020）。产有笔石化石的页岩地层被称为笔石页岩，根据笔石化石产出记录，笔石在全球古生代，尤其是奥陶纪和志留纪地层中都有广泛分布（图 8.3）。笔石演化迅速，为地质历史时期的生物演化提供了精确的时间标尺，已经被作为确定岩石地质时代的标准化石，广泛用于开展生物地层对比研究。在奥陶纪和志留纪的地层中，有 102 种笔石种被选为可用于全球对比的生物带化石，全球有 13 个"金钉子"地层剖面将笔石化石的首现作为识别标志（Goldman et al., 2020）。

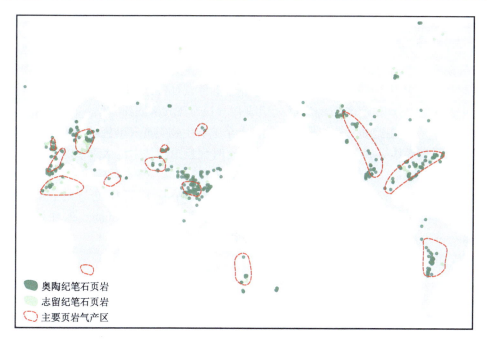

图 8.3　根据笔石化石记录绘制的奥陶纪（深绿色）和志留纪（浅绿色）笔石页岩的全球分布图
它们与全球主要的页岩气产区（虚线区域）具有较多重合

（图例：
■ 奥陶纪笔石页岩
■ 志留纪笔石页岩
⬭ 主要页岩气产区）

除了对古生物学和地层研究意义重大以外，笔石化石在页岩气勘探开发中可以辅助确定页岩气层位。产出笔石化石的页岩，即笔石页岩，蕴藏着大量页岩气，全球超过 9%的烃源岩都是由笔石页岩所构成的（Klemme and Ulmishek, 1991; Podhalańska, 2013）。在中国，超过 61.4%的天然气都产自华南奥陶系—志留系的笔石页岩地层之中（邹才能等，2019）。奥陶纪和志留纪的笔石页岩地层在全球各大主要陆地块体上都有分布，蕴含页岩气的主要地层即产有笔石化石的页岩地层，在一定程度上也是页岩气的赋存地层或区域（图 8.3）。笔石化石的鉴定与识别可以辅助判定页岩气的开采层位，甚至有 16 种笔石已经被选作判断华南页岩气赋存层位的"黄金卡尺"（邹才能等，2019）。

研究选取了 1550 块笔石化石标本，这些标本是 1958~2020 年正式研究并公开发表的，都收藏在中国科学院南京地质古生物研究所标本馆，这些标本在系统分类上隶属于正笔石目（Graptoloidea）之下的 16 个科、41 个属、113 个种，地质时代从中奥陶世（467.3 Ma）到志留纪的 Telychian 期（433.4 Ma）。

这些笔石种化石记录较为丰富，对于开展区域和全球范围的生物地层对比研究具有重要意义，也是判定沉积岩石地质时代和辅助确定页岩气开发层位的重要笔石种，本章所构建的数据集中包含从奥陶纪 Darriwilian 阶（467.3 Ma）至志留纪的 Telychian 阶（433.4 Ma）的 32 个笔石生物带化石，以及判别中国页岩气 20~80 m 产出层位的 16 个"黄金卡尺"笔石种（图 8.4）。笔石的生物多样性在奥陶纪时期显著增加，在奥陶纪末的大灭绝事件中显著降低，所对应的是两次生物宏演化事件：奥陶纪生物多样性大规模增加事件（Great Ordovician Biodiversity Event，GOBE）和晚奥陶世集群灭绝事件（Late Ordovician Mass Extinction，LOME）。在奥陶纪和志留纪地质时期，多个笔石生物类群（黑色粗线条）发生演化辐射。红色线条表示数据集中笔石的地质时代范围，其中包括两个以笔石化石的首现而确定的"金钉子"层（钉子符号）和 16 个页岩气笔石指示层（图 8.4）。数据集中还包括两个确定"金钉子"地层剖面种的笔石化石种，分别是中奥陶统 Darriwilian 阶和上奥陶统 Hirnantian 阶的首现笔石化石（Goldman et al., 2020; Zhang et al., 2020）。

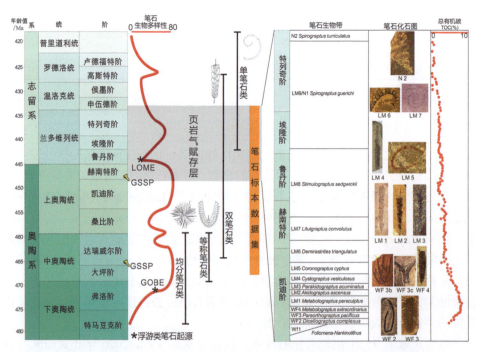

图 8.4　笔石在奥陶纪和志留纪地质时期的宏演化及其与判别华南页岩气赋存层的关系

对于每块笔石化石标本，我们都使用 Nikon D800E 单反相机+Nikkor 60 mm 进行宏观照相，同时也采用 Leica M125 或 M205C 显微镜以及照相系统进行细节放大照相（图 8.5），共拍摄了 40597 张图像，其中包括 20644 张单反相机照片，以及 19953 张显微镜照片，两种照片中每张的分辨率分别为 4912×7360 和 2720×

2048。在制作数据集的过程中，我们剔除对比度较低或对焦不清楚的图像，仅保留清晰展示化石标本形态特征以及笔石化石鉴别细节的图像（图 8.6）。在拍摄标本时，也放置了专门的比例尺，保障在后期查看图像时开展度量工作。所有化石标本图像均上传到云服务器中备份保存。

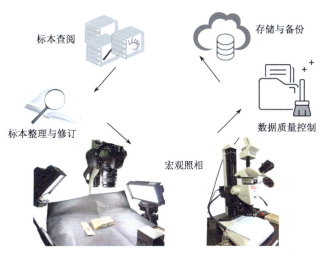

图 8.5　笔石标本图像数据采集过程示意

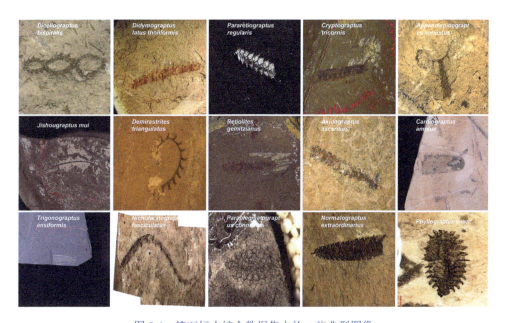

图 8.6　笔石标本综合数据集中的一些典型图像

    研究团队所获得的笔石标本综合数据集不仅可开展细粒度的图像识别研究，也为古生物学与地层学领域的专家学者、对化石与地层感兴趣的爱好者提供了虚拟查看化石标本的途径。学者为了开展科学研究往往需要对化石标本仔细观察，专门开发的化石标本图像数据集可视化工具 FSIDvis（徐洪河等，2021），为查看标本提供了便捷的、极低成本的方式（图 8.7）。在可视化展示软件 FSIDvis 的应用界面上，主体区域（a）以地图方式展示笔石化石的产地，不同数据点的颜色指示其所代表不同的地质时代（b），用户可以圈选感兴趣区域的笔石（a1），其详细的系统分类、产地、时代以及高分辨率图像在右侧同步展示（a2），用户也可以基于地质时代（b）选取感兴趣的笔石化石（软件在线获取地址：http://fsidvis.fossil-ontology.com:8089/）。这种化石标本全新的、交互式的展示方式对于古生物学基础科学研究和科学传播都具有意义。

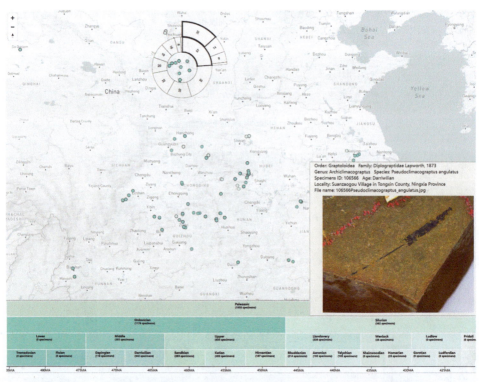

图 8.7　笔石化石标本数据集的综合可视化展示软件 FSIDvis 的应用界面

8.4　数 据 处 理

    考虑到笔石图像的专业性和特殊性，本研究无法直接使用原始笔石图像来训练 CNN 模型，需要进行一些预处理操作。

8.4.1 标注与剪裁

标注的作用在于在化石上将化石生物体与围岩进行区分。化石生物体通常是碳质的亚膜或是碳质消失之后所剩下的印痕，从事古生物学研究的专业人员需要对这些化石生物体仔细观察和分辨，才能识别化石体的生物学和形态学特征，进而对化石生物进行系统鉴定。训练 CNN 模型所采用的流程也是类似的，标注的作用就是用一种人工的、强制的方式，告诉机器化石生物与围岩之间的边界。标注时，主要通过软件在化石图像上沿着笔石化石个体圈出来（图 8.8）。有很多软件都能实现对图像的标注，如 COCO Annotator 就是一款开源的图像标注工具，可以实现多种性状的标注，并对图像标注区域添加标签（Li et al., 2019）。

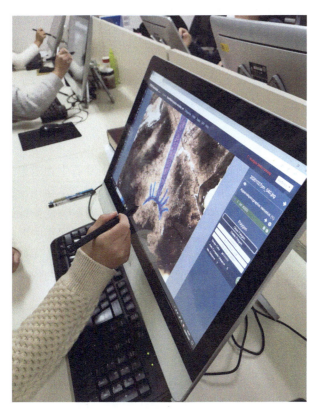

图 8.8　中国科学院南京地质古生物研究所的数据人员
对笔石化石图像进行像素级标注

标注之后，根据标注的结果对所有图像进行像素级裁剪。"像素级"强调的是要将化石生物的轮廓在化石表面"圈"出来，根据标注的化石生物体的精细轮廓，对图像进行像素级裁剪。标注工具会对标注后每一个封闭区域生成一个标注框，对于具有镂空形状的笔石个体，需要首先裁剪最外层的标注框，然后用它和其余标注框的裁剪结果依次做图像减法；对于非镂空形状的笔石个体，对它所有的标注框进行裁剪，然后做图像加法（图 8.9）。

原图　　　　　　像素级标注　　　　　像素级裁剪

图 8.9　对图像开展像素级标注与裁剪的结果

需要注意的是，像素级裁剪是为了更好地辨别笔石生物的形态学细节，更好地模拟专家对化石生物的观察过程。笔石化石图像中经常存在一些问题，如有的笔石个体不完整，形态结构被遮挡、表面细节被岩石矿物浸染或破坏、笔石个体表面细节与化石围岩的纹理发生交错等，这些都是化石保存中的常见现象，对于古生物学专家都是易于识别和区分的，但是对于机器来说，需要人工进行辅助处理，因此我们会对图像进行像素级标注与剪裁，主要的目的依然是提高卷积神经网络模型的分类准确率。

原始图像在采集时分辨率较高，所拍摄的化石标本通常是化石标本整体，这会导致笔石个体在整张图像中比例过低，需要对图像进行边界框裁剪，以增大笔石化石区域所占的比例，便于卷积神经网络进行特征提取。在进行边界框裁剪时，不仅会根据笔石个体的分辨率大小对其进行适当比例的缩放，还会通过在图像四周补白（padding）来尽量保证笔石的纵横比不变，不产生形变。

每个笔石图像都是基于化石标本采集的，采集同一块化石标本的不同图像在经过上述两步裁剪后，可能会产生相似的情况，造成数据冗余的问题。为了增强数据集的多样性，对数据进行随机增强是必要的。在数据集制作的实例中，采集自同一块标本的 4 幅图像，都是利用单反相机所拍摄，经过像素级裁剪和边界框裁剪后，笔石化石的形状与结构几乎一模一样，在对图像进行标注框裁剪的过程中进行了随机数据增强（图 8.10）。常用的数据增强方式包括随机旋转（random rotation）、随机翻转（random flipping）、随机平移（random shifting）、随机缩放（random scaling）等。剪裁之后的，每个图像大小为 448×448 像素，这也是利用卷积神经网络进行图像分类时常用的输入图像尺寸。最后可以将图像数据输入卷积神经网络中进行训练。

图 8.10　剪裁图像之后对数据集进行随机增强

8.4.2　数据集分割

在数据量充足的情况下，常用的数据集划分方法包括留出法（hold-out）和 k 折交叉验证法（k-fold cross validation）两种。留出法是指按照一定的比例将数据集划分为两个互斥的子集，分别作为训练集和测试集。通常训练集和测试集的比例为 7∶3。k 折交叉验证法指的是将数据集划分为 k 个互斥的子集，然后每次将其中一个子集作为测试集，其余（k–1）个子集的并集作为训练集，最终可以得到 k 组训练集和测试集。

我们考虑到每个类别的标本数量分布不均匀，且在每个标本上采集的图像数量分布也不均匀，最终选择用留出法来对构建的数据集进行划分。此外，由于笔石图像是基于标本采集的，在同一块标本上采集得到的不同图像具有相似的形态特征，它们仅在角度、空间位置和个体尺寸上有所不同。在划分数据集时不能进行随机选择，而要遵循一个原则：属于同一块标本的图像不能同时存在于训练集和测试集，它们应当被划分在一起。

首先，获取到每张图像的标本号，对于每个类别，随机挑选若干个标本，使这些标本包含的图像总数占该类别图像总数的 20%~30%，并将这些图像作为该类别的测试集。其余标本的所有图像作为训练集，它们占类别图像总数的 70%~80%。最终，划分的测试集包含 8454 幅图像，约占数据集图像总数的 24%，而训练集包含 26159 幅图像，约占数据集图像总数的 76%。

我们构建的笔石化石数据集是首个带有像素级标注的化石图像数据集，相比其他细粒度图像数据集而言，我们提供了精细的像素级标注，而且数据规模很大，共包含 34613 张图像，这是首个以化石为基础类别的细粒度图像数据集。

8.5　基于层级约束的卷积神经网络模型

8.5.1　训练流程

在分析处理笔石图像的分类问题时，在算法上我们使用了一种基于层级约束的损失函数（hierarchical constraint loss，HC-Loss）对细粒度生物图像，尤其是笔石图像进行分类。损失函数 HC-Loss 充分考虑了细粒度图像分类领域的发展趋势以及笔石图像的特点，它利用物种之间层次化的亲缘关系来度量输入图像之间的相似性，然后将相似性作为正则化项添加到损失函数中，可以在反向传播的过程中降低 CNN 的参数量，以防止 CNN 过度关注两张相似但不属于同一类别的图像之间的细节特征，解决小类间差异的问题。

基于 HC-Loss 的卷积神经网络模型训练流程（图 8.11）可以概括为如下重要步骤。

（1）利用卷积神经网络模型提取笔石图像特征，对于一张输入的笔石图像利用卷积神经网络模型的卷积、激活和池化等操作来提取其特征图，获得特征向量。

（2）将特征图展平（flatten）为一个特征向量，并通过一个嵌入层（embedding layer）将其投影为一个 N 维的特征嵌入，其中 N 代表待分类的类别数量，而嵌入层由全连接层来实现，由此获得的图像嵌入也被称为 logits，它表示卷积神经网络对输入图像的预测得分向量。

（3）将投影后获得的特征向量代表 CNN 对输入笔石图像的预测向量，预测向量中的每个值代表它对应类别的预测得分，预测得分越高表示笔石图像属于该类别的概率越大。将训练数据集中的图像匹配为图像对（image pair），对于每组图像对利用欧氏距离度量函数来计算它们之间的相似性,作为对该图像对的约束。

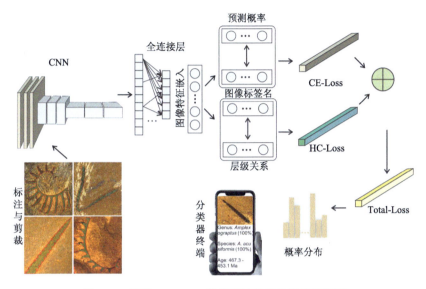

图 8.11　基于 HC-Loss 的卷积神经网络训练流程图

(4)计算笔石图像之间的相似性,对于每组笔石图像对的两张笔石图像,根据两张笔石图像中的笔石所属类别的亲缘关系来量化相似性权重,对于分别属于两个类别的笔石图像,亲缘关系越近,相似程度越大,相似性的权重值设置得越大;反之,若亲缘关系越远,则相似性权重值设置得越小。根据物种之间的亲缘关系加权,计算所有图像对约束值的加权和,作为一个正则化项添加到损失函数中,并使用梯度下降法一同对网络参数进行调优,得到所有笔石图像加权后的层级约束损失函数 HC-Loss。

(5)计算用来表征卷积神经网络模型的预测概率分布和图像的真实标签分布之间差异的交叉熵损失函数 CE-Loss。

(6)以层级约束损失 HC-Loss 和交叉熵损失 CE-Loss 的加权和作为总损失函数,它构成了卷积神经网络模型的训练结果,完成了卷积神经网络模型训练。该结果可输出图像分类的概率分布值,形成分类器的闭环终端。

8.5.2　亲缘关系作为相似性权重

分类层级(taxonomic hierarchy)体现了生物分类学从界(kingdom)到种(species)的递减或递增顺序排列的层级关系,这种层级是连续的,体现了生物在系统分类学领域的唯一关系，也体现了生命演化规律和亲缘关系。分类单位从高级到低级，数量越来越多，呈"金字塔"形结构。以笔石化石数据集为例，数据集中大多数笔石均属于正笔石目（Graptoloidea），向下细分又可以进一步分为对笔石科（Didymograptidae）、双头笔石科（Dicranograptidae）和双笔石科（Diplograptidae）等多个科；每个科向下又可以进一步划分为双角笔石属（*Diceratograptus*）、江西笔石属（*Jiangxigraptus*），以及对笔石属（*Didymograptus*）等多个属；每个笔石属向下又包含多个种（图8.12）。在整体结构上，这种分类层级呈现出一种类似于金字塔的结构。

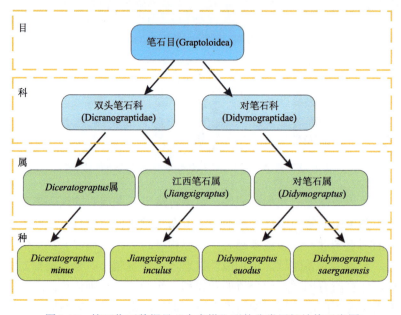

图8.12　笔石化石数据呈"金字塔"形的分类层级结构示意图

生物分类层次结构可以作为对图像性质和特征的约束条件。对于一组输入图像对，在计算图像嵌入之间的相似性时，可以通过它们类别之间的亲缘关系确定相似性权重。生物的系统分类关系既体现了生物演化规律，也充分考虑了生物在形态上的相似性，因此，具有共同父类别的分类群在亲缘关系上更相近，也具有较大的形态相似性。两个种个体之间的相似性取决于它们在分类层次中最低公共父类别所处的层级。由此，可以根据类别的最低公共父类别的层级对一组图像的相似性进行量化，根据实验过程和对比经验，在这里推荐了具体的权重数值。这些值在我们构建的数据集上表现出最好的实验效果（Niu et al., 2024；潘耀华等，2022），暂不清楚针对其他数据集的情况。

一对图像在划分具体类别时的亲缘关系存在四种情况：

（1）类别标签相同，即这对图像属于同一类别，它们的最低公共父类别处在属种这个层级，这时我们将权重值设为 0，表示不需要关注这两个图像之间的低类间的差异性问题，因为它们本就属于同一个种。

（2）两张图像的生物来自同一个属的不同种，即它们的最低公共父类别处在属级别，这时它们很可能展现出十分相似的形态特征，但具有不同的分类标签，所以 CNN 模型为了区别它们，可能会过度关注这两个样本之间的细节。我们计算这两个图像嵌入之间相似性时将相似性的权重值设为 1.0，并作为正则化项的一部分来抑制模型过拟合。

（3）两张图像生物属于同一个科下的不同属，即它们的最低公共父类别在科级别，这时两张图像在外形结构特征上的相似性可能不是那么明显，但仍存在着一定的相似特征。它们相似性的权重值略小于 1.0，我们设为 0.6，表示它们之间的相似程度不是很高。

（4）两张图像类别来自不同的科，即它们的最低公共父类别在目或更高级别，它们在形态结构等特征方面可能存在很大的不同，相似性程度很低。此时我们将权重值设为 0.1。

8.5.3　距离度量作为层级约束

距离度量可以用来计算两张图像视觉特征之间的相似性，使用欧几里得距离计算图像特征之间的相似性，欧几里得距离作为交叉熵损失函数的正则化项时，不会使损失函数发散，相比于其他距离度量函数，能使卷积神经网络模型获得更好的分类效果（Dubey et al., 2018）。我们注意到，生物图像在不同分类层级的关系不仅可以判别类别之间的从属关系，也非常适合于判别不同类别的生物图像之间的相似性（Niu et al., 2024；潘耀华等，2022）。

我们使用距离度量来计算两张图像嵌入之间的相似性，并将其作为一个约束项添加到损失函数中。结果表明，当输入数据中存在两张不同标签但形态相似的图像时，可以减少卷积神经网络模型对它们之间的特征性判别，从而增强神经网络的泛化能力，防止发生过拟合。每组笔石图像对中两张笔石图像的预测向量之间的欧几里得距离为

$$d\left[\varphi(x_m), \varphi(x_n)\right] = \sqrt{\sum_{i=1}^{N}\left[\varphi(x_m)_i - \varphi(x_n)_i\right]^2}$$

式中，(x_m, x_n) 为一组笔石图像对；$\varphi(x)$ 为从卷积神经网络模型中提取到的关于笔石图像 x 的一个预测向量；$\varphi(x)_i$ 为预测向量中的第 i 个元素；$d(\cdot)$ 为欧几

里得距离。

具体流程概括如下：

（1）将输入图像经卷积神经网络提取到的图像嵌入，根据训练批次数据的大小平均分成两组；

（2）通过计算两组图像嵌入之间的欧几里得距离，可以得到一个由图像对之间相似性构成的向量；

（3）对于每组图像对的相似值，根据它们的类别在分类层级中的亲缘关系来确定权重值，并对相似值进行加权；

（4）对所有加权后的相似值求和，得到针对该批次输入图像的层级约束损失函数 HC-Loss：

$$L_{\mathrm{HC}} = \frac{1}{n}\left\{ \sum_{(x_i,x_j)\in S} w_{i,j} d\left[\varphi(x_i), \varphi(x_j) \right] \right\}$$

式中，L_{HC} 为损失函数；S 为训练批次（B）中所有的笔石图像，它被平均分成 n 个组的笔石图像对，$n = B/2$；$w_{i,j}$ 为基于该图像在分类群 i 和分类群 j 所确定的权重值。

8.5.4　总损失函数

卷积神经网络模型在训练阶段的总损失函数由两部分构成：一是交叉熵损失函数（CE-Loss），另一个是本章提出的层级约束损失函数（HC-Loss）。一个训练批次的总损失函数是交叉熵损失和层级约束损失的加权和。

交叉熵（cross entropy）是源于信息论的一个概念，它的作用是度量两个概率分布之间的差异程度。在深度学习图像分类领域，通常使用交叉熵作为损失函数来计算模型的预测概率分布和真实标签分布之间的损失值。CE-Loss 基本的计算流程如下：①通过卷积神经网络模型前向传播得到关于输入图像的预测得分向量；②使用 Softmax 将向量中的所有值进行归一化，得到模型对于输入图像的预测概率分布；③使用交叉熵损失函数计算的预测概率分布和真实概率分布之间的差异性作为损失，并通过梯度下降法对模型参数进行调优。上述过程具体计算公式如下：

$$L_{\mathrm{CE}} = -\frac{1}{S}\sum_{x}^{S}\sum_{c=1}^{N}\log(p_{x,c}) \times y_{x,c}$$

$$p_{x,c} = \frac{e^{x_c}}{\sum_{i=1}^{N} e^{x_i}}$$

$$\text{Loss}(\theta) = L_{\text{CE}} + \mu \times L_{\text{HC}}(\theta)$$

式中，L_{CE} 为交叉熵损失函数；y 为真实标签分布；S 为一个训练批次的所有输入图像；$p_{x,c}$ 为卷积神经网络模型求解图像 x 分布于类别 c 中的概率分布值；$\text{Loss}(\theta)$ 为总损失函数；θ 为卷积神经网络模型中的所有参数；μ 为一个超参数，用于控制 L_{HC} 的权重。

通过计算总损失值，在反向传播的过程中使用梯度下降法来优化网络参数。在卷积神经网络模型引入了 HC-Loss 后，如果输入图像中包含具有相似视觉内容，但属于不同类别的图像时，HC-Loss 便会量化它们之间的相似性，并作为一个约束项来抑制模型过度学习它们之间的判别性特征，从而提升模型的分类准确率。

8.5.5 实验结果

运用多种卷积神经网络（CNN）模型，对数据集进行实验与测试，使用 SE-Resnet50 网络时效果最好，HC-Loss-CNN 模型对笔石图像识别笔石属和种的准确率分别达到了 86%和 81%（Niu et al., 2024; 潘耀华等, 2022）。准确率方面显著高于从事古生物学研究的领域专家，而且在使用时间方面，也远远比专业人员优秀。通过 ROC 曲线对 CNN 模型的性能进行了评估（图 8.13）。

ROC 的全称是 receiver operating characteristic，又称为"接受者操作特征"。ROC 曲线最早应用于雷达信号检测领域，用于区分信号与噪声。后来人们将其用于评价模型的预测能力。ROC 曲线是基于混淆矩阵得出的，其平面横坐标是假正率（false positive rate，FPR），纵坐标是真正率（true positive rate，TPR）。对于某个分类器而言，可以根据其在测试样本上的表现得到一个 TPR 和 FPR 点对，此

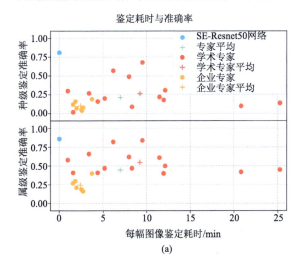

(a)

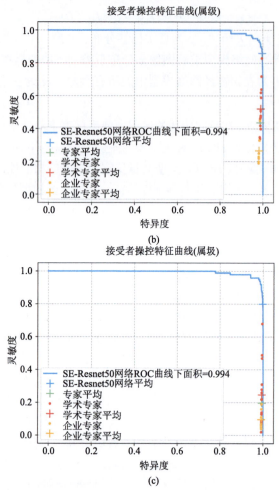

图 8.13　笔石自动识别模型性能人机比较（耗时比较和准确率比较）（a）以及对笔石属（b）和种（c）的识别性能曲线

时该分类器就可以映射成 ROC 平面上的一个点。调整这个分类器分类时使用的阈值，我们就可以得到一个经过（0, 0）和（1, 1）的曲线，这就是该分类器的 ROC 曲线（Hoo et al., 2017）。

一般情况下，这个曲线都应该处于（0, 0）和（1, 1）连线的上方，如果 ROC 曲线是由（0, 0）和（1, 1）直接连接所构成的直线，其所代表的是随机分类器所展示的性能曲线。用 ROC 曲线来表示分类器的性能很直观，更加量化的指标是 ROC 曲线下面积（area under roc curve，AUC）。顾名思义，AUC 的值就是处于 ROC 曲线下方面积的大小。AUC 已经成为度量分类模型好坏的一个参照与标准，

AUC 值为 0.5~0.7，标识分类效果较低；AUC 值为 0.7~0.85，效果一般；AUC 值为 0.85~0.95，效果很好；AUC 值>0.95，几乎就是完美的性能与效果了。

ROC 曲线的横坐标与纵坐标通常会使用灵敏度（sensitivity）和特异度（specificity），以消除样品不均衡所引起的性能偏差。其计算公式如下：

$$sensitivity = \frac{TP}{TP+FN}$$

$$specificity = \frac{TN}{FP+TN}$$

式中，TP 为真正（true positive），表示被模型预测为正的正样本；FN 为假负（false negative），表示被模型预测为负的正样本；FP 为假正（false positive），表示被模型预测为正的负样本；TN 为真负（true negative），表示被模型预测为负的负样本。

8.6　可视化展示

神经网络就像"黑匣子"一样，尽管构建了模型，但是其过程与结果通常都超越了人类的解释和理解能力。人们在使用神经网络时充分考虑了其可解释性，其无非来自于两种途径①前处理：先数学理论证明，然后实验证明，这样的思路可能更适合理论或模型范式的科研工作；②后处理：通过可视化的方式与技术来理解模型的原理，这是非常常用的手段，让高维度的、复杂的模型以可观察、可掌握的方式被理解。

8.6.1　类激活映射（CAM）可视化

类激活映射（class activation map，CAM）是利用与原始图片相同大小的图像，将输入图像映射为类激活的热力图，可以理解为对预测输出的贡献分布，分数越高的地方表示原始图片对应区域对网络的响应越高、贡献越大，即表示每个位置对该类别的重要程度越高。

在利用卷积神经网络提取图像特征时，特征图和输入图片存在空间上的对应关系。特征图的权重可认为是被卷积核过滤后保留的有效信息，其值越大，表明特征越有效，对网络预测结果越重要。一个深层的卷积神经网络，通过层层卷积操作，提取空间和语义信息。CAM 的提取一般发生在卷积层，尤其是最后一层卷积。CAM 在实际使用中需要修改网络结构并重新训练模型才能实现，其改进版本是具有梯度变化的类激活映射 Grad-CAM（grad class activation map，Grad-CAM）可视化。

Grad-CAM 是 Selvaraju 等（2017）提出的一种对 CNN 模型卷积层进行可视化的方法。相对于 CAM 只能提取最后一层特征图的热力图，Grad-CAM 可以提取任意一层生成热力图。Grad-CAM 将模型的预测结果映射到卷积层输出的特征图（feature map）中，表示网络在该特征图上的关注区域分布。Grad-CAM 从网络的预测结果出发，借助网络进行反向传播时的梯度来计算某个特征图中通道上的权重，从而得到一张网络预测结果对于该特征图的权重分布图，然后对不同权重值的区域赋予不同色彩，进而获得该区域关注程度的热力图。这种方法也应用到本章所构建的笔石数据集中，生成涵盖演化生物学特征的 Grad-CAM 可视化热力图（图 8.14），在该热力图中，暖色系（红色、橘色、黄色等）区域为高响应区域，它表示最有助于卷积神经网络模型进行图像分类的判别性局部区域，这些区域涵盖了笔石化石重要的形态学特征与结构，包括笔石胞管（用箭头和字母"T"指示）以及笔石始端（用虚线框指示）；而冷色系区域（绿色、蓝色、紫色等）为响应值较低的区域，表示训练模型不太关注该区域的图像特征，或者说这些区域不具有明显的分类与判别特征。

图 8.14　对三种笔石化石图像开展 Grad-CAM 可视化分析结果热力图

对这些热力图进行更进一步实验与分析发现,计算机分类中特征值高的区域,即热力图中的暖色区域也是古生物学专家所关注的特征判别区域。在三幅笔石化石的测试原始图像中,清晰地展示了 3 种笔石胞管(用箭头和字母"T"指示)和笔石始端(用虚线框指示),这些结构体现了笔石生物重要的形态学特征,是古生物学专家对笔石化石进行鉴定的重要依据,也是笔石化石重要的生物学性状特征。本章研究所训练的卷积神经网络模型在分类时重点关注的局部区域(CAM 图中的红色区域)与专家进行分类时关注的结构所处的区域高度重合。

对单张笔石化石图像分析获得的 CAM 热力图也有类似效果,图中的红色区域恰好包含笔石的胞管和始端(图 8.15)。这表明,基于 HC-Loss 的卷积神经网络模型更关注图像中包含判别性结构的区域,从而提取到正确的,甚至与领域专家一致的判别性特征。需要说明的是,CAM 热力图只适用于对单张图像进行分析,整个数据集中包含大量图像,使用 CAM 方法无法帮助分析图像之间的相似性,也无法综合评估卷积神经模型对整个数据集分类效果的好坏,此时,更好的方式是使用非线性降维方法进行数据可视化,比如 t-SNE 方法。

图 8.15　笔石化石原图与 CAM 热力图对比

8.6.2　基于 *t*-SNE 的图像嵌入可视化

非线性降维方法 *t*-SNE，即 *t* 分布随机邻域嵌入（*t*-distributed stochastic neighbor embedding）主要用来对高维度数据集在二维或三维的低维空间中进行可视化展示（van der Maaten and Hinton，2008）。相对于其他降维算法，*t*-SNE 创建了一个缩小的特征空间，相似的样本由附近的点建模，不相似的样本由高概率的远点建模。

在高水平上，*t*-SNE 为高维样本构建了一个概率分布，相似的样本被选中的可能性很高，而不同的点被选中的可能性极小。*t*-SNE 为低维嵌入中的点定义了相似的分布。*t*-SNE 是一种集降维与可视化于一体的技术，它基于 SNE 可视化的改进，解决了 SNE 在可视化后样本分布拥挤、边界不明显的特点，是目前较好的降维可视化手段。

对本章构建的笔石化石综合数据集，使用 *t*-SNE 将笔石数据集中的部分图像嵌入降维到二维空间，并进行可视化展示。每个数据点都代表一张笔石图像，共挑选了 1338 张示例图像，涵盖了笔石数据集中的 15 个科、42 个属和 113 个种，使用了 15 种颜色来表示示例图像所涵盖的 15 个科（图 8.16）。图中数据点之间的局部距离表示图像的相似程度，可以对模型分类结果进行评估。颜色相同且空间坐标相近的点代表被归属于同一个种的化石图像，而颜色相同但距离较远的点表示属于同一个科，但可能来自不同的属或不同的种。从可视化的成图来看，图像数据集可以识别出明显不同的区域，这些区分同样具有古生物学领域的专业科学意义，在一定程度上与古生物学专家的分类和鉴定意见是吻合的。

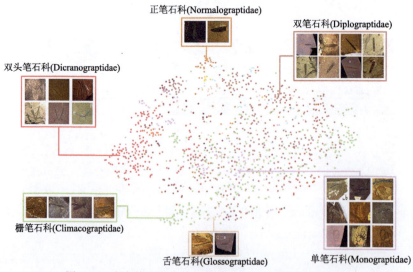

图 8.16　本章笔石图像数据集的 *t*-SNE 可视化展示结果

8.6.3 基于 UMAP 的图像嵌入可视化

匀分布流形逼近与投影（uniform manifold approximation and projection，UMAP）是 McInnes 等 （2018）提出的一种新技术，相比 *t*-SNE 有很多优势，最明显的是提高了速度，并且更好地保存了数据的全局结构，在数据集大小和维度方面都可以很好的扩展，其广泛应用于数据分析与可视化领域的科研工作之中。

对本章构建的笔石化石综合数据集采用 UMAP 方法进行降维与可视化展示。对于 34613 个笔石图像的分析结果，所有笔石化石图像均以散点图的方式映射到二维图上（图 8.17）。在散点图上，这些不同的点以不同的方式汇聚成为若干个密度不同的区域，这显示本章研究所训练的卷积神经网络模型将所有的图像数据划分成若干大类，其中，至少有 9 个大类与古生物学领域专家的划分种形态类型完全吻合，如 V 形、显瘦形、扁平形等（表 8.2）。这进一步显示，本章研究所训练的卷积神经网络模型对于笔石化石图像的特征判别与古生物专业意见具有一致性。

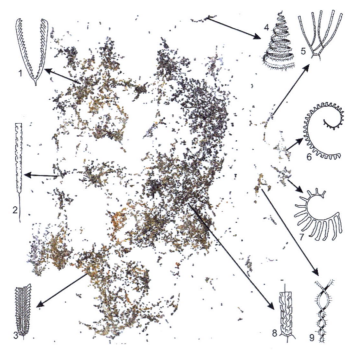

图 8.17　对本章数据集中 34613 幅笔石图像运用 UMAP 可视化展示结果

表 8.2 对数据集基于 **UMAP** 的图像嵌入可视化展示识别出 9 种笔石形态类型（**Graptolite morphotypes**），及其在古生物学领域内的具体含义（**Underwood, 1993**）

编号	笔石形态	特征与示例
1	V形	笔石体具有典型的"U形"或"C形"结构，示例参见 *Didymograptus* 和 *Dicranograptus* 属下种，以及 *Dicellograptus* 和 *Jiangxigraptus* 的若干种，以及 *Appendispinograptus* 的大多数种
2	纤瘦形	胞管口长宽比较大，示例参见 *Normalograptus angustus* 和 *Coronograptus cyphus.*
3	扁平形	胞管口长宽比（相对于典型数2）较小，示例参见 *Cardiograptus amplus*、*Phyllograptus anna* 和 *Peseudotrigonograptus ensiformis*
4	螺旋形	螺旋形，示例参见 *Spirograptus turriculatus*
5	多分枝形	多分枝的笔石型，示例参见 *Tangyagraptus* 和 *Pterograptus* 属
6	背弯形	始端突出而且背侧弯曲，胞管独立，示例仅见 *Demirastrites* 属
7	开放式螺旋形	整体形展开的螺旋形开放卷曲，胞管独立，示例仅见 *Rastrites* 属
8	上攀形	上攀形，包括几乎全部的双列双笔石类
9	双螺旋形	类似于数字 8 的双螺旋形，示例参见 *Jiangxigraptus spirabilis*

参 考 文 献

罗伦德, 唐志, 石胜强. 2018. 孢粉数字化分类检索系统——LuoPacias 数据库的研制与应用. 微体古生物学报, 35: 220-228.

潘耀华, 徐洪河, 牛志彬. 2022. 发明专利: 一种基于层级约束的细粒度笔石图像分类方法与装置. 专利号: ZL2022 1 0159814. 4.

徐洪河, 牛志彬, 陈焱森. 2021. 软件名称: 古生物时空分布多样性可视化分析工具软件 FSTDvis v1. 0, 登记号 2021SR2201857. 软著登字第 8924483 号.

邹才能, 董大忠, 王玉满, 等. 2015. 中国页岩气特征、挑战及前景(一). 石油勘探与开发, 42: 689-701.

邹才能, 龚剑明, 王红岩, 等. 2019. 笔石生物演化与地层年代标定在页岩气勘探开发中的重大意义. 中国石油勘探, 24: 1-6.

Berg T, Belhumeur P N. 2013. Poof: Part-Based One-vs.-One Features for Fine-grained Categorization, Face Verification, and Attribute Estimation. Proceedings of the IEEE Conference on Computer Vision and Pattern Recognition.

Dubey A, Gupta O, Guo P, et al. 2018. Pairwise Confusionfor Fine-grained Visual Classification. Proceedings of the European Conference on Computer Vision (ECCV).

Esteva A, Kuprel B, Novoa R A, et al. 2017. Dermatologist-level classification of skin cancer with deep neural networks. Nature, 542(7639): 115-118.

Goldman D, Sadler P M, Leslie S A. 2020. The Ordovician Period//Geologic Time Scale 2020.

Amsterdam: Elsevier: 631-694.

Hoo Z H, Candlish J, Teare D. 2017. What is an ROC curve? Emergency Medicine Journal, 34(6): 357-359.

Hsiang A Y, Brombacher A, Rillo M C, et al. 2019. Endless Forams: > 34, 000 modern planktonic foraminiferal images for taxonomic training and automated species recognition using convolutional neural networks. Paleoceanography and Paleoclimatology, 34(7): 1157-1177.

Juan D C, Lu C T, Li Z, et al. 2020. Ultra Fine-grained Image Semantic Embedding. Houston: Proceedings of the 13th International Conference on Web Search and Data Mining.

Khosla A, Jayadevaprakash N, Yao B, et al. 2011. Novel Dataset for Fine-grained Image Categorization: Stanford Dogs. Proceedings of CVPR Workshop on Fine-Grained Visual Categorization (FGVC).

Klemme H D, Ulmishek GF. 1991. Effective petroleum source rocks of the world: Stratigraphic distribution and controlling depositional factors. AAPG Bulletin, 75: 1809-1851.

Kopperud B T, Lidgard S, Liow L H. 2019. Text-mined fossil biodiversity dynamics using machine learning. Proceedings of the Royal Society B, 286(1901): 20190022.

Krause J, Jin H, Yang J, et al. 2015. Fine-grained Recognition without Part Annotations. Boston: Proceedings of the IEEE Conference on Computer Vision and Pattern recognition.

Krause J, Stark M, Deng J, et al. 2013. 3D Object Representations for Fine-grained Categorization. Sydney: Proceedings of the IEEE international Conference on Computer VIsion Workshops.

LeCun Y, Bengio Y, Hinton G. 2015. Deep learning. Nature, 521(7553): 436-444.

LeCun Y, Bottou L, Bengio Y, et al. 1998. Gradient-based learning applied to document recognition. Proceedings of the IEEE, 86(11): 2278-2324.

Li X, Xu C, Wang X, et al. 2019. COCO-CN for cross-lingual image tagging, captioning, and retrieval. IEEE Transactions on Multimedia, 21(9): 2347-2360.

Liang X, Wang X, Lei Z, et al. 2017. Soft-margin softmax for deep classification//Neural Information Processing: 24th International Conference, ICONIP 2017, Guangzhou, China, November 14-18, 2017, Proceedings, Part II. Cham: Springer International Publishing: 413-421.

Lindsey R, Daluiski A, Chopra S, et al. 2018. Deep neural network improves fracture detection by clinicians. Proceedings of the National Academy of Sciences, 115(45): 11591-11596.

Liu X, Song H. 2020. Automatic identification of fossils and abiotic grains during carbonate microfacies analysis using deep convolutional neural networks. Sedimentary Geology, 410: 105790.

MacLeod N, O'Neill M, Walsh S, 2007. A comparison between morphometric and artificial neural net approaches to the automated species-recognition problem in systematics. Biodiversity Databases: From Cottage Industry to Industrial Network: 37-62.

Maji S, Rahtu E, Kannala J, et al. 2013. Fine-grained visual classification of aircraft. arXiv preprint arXiv: 1306. 5151.

Maletz J. 2017. Part V, Second Revision, Chapter 13: The history of graptolite classification. Treatise

Online, 88: 1-11.

McInnes L, Healy J, Melville J. 2018. Umap: Uniform manifold approximation and projection for dimension reduction. arXiv preprint arXiv: 1802. 03426.

McKinney S M, Sieniek M, Godbole V, et al. 2020. International evaluation of an AI system for breast cancer screening. Nature. 577(7788): 89-94.

Niu Z B, Jia S Y, Xu H H. 2024. Automated graptolite identification at high taxonomic resolution using residual networks. iScience, 27: 108549.

Nwankpa C, Ijomah W, Gachagan A, et al. 2018. Activation functions: Comparison of trends in practice and research for deep learning. arXiv preprint arXiv: 1811. 03378.

Podhalańska T. 2013. Graptolites-stratigraphic tool in the exploration of zones prospective for the occurrence of unconventional hydrocarbon deposits. Przegląd Geologiczny, 61: 621-629.

Ranaweera K, Harrison A P, Bains S, et al. 2009. Feasibility of computer-aided identification of foraminiferal tests. Marine Micropaleontology, 72(1-2): 66-75.

Richens J G, Lee C M, Johri S. 2020. Improving the accuracy of medical diagnosis with causal machine learning. Nature Communications, 11(1): 1-9.

Rodriguez-Damian M, Cernadas E, Formella A, et al. 2006. Automatic detection and classification of grains of pollen based on shape and texture. IEEE Transactions on Systems, Man, and Cybernetics, Part C (Applications and Reviews), 36(4): 531-542.

Romero I C, Kong S, Fowlkes C C, et al. 2020. Improving the taxonomy of fossil pollen using convolutional neural networks and super resolution microscopy. Proceedings of the National Academy of Sciences, 117(45): 28496-28505.

Selvaraju R R, Cogswell M, Das A, et al. 2017. Grad-cam: Visual Explanations from Deep Networks Via Gradient-based Localization. Proceedings of the IEEE International Conference on Computer Vision.

Swaby P A. 1990. Integrating Artificial Intelligence and Graphics in a Tool for Microfossil Identification for Use in the Petroleum Industry. Washington: Proceedings of the 2nd Annual Conference on Innovative Applications of Artificial Intelligence.

Underwood C J. 1993. The position of graptolites within Lower Palaeozoic planktic ecosystems. Lethaia, 26(3): 189-202.

van der Maaten L, Hinton G. 2008. Visualizing data using t-SNE. Journal of Machine Learning Research, 9(11): 2579-2605.

Wah C, Branson S, Welinder P, et al. 2011. The Caltech-ucsd Birds-200-2011 Dataset. Computation and Neural Systems Technical Report.

Williams D M, Ebach M C. 2020. Cladistics. Cambridge: Cambridge University Press.

Xu H H, Niu Z B, Chen Y, et al. 2023. A multi-dimensional dataset of Ordovician to Silurian graptolite specimens for virtual examination, global correlation and shale gas exploration. Earth System Science Data, 15: 2213-2221.

Zeiler M D, Fergus R. 2014. Visualizing and understanding convolutional networks//Computer Vision-ECCV 2014: 13th European Conference, Zurich, Switzerland, September 6-12, 2014, Proceedings, Part I 13 2014. Springer International Publishing: 818-833.

Zhang Y D, Zhan R B, Wang Z H, et al. 2020. Illustrations of Index Fossils from the Ordovician Strata in China. Hangzhou: Zhejiang University Press.

Zhang Y, Fountain D W, Hodgson R M, et al. 2004. Towards automation of palynology 3: Pollen pattern recognition using Gabor transforms and digital moments. Journal of Quaternary Science: Published for the Quaternary Research Association, 19(8): 763-768.

第 9 章

三维世界

三维模型相关的应用正在变得越发普及。构建虚拟世界的元素离不开各式各样的三维模型。基于化石标本与地层剖面的三维模型与三维重建，可以开展相关的科学传播工作，可以实现虚拟现实技术，甚至将化石移植到元宇宙之中，让化石与地层的三维重建融入数字孪生地球（digital twin earth）（Bauer et al., 2021），这对于识别地球曾经和正在经历的气候变化具有重要意义。

古生物学与地层学研究中也在使用越来越多的三维模型数据。然而，根据具体的应用，其又可以区分为两种情况。第一种情况，也是最常见的情况就是将三维模型数据作为化石展示的一种技术手段，以超现实的方式展示化石标本。这种方式中，采集三维模型数据的同时直接利用三维扫描仪器与设备，或者是利用断层扫描技术，通过软件来合成三维模型数据。在化石标本保护、全息展示、科研工作中，这种情况已经变得越发普遍。

第二种情况是利用三维模型工具和软件对化石开展具体的分析工作，即利用化石标本的三维属性，通过构建化石标本的三维模型，实现对化石标本的测量和相关的分析工作，将化石作为远古生命，探讨其形态学功能对环境的响应，相关工作已经将流体力学分析、有限元分析等应用到了化石上。

9.1　化石标本的超现实展示

化石标本是具有科学价值的实物，对化石标本的保护在很多方面可以在对文物的保护中获取类似的方法与手段。

对化石标本建立三维模型，可以实现对化石标本以超现实方式进行展示，达到查看实物标本所无法比拟的效果。通过电脑终端的数据解析软件和浏览器，可以实现对三维模型任意角度与放大倍数的查看，并可随时调整观察的方向与角度。当然，其中的缺点也是很明显的。

（1）三维模型的展示效果与软件和浏览器密切相关，网络上的文件还要受制于网络的速度。有时候，这些因素可能极大地影响着三维模型的查看效果，甚至为三维模型的查看设置了重重拦阻。已经有很多专门的网站让人们可以交流查看各式各样的三维模型，如三维模型展示网站 Sketchfab（https://sketchfab.com），在这个专业的三维模型网站上，以化石为主题的三维模型也非常普遍（图 9.1）。

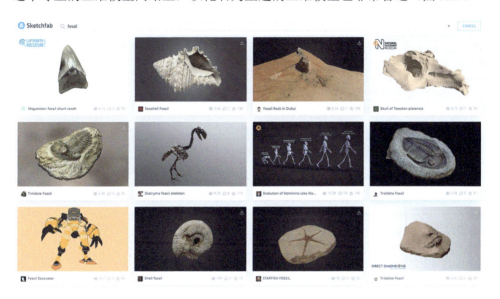

图 9.1　三维模型展示网站 Sketchfab 上与化石相关的三维模型

（2）三维模型的展示效果与三维模型软件（表 9.1）密切相关，有时数据库为了使访问流畅，不得不在数据的大小和分辨率方面做一些取舍，此时的三维模型文件可能在放大一定倍数之后就显得非常粗糙，化石本身的细节也都丢失了。

表 9.1　对化石标本开展三维模型分析的常用软件

软件包	官方网站	源	应用案例
断层扫描数据处理与图像分割			
Amira	http://www.amira.com	商业	Schmidt et al., 2020
Avizo	http://www.vsg3d.com	商业	Lautenschlager et al., 2012
Drishti	http://anusf.anu.edu.au/Vizlab/drishti	免费	Jones et al., 2011
Mimics	http://www.materialise.com/mimics	商业	Alonso et al., 2004
SPIERS	http://www.spiers-software.org	免费	Sutton et al., 2012
VGStudio Max	http://www.volumegraphics.com	商业	Li et al., 2021

续表

软件包	官方网站	源	应用案例
三维建模、可视化与动画制作			
Autodesk Maya	http://usa.autodesk.com/maya	商业	Schmidt et al., 2020
Blender	http://www.blender.org	免费	Stein, 2010
RapidWorks	https://www.rapidworks.eu/	商业	吴秀杰和潘雷，2011
三维模型网格化与格式转换			
GeoMagic Studio	http://www.geomagic.com	商业	Arbour and Currie, 2012
Altair Hypermesh	http://www.altairhyperworks.com	商业	Lautenschlager et al., 2012
MeshLab	https://sourceforge.net/projects/meshlab/	免费	White et al., 2013
ScanFE	http://www.simpleware.co.uk/	商业	Young et al., 2012
有限元分析			
Abaqus FEA	https://www.3ds.com/products/simulia	商业	Lautenschlager et al., 2012
ANSYS	http://www.ansys.com	商业	Witzel and Preuschoft, 2005
COMSOL Multiphysics	http://cn.uk.comsol.com	商业	Snively and Cox, 2008
Strand7	http://www.strand7.com	商业	Walmsley et al., 2013
计算流体力学			
ANSYS	http://www.ansys.com	商业	Rigby and Tabor, 2006
COMSOL Multiphysics	http://www.comsol.com/	商业	Caromel et al., 2014
SC/Tetra	http://www.cradle-cfd.com/	商业	Shiino et al., 2012
Autodesk CFD	https://www.autodesk.com/	商业	
SPHYSICS	https://dual.sphysics.org/sphysics-project/	免费	Rahman,2017
OpenFOAM	https://openfoam.org/	免费	

（3）三维模型有别于图像类数据，图像代表物质本身在二维的、平面世界的一种还原，而三维模型实际上是对物件所进行的三维世界重构，其数据本身尽管来自于实际物件，但实质上都是人为重构。不同的作者对三维模型采用不同的软件，所处理得到的三维模型也是不一样的，其究竟能够在多大程度上代表或反映真实的化石标本，完全是见仁见智的问题。

三维模型数据在化石标本领域的应用主要包括三个方面：三维展示、三维复制，以及超现实展示。

9.1.1 三维展示

对于非常具有历史价值和/或科研价值的化石标本，完全可以效法对文物的保护方式，对化石标本进行高分辨率的三维扫描，再以数据和软件的方式进行多维度的展示与再次呈现（陶思宇和张喜光，2010；马琛，2020），这样的工作有时也被称为"数字化"。类似的工作方法主要是源于化石标本与文物在一定程度上的相似性。

化石与文物相比，二者都是具有历史价值的实物，都是来自特定历史时期的产物，也都能够一定程度上反映或见证历史。其区别是化石所代表时代更加久远的地质历史时期，通常没有人类的参与，而文物标本所代表的历史时期是与人类相关的。二者也都是具体的实物，区别是化石标本往往是石质的，而文物标本的材质可能更加多样一些，有石器，也有金属制品或木制品等。二者都有一定的人为参与，化石标本与文物标本的采集都离不开人类的挖掘，相对而言，化石标本的采集可能要简单一些，采集对相关科研过程的贡献也非常突出，而对于文物标本可能涉及的采集与研究过程通常较为漫长。当然，对于化石标本来说，人类的参与过程是其重要价值的体现，能够重现或还原人类的影响，也是针对其开展研究的重要内容。

有些特定的化石标本也具有一定的文物标本属性，其在过去经由名人开展过研究，或具有特殊的意义。例如，中国科学院南京地质古生物研究所就收藏有一块与北宋黄庭坚有关的化石（图 9.2），这块化石方方正正，像是一本书一样，长 19 cm、宽 11.4 cm、高 2.5 cm，侧面刻着诗："南崖新妇石，霹雳压笋出，勺水润其根，成竹知何日"，并有题印"黄"和"庭坚"。化石表面非常光滑，从古生物学与地层学的角度来看，它其实是一块从角石中央部位被切开的化石，化石被鉴定为距今 4.6 亿年的"中华震旦角石"。这块石头的独特之处在于，它既是化石，也是具有收藏价值的文物，很可能代表古代人对化石的收藏。

图 9.2　兼具有古生物学科研与文物收藏价值的角石化石（收藏于中国科学院南京地质古生物研究所）

对于这些具有特殊意义的化石标本，完全应该参照文物开展专门的保护和数字化工作。

9.1.2　三维复制

对化石标本的三维复制与前文提及的三维展示有相通之处，主要是指对具有科学价值或意义的化石标本进行三维复制。首先采集三维模型数据，再利用三维打印设备进行打印，由于三维模型文件的特殊性，打印时可以开展有针对性的放大或缩小，甚至对科学展示的若干细节特征进行放大或突出现实。打印过程可以选择特殊的材质，打印之后也可以进行涂装或颜色渲染。

复制的目的是更好地进行展示。其实，在展示化石标本时，复制品一直是大量使用的，这主要是因为：①用复制品展示效果更好。化石标本材质不一，很多随着挖掘时间越来越久，其细节特征也常常变得越发不明显。而对化石标本进行复制，往往能够弥补这些不足，对化石标本的细节特征进行更好的展示。另外，在对化石标本展示的过程中，为了能够更为全面，往往需要对化石进行一定的破坏，这时候使用复制品就显得更为必要了。②复制可以满足化石完整性的要求。大多数化石都不能完整展示生物体，为了能够科学展示化石生物，往往需要把生物特征补全，这就需要复制品进行替代了。我们在博物馆经常看到大型脊椎动物化石（如恐龙等），甚至我们还看到一些钢制的结构穿插在化石骨骼之内，对庞大的化石固件进行支撑，这时候必须使用复制品。其实，科学文献中我们所能见到的通过化石对生物的复原往往是理论上的，是对零碎的生物细节的拼接与生物学定义的重建，其意义体现在生物进化，尤其是生物学演化性状特征方面。在影视作品中对化石生物的复原所追求的是视觉效果，在科学复原的基础上糅合了大量现代生物原型。而我们在博物馆所看到的化石生物复原，往往仅仅是若干化石骨架的拼接，并使这些化石骨架在解剖结构上呈现出生物学的特征。

9.1.3　超现实展示

超现实展示是三维模型所能提供的独特优势之一，在诸多科学研究领域都得到了充分的使用，其对化石的研究更是发挥到了极致。医学领域中对人体结构的断层扫描重建（CT 扫描），能够快速识别出人体结构中的异常或病理结构，开展辅助诊断。这就是超现实展示在医学领域的应用。对于化石标本，其原理是类似的。

利用断层扫描设备，可以在对化石不进行破坏的情况下，实现对化石标本高分辨率的虚拟切割、呈现、三维重建等。

在这项技术广泛应用之前，古生物学家所采用的是连续磨片与切片的方法。

最具有代表性的工作来自瑞典古生物学家 Erik Jarvik，他用了大约 25 年的时间，对一种泥盆纪的鱼类 *Eusthenopteron* 化石持续磨片，绘制超过 500 幅详细的磨片素描图，进而获得了这种鱼类的三维信息（Jarvik, 1954）。他的学生继承并进一步发扬这种对化石连续磨片的研究方法，他的学生就是古脊椎动物学家、中国科学院院士、中国科学院古脊椎动物与古人类研究所的张弥曼研究员。张弥曼院士一生主要从事比较形态学、古鱼类学方面的研究工作。张院士的科学研究故事中非常值得称道的就是，她在瑞典国家自然历史博物馆期间（20 世纪 80 年代），曾经用连续磨片的方法，对云南产出的距今 4.1 亿年前的中国总鳍鱼类、先驱杨氏鱼进行系统磨片研究工作（张弥曼和于小波，1981），连续磨片的工作期间，每次磨掉化石的厚度约 50 μm，张院士对所获得的断面拍照、绘图，精细地画出断面所呈现的骨骼结构，然后把蜂蜡制成的薄片按照断面结构进行细致的切割，再开始下一个磨片，如是往复，直到把整个化石结构全部磨完，再将所有蜡片按顺序叠在一起，构成化石的完整结构。这是在现代 CT 技术出现之前，研究化石内部结构的最精确办法，从原理上说，这和现代断层扫描是一致的。张院士获得了 540余张连续磨片，由此发现其所研究的杨氏鱼没有内鼻孔结构，该理论对传统的古生物学演化具有一定的挑战性，由此，张院士的工作也得到了古生物学界的认可与承认（屈婷和全晓书，2018）。

如今，利用断层扫描设备可以快速实现上述研究工作，在对鱼类化石以及其他门类化石的研究中，高分辨的化石扫描已经变得非常常见，甚至已经成为研究三维形态化石的常规技术手段，在全世界各大实验室中都能够广泛开展（Achterhold et al., 2013），如鱼类牙齿的重建识别出最古老的有颌类牙齿，将最早的牙齿化石证据前推了 1400 万年（Andreev et al., 2022）；对早期生物胚胎结构的重建，精细展示了胚胎细胞的分裂过程（Donoghue et al., 2006）；对琥珀内含物昆虫的细节展示，识别出了始新世琥珀中具有纤细体毛的蜘蛛（Dunlop et al., 2011）。

上述化石在结构上可能都较为"立体"，对于这类化石标本，断层扫描的方法大有用武之地。可是，近年来的一些研究显示，在对压平的、看起来扁平的化石开展断层扫描的工作中，生物在被压紧的化石状态中，其结构仍然得到了清晰的展示与呈现（Schmidt et al., 2020）。寒武纪澄江动物群中的节肢动物罗氏小虾化石，用肉眼直接观察所呈现的是表面非常平的生物体外轮廓（图 9.3，左 1），当使用断层扫描技术对这枚化石标本进行扫描之后，却清晰地再现了化石被"压扁"之前的状态，并重建了精美的保存细节，包括这枚化石生物的背（图 9.3，左2）、腹面结构（图 9.3，右 1）。可以说，断层扫描已经成为虚拟成像古生物学研究领域中重要的技术手段，其发展方兴未艾。

化石表面观(背部)　　　　　　　　　　　　　腹面重建

图 9.3　寒武纪澄江动物群中的节肢动物罗氏小虾化石（左 1），以及根据断层扫描技术重建的
背（左 2）、腹面结构（右 1）（授权供图：刘煜）

9.2　化石三维重建与度量分析

有些具有特殊形状的化石，难以通过反射光源采集其形态特征，如内凹的颅骨。对于这种化石结构，可以使用三维扫描设备辅助开展分析工作，案例之一是对古人类头盖骨的研究工作。吴秀杰和潘雷（2011）利用便携式 3D 激光扫描仪 Model 2020i Desktop 对周口店直立人和现代人颅内模进行三维扫描，此款扫描仪体积小、重量轻、能够捕捉标本表面的颜色信息，适合于人类头骨、颅内模等标本材料的研究。扫描之后，利用可视化三维图像处理软件 Rapidworks 重建出虚拟的颅内模三维影像。然后把虚拟复原出的颅内模摆放在标准平面上，精确分割左右半球，水平 X 轴平面穿过额极和枕极，垂直 Y 轴平面穿过左右脑半球的中央面，沿着垂直 Y 轴平面把颅内模的左右半球分割开，形成 2 个独立的 3D 图像：左半球和右半球。利用三维图像处理软件 Rapidworks 分别测量左半球和右半球的容量和表面积，获得"左半球脑量"、"右半球脑量"、"左半球表面积"和"右半球表面积"的绝对数值。结果表明，周口店直立人左右半球的绝对脑量和表面积虽然同现代人相似，都没有表现明显的不对称性，但是两半球的相对脑量有显著差别。周口店直立人脑的解剖结构与现代人不同，推测还不具有语言能力。

Alonso 等（2004） 通过对伦敦收藏的始祖鸟（*Archaeopteryx*）化石标本开展断层扫描和三维模型重建，重建了始祖鸟的大脑模型，利用三维技术分析了始祖鸟大脑内颅腔和内耳结构，识别出了始祖鸟与现代鸟类类似的视觉、听觉以及空间感受器官，这些功能可能都与飞行能力密切相关，结论表明，始祖鸟可能与现代鸟类在飞行能力方面具有相似性。这方面的研究还有，通过对鸟类与翼龙头骨解剖结构的三维模型分析对比，探讨其飞行、行走以及相关的行为学（Witmer et al., 2003），基于对兽脚亚目食肉恐龙头骨三维模型结构的研究，分析其嗅觉感受器官的演化，进而探讨其食性（Zelenitsky et al., 2009）。

这些研究与传统的、描述性古生物学研究明显不同，不再是基于化石本身的分类与描述，而是试图重建远古生命、探讨远古生命的活力与功能，让作为远古生命的古生物变得鲜活，让我们对这些古生物的生活有了进一步的更加具体的认识。然而，如果要对远古生物的功能属性有进一步了解，就需要采用数学和工程学领域更多的研究方法（表 9.1）进行分析，如有限元分析和计算流体力学分析。

9.3　有限元分析

有限元分析（finite element analysis，FEA）利用数学近似的方法对结构体进行模拟，分析并重建结构体的应力、应变与变形情况，是一种常用的工程分析手段。

有限元分析利用简单而又相互作用的元素（单元），利用在数学上有限数量的未知量，基于工程领域中的弹性连续体问题，去逼近具有无限未知量的真实系统（Zienkiewicz et al., 2005）。它将求解域看成是由许多称为有限元的小的互连子域组成的，对每一单元假定一个合适的（较简单的）近似解，然后推导求解这个域的总体条件，从而得到问题的解。

有限元的概念很容易理解，早在几个世纪前就提出了，利用有限个直线单元的多边形逼近圆来求得圆的周长，这其实就是有限元的思路。有限元分析作为一种方法，最初应用在航空器的结构强度计算里，由于其方便、实用和有效，引起了从事力学研究的科学家的浓厚兴趣。随着计算机技术的快速发展和普及，有限元方法迅速从结构工程强度分析计算扩展到几乎所有的科学技术领域，成为一种丰富多彩、应用广泛并且实用高效的数值分析方法，在生物力学分析、软组织受力分析等方面也得到了广泛应用。由于有限元分析在脊椎动物有机体生物形态学领域的应用，其也拓展到了古生物学，尤其是古脊椎动物学领域的研究之中，大量针对远古脊椎动物头骨化石的研究中，都可以发现有限元分析的方法。有限元分析涉及大量运算，早期使用者往往会自己编程，写专门的代码开展分析，但是目前有大量商业软件（表 9.1）可以辅助开展类似的工作，非常方便。

在动物学和古生物学研究中，有限元分析用于重建生物体肌肉与骨骼的机械应力与应变，这种分析是基于三维数据，所以具有独特的优势：①有限元分析法不会对分析对象造成破坏或损坏；②通过有限元分析，可以在动物骨骼中多个位置和/或深度上重建应力应变情况；③不论生物是否灭绝，其有限元模型在数学与工程学上都是相通的；④所分析的几何体无论是简单还是复杂，都可以对其应力与应变开展分析与重建；⑤有限元分析的结构体是数据模型，其完全可以通过数据的方式对生物体形态学方面的假说与功能开展验证与模拟（Rayfield, 2007）。

有限元分析法最早在动物学和古生物学研究领域的应用来自于对脊椎动物长骨生长发育的研究（Carter et al., 1998），研究结论认为，在硬骨鱼、基干四足动物、两栖动物、恐龙和鸟类等脊椎动物的长骨发育过程中，软骨中的机械应力对骨化作用具有抑制性，因此，软骨体的成骨作用优先发生于软骨内的成骨作用。尽管这项研究对于脊椎动物骨骼发育具有指示作用，但是相关的后续研究较为稀少，对于学科的发展并没有起到引领作用。Witzel 和 Preuschoft（2005）运用 ANSYS 软件构建了梁龙头骨的有限元模型，该模型重建了梁龙类恐龙 *Diplodocus longus* 头部的眼窝结构、肌肉力量、牙齿分布，以及上下颌的咬合力量等，对其运动与头骨结构功能也进行了研讨。Snively 和 Cox（2008）通过有限元方法分析了厚头龙类（Pachycephalosauridae 科）恐龙的头骨三维模型，对其骨骼发育取得了新认识。Walmsley 等（2013）构建了鳄鱼上下颌骨高分辨率的有限元模型，通过荷载分析，模拟鳄鱼颌骨的咬合力以及通过摇晃与翻滚产生的猎杀能力，解释了鳄鱼狭长颌骨的生物力学功能，其对于地质历史时期水生四足动物的演化研究具有借鉴意义。

古生物学研究中通过有限元分析而开展生物有机体功能探讨不乏经典案例，Lautenschlager 等（2012）和 Lautenschlager（2013）利用断层扫描技术重建了晚白垩世镰刀龙类（Therizinosauria）恐龙 *Erlikosaurus andrewsi* 完整的头骨三维模型（图 9.4），分析过程中采集了化石标本图像，利用 X 射线断层扫描技术创建了三维模型、基于三维模型创建了有限元网格，分析研究了该恐龙的内颅解剖结构和肌肉系统，对其感受与认知功能进行了探讨，结论认为，镰刀龙类具有非常优秀的嗅觉、听觉、平衡能力，并开展了有限元分析模拟恐龙上、下颌的咬合力属性特征（图 9.4，左侧）。

在对无脊椎动物的研究中，也有开展有限元分析的案例。总体情况主要有三类：①针对复杂的三维模型几何体构建复杂的有限元模型。Philippi 和 Nachtigall（1996）分析海胆类的三维模型有限元模型，识别出常见海胆外壳对管状附体的机

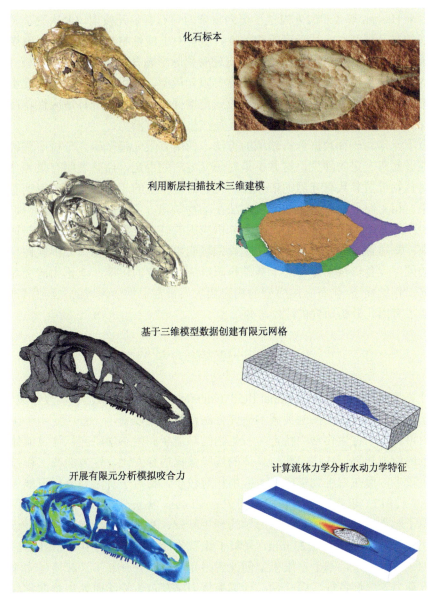

化石标本

利用断层扫描技术三维建模

基于三维模型数据创建有限元网格

开展有限元分析模拟咬合力

计算流体力学分析水动力学特征

图 9.4　对古生物化石三维建模开展有限元分析和计算流体力学分析示意图

械活动具有良好的适应性。②针对复杂的边界条件构建有限元模型，具有复杂的
缝合结构的菊石就是代表案例。传统观点认为，菊石体腔隔壁的复杂程度随着其
海水生境深度的增加而增加，Daniel 等（1997）对菊石形态与水体深度的相关性
研究中，对菊石体三维模型的有限元分析却挑战了这种认识，否定了相关性。然

而，后来 Hassan 等（2002）构建了更为复杂的菊石有限元模型，再次论证了菊石缝合线的复杂程度与水体深度的相关性。③针对非线性材料所具有的特殊属性构建有限元模型。Kesel 等（1998）对蜻蜓翅膀翅脉形态开展了机械强度分析。Song 等（1994）通过构建简单而典型的三维有限元模型，分析了大型底栖有孔虫的最优形态学特征，结论表明，盘状生长模式是增强压力抗性的一种适应性特征，并且在保持表面积与体积比的情况下兼具适应生境深度潜力。

有限元作为一种数据分析领域的方法，使用有限元模型研究分析所获得的结论可能彼此有一定的冲突，这并不是对研究方法的否定，而是表明有限元分析的结果对初始模型参数有强烈的依赖性，化石三维模型的相关参数显著影响着分析的结果。相对而言，有限元的分析方法在动物学和古生物学领域的研究中仍然使用较少。具体原因可能是：①有限元分析应用的确有难度，对数学知识与背景要求较高；②尽管有限元分析方法在工程领域应用广泛，但是相关分析软件与开展运算的硬件设备价格不菲，对于基础科研形成了一定的门槛；③正如前文对菊石的研究工作的描述，化石三维模型的构建要求大量古生物学领域的先验背景知识，这影响了有限元分析研究的广泛开展。

9.4 计算流体力学

计算流体力学（computational fluid dynamics）是用于模拟流体（液体或气体）的流动及其与固体表面接触关系的研究方法，数十年以来，一直广泛用于工程学领域，可也用于古生物学中特定化石生物的功能学和生态学研究。计算流体力学所展示的模拟结果，往往需要与具体的实验数据进行对比，这方面在工程技术领域应用较多，而在古生物学研究中应用相对较少，相对于有限元分析可能更少。Rahman（2017）以寒武纪的棘皮动物 *Protocinctus mansillaensis* 的研究为例，详细介绍了对古生物开展计算流体力学的理论基础、基本步骤与常见技术，该棘皮动物化石标本实际长度为 23 mm，采集了化石的标本图像，利用 X 射线断层扫描技术创建三维模型，基于三维模型创建有限元网格，并开展了计算流体力学分析模拟水动力学属性特征（图 9.4）。计算流体力学在古生物学研究中是非常具有潜力的研究手段，可用于开展大规模的比较形态学分析，对远古生物功能与形态学构建模型并验证，甚至可以对化石生物类群取得全新的理解与认识。

最早对古生物化石开展计算流体力学的研究工作可能是 Rigby 和 Tabor（2006） 所构建的志留纪笔石的计算流体力学三维模型，模拟其在层流水体中受到的影响，对笔石的功能形态学特征获得全新的认识。对其他多种无脊椎化石动物在层流和湍流水体中的模拟工作也纷纷开展，如腕足动物（Shiino and Tokuda，2016）、三叶虫（Shiino et al.，2012）、海胆/海蕾（Waters et al.，2017）、有孔虫（Caromel et al.，2014），甚至还有埃迪卡拉纪的未知生物（Rahman et al.，2015）等。Shiino 等（2012）通过图形建模和计算流体力学方法，分析了三叶虫 *Hypodicranotus striatus* 复杂的水动力学特征，该三叶虫具有狭长的、具刺的口下板结构，其具有稳定水体流动的功能，表明这种三叶虫具有优异的游泳能力。

海百合与海蕾都是固着生活在海洋的棘皮动物，其化石保存了多种独特的适应水体流体的器官，相关的计算流体力学模拟工作也已经开展，如奥陶纪海蕾的水旋板的功能与生态学适应性研究（Waters et al.，2017），寒武纪始海百合 *Globoeocrinus* 的螺旋腕会使附近的水体形成湍性流动，进而帮助滤食（栗聪等，2022）。Caromel 等（2014）运用计算流体力学模拟了浮游有孔虫的生态学特征，研究表明，浮游有孔虫生态学生境与深度分布主要受制于其生物本身的形态学特征，如体型大小、形状、钙化程度、壳体遗迹、共生体的光照程度、细胞中的氧溶解度等，生物体本身的这些特征相对于水动力条件对其生态学更具决定性作用。

对脊柱动物化石的计算流体力学模拟也有相应的工作，Bourke 等（2014）模拟了肿头龙类（Pachycephalosauridae 科）恐龙头骨中流经鼻腔的气流作用。Kogan 等（2015）将龙鱼（*Saurichthys*）和多种现生鱼类的水动力特征进行对比，讨论其演化生物学特征。Liu 等（2015）对蛇颈龙游泳时的水流作用开展了模拟。

9.5　地质体的三维重建

数字化、信息化、网络化是当今时代发展的大趋势，地质体可视化逐渐成为地质领域的研究热点。"数字地质"越来越受到地学工作者的关注和重视。传统的三维地质数据可视化软件大多停留在 C/S（客户机/服务器）模式，一般需要下载插件，费时费力且兼容性差，难以满足地质信息便捷快速传递的要求。随着 WebGL 技术的成熟与完善，基于 B/S（浏览器/服务器）模式的 Web 端三维地质可视化成为可能，B/S 用户在客户机上无须安装任何软件就可以轻松在浏览器中使用，这对地质信息的快速传递使用具有重要意义。基于 WebGIS 的三维地质体可视化及应用技术已经成熟，并逐渐成为热点研究内容。

国际大科学计划 DDE 开展了对全球地质剖面的三维导览工作，拟通过对全球重要地层剖面的三维建模，实现虚拟导览（图 9.5）。目前这个功能仍在开发之中，已经实现若干地区的虚拟野外调查工作。

古生物学与地层学大数据

图 9.5　虚拟地层剖面可实现对地质剖面虚拟导览

最近，笔者团队开展了"四川龙门山泥盆系—石炭系界线剖面三维可视化"的实际研究工作，由此建立了野外地质体和地质现象可视化方案，实现二、三维一体化环境中的地质空间数据可视化表达，打破传统的二维数据对地质信息表达的局限性，为地质信息可视化提供一定的借鉴意义（徐洪河等，2022a，2022b）。

泥盆系—石炭系界线在国际上是令人瞩目的地层问题之一，四川龙门山泥盆系、石炭系地层发育良好，化石丰富，层序清楚，剖面连续，是研究我国泥盆系—石炭系较好的地区之一，在国民经济及生物地层研究、古地理格局及环境演变探索等方面具有重要影响。

本次工作所采集和使用的基础数据（表 9.2）如下。

表 9.2　四川龙门山泥盆系—石炭系界线剖面三维可视化工作内容及参数

序号	建设内容	参数
1	地质剖面信息采集	采集剖面产状等信息，数量 200 处
2	实物样品采集	岩石等样品采集，数量 100 件
3	剖面三维数据采集	影像数据>10000 张，精度优于 0.1 m
4	三维数据建模	区域三维地貌模型：面积>4 km²，分辨率优于 0.5 m；高精度模型 3 处：面积>500 m²，分辨率优于 0.1 m

— 250 —

序号	建设内容		参数
5	三维可视化系统搭建	用户登录	用户输入账号密码进行登录操作，未登录用户可以浏览部分页面
		数据配置管理	配置系统数据，如遥感影像、地理地图、地形、三维模型等数据
		三维场景展示	提供区域三维场景展示功能，展示内容包括基础遥感影像、地形、岩石三维模型功能
		图层管理	提供图层管理功能，用户可修改不同图层的名称、显示状态、透明度
		场景操作	提供基本三维操作功能，包括三维场景放大、缩小、旋转
		查询功能	提供三维模型产状查询功能
		测量功能	提供模型距离、高度、产状测量功能
		地图标绘	提供图上点、线、面标注功能
		网站框架设计	网站主体 UI 设计、各个模块、子页面具体 UI 设计
		前后端分离	前端采用 VUE、Cesium 框架，后台使用 Spring Boot、PostGIS、ArcGIS Server

高精度影像数据：使用国内在线的谷歌地图服务作为影像数据来源，选用 17 级影像数据。

地形数据：DEM。

基础地质数据：包括四川省与江油市行政区划、四川省道路、水系、覆盖项目区的 1∶5 万与 1∶20 万栅格地质图。

采样点数据：包括地质采样点的经纬度及高程、产状、岩性描述及野外照片等。

地表模型数据：利用无人机倾斜摄影生成的三维实景模型数据，数据格式为 3D Tiles。

所使用的软件资源主要包括 ArcGIS Server、CesiumLab、PhotoScan、MySQL 等专业软件。其中，ArcGIS Server 用于发布矢量栅格数据服务，CesiumLab 用于影像与地形数据分层切片，PhotoScan 用于三维实景数据处理与建模，MySQL 用于地质采样点数据存储与管理。

在四川龙门山泥盆系—石炭系界线剖面三维可视化系统，可通过鼠标点击三维场景任意一点或根据选择点标绘工具定位到场景中具体位置，系统快速获取并显示该点的经纬度及高程信息，在虚拟地球场景的 3D 视图、2.5D 视图、2D 视图之间进行切换，方便用户从不同维度查看与分析数据。图层管理中可以实现地形数据、栅格地图数据和三维实景模型数据等的管理（图 9.6），包括不同图层的名称修改、透明度选择、图层的显示与卸载等。该三维可视化系统还提供测距、测高、测面、产状测量四种测量方式，方便获取观测两点的水平距离、高差，自定义区域的面积以及岩层的倾向、倾角等（图9.7）。

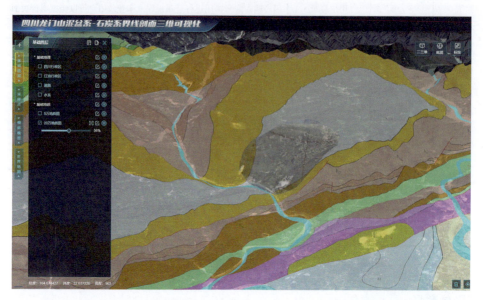

图9.6　叠加地质图之后的四川龙门山泥盆系—石炭系界线三维可视化地层剖面

图9.7　利用四川龙门山泥盆系—石炭系界线三维可视化地层剖面可实现对地质体距离、高度、
面积、岩层产状等虚拟测量

参 考 文 献

栗聪, 赵元龙, 兰天. 2022. 计算流体力学在古生物学中的应用——以寒武纪始海百合在 COMSOL 软件中的模拟为例. 古生物学报, 61(2): 269-279.

马琛. 2020. 试谈新时期石质文物保护的新方式——以孔庙和国子监博物馆石刻文物三维数字 化扫描为例. 文物鉴定与鉴赏, 1: 4.

屈婷, 全晓书. 2018. 科学家张弥曼: 用一个甲子的时光解密远古化石谜团. 科学大观园, 8: 4.

陶思宇, 张喜光. 2010. 3D 复原应用于古生物学的初探. 古生物学报, 49: 412-424.

吴秀杰, 刘武, 董为, 等. 2008. 柳江人头骨化石 CT 扫描与脑形态特征. 科学通报, 53: 1570-1575.

吴秀杰, 潘雷. 2011. 利用 3D 激光扫描技术分析周口店直立人脑的不对称性. 科学通报, 56: 1282-1287.

徐洪河, 陈焱森, 郏文昆. 2022a. 软件名称: 地层剖面三维建模软件 v1. 0, 登记号 2022SR1437661. 软著登字第 10391860 号.

徐洪河, 陈焱森, 郏文昆. 2022b. 软件名称: 地层剖面三维全景展示软件 v1. 0, 登记号 2022SR1437264. 软著登字第 10391463 号.

张弥曼, 于小波. 1981. 云南东部早泥盆世总鳍鱼类的原始代表. 中国科学, 1: 67-72.

Achterhold K, Bech M, Schleede S, 2013. Monochromatic computed tomography with a compact laser-driven X-ray source. Scientific Reports. 3: 1313.

Alonso P D, Milner A C, Ketcham R A, et al. 2004. The avian nature of the brain and inner ear of Archaeopteryx. Nature, 430: 666-669.

Andreev P S, Sansom I J, Li Q, et al. 2022. The oldest gnathostome teeth. Nature, 609: 964-968.

Arbour V M, Currie P J. 2012. Analyzing taphonomy deformation of ankylosaur skulls using retrodeformation and finite element analysis. PLoS One, 7: e39323.

Bauer P, Stevens B, Hazeleger W. 2021. A digital twin of Earth for the green transition. Nature Climate Change, 11(2): 80-83.

Bourke J M, Porter R, Ridgely W M, et al. 2014. Breathing life into dinosaurs: Tackling challenges of soft-tissue restoration and nasal airflow in extinct species. The Anatomical Record, 297: 2148-2186.

Caromel A G, Schmidt D N, Phillips J C, et al. 2014. Hydrodynamic constraints on the evolution and ecology of planktic foraminifera. Marine Micropaleontology, 106: 69-78.

Carter D R, Mikic B, Padian K. 1998. Epigenetic mechanical factors in the evolution of long bone epiphyses. Zoological Journal of Linnean Society, 123: 163-178

Daniel T L, Helmuth B S, Saunders W B, et al. 1997. Septal complexity in ammonoid cephalopods increased mechanical risk and limited depth. Paleobiology, 24: 470-481.

Donoghue P C, Bengtson S, Dong X P, et al. 2006. Synchrotron X-ray tomographic microscopy of fossil embryos. Nature, 442(7103): 680-683.

Dunlop J A, Penney D, Dalüge N, et al. 2011. Computed tomography recovers data from historical amber: An example from huntsman spiders. Naturwissenschaften, 98(6): 519-527.

Hassan M A, Westermann G E G, Hewitt R A, et al. 2002. Finite-element analysis of simulated ammonoid septa (extinct Cephalopoda): Septal and sutural complexities do not reduce strength. Paleobiology, 28: 113-126.

Jarvik E. 1954. On the Visceral Skeleton in Eusthenopteron with a Discussion of the Parasphenoid and Palatoquadrate in Fishes. Stockholm: Almqvist and Wiksell.

Jones M E, Curtis N, Fagan M J, et al. 2011. Hard tissue anatomy of the cranial joints in Sphenodon (Rhynchocephalia): sutures, kinesis, and skull mechanics. Palaeontologia Electronica, 14(2): 17A.

Kesel A B, Philippi U, Nachtigall W. 1998. Biomechanical aspects of the insect wing: an analysis using the finite element method. Computers in Biology and Medicine, 28: 423-437.

Kogan I, Pacholak S, Licht M, et al. 2015. The invisible fish: Hydrodynamic constraints for predator-prey interaction in fossil fish Saurichthys compared to recent actinopterygians. Biology Open, 4(12): 1715-1726.

Lautenschlager S, Rayfield E J, Altangerel P, et al. 2012. The endocranial anatomy of Therizinosauria and its implications for sensory and cognitive function. PLoS One, 7(12): e52289.

Lautenschlager S. 2013. Cranial myology and bite force performance of Erlikosaurus andrewsi: A novel approach for digital muscle reconstructions. Journal of Anatomy, 222: 260-272.

Li Y D, Tihelka E, Leschen R A, et al. 2021. An exquisitely preserved tiny bark - gnawing beetle (Coleoptera: Trogossitidae) from mid-Cretaceous Burmese amber and the phylogeny of Trogossitidae. Journal of Zoological Systematics and Evolutionary Research, 59: 1939-1950.

Liu S, Smith A S, Gu Y, et al. 2015. Computer simulations imply forelimb-dominated underwater flight in plesiosaurs. PLoS Computational Biology, 11(12): e1004605.

Muehleman C, Fogarty D, Reinhart B, et al. 2010. In - laboratory diffraction - enhanced X - ray imaging for articular cartilage. Clinical Anatomy, 23(5): 530-538.

Philippi U, Nachtigall W. 1996. Functional morphology of regular echinoid tests (Echinodermata, Echinoida): A finite element study. Zoomorph, 116: 35-50.

Rahman I A, Darroch S A, Racicot R A, et al. 2015. Suspension feeding in the enigmatic Ediacaran organism Tribrachidium demonstrates complexity of Neoproterozoic ecosystems. Science Advances, 1(10): e1500800.

Rahman I A. 2017. Computational fluid dynamics as a tool for testing functional and ecological hypotheses in fossil taxa. Palaeontology, 60(4): 451-459.

Rayfield E J. 2007. Finite element analysis and understanding the biomechanics and evolution of living and fossil organisms. Annual Review of Earth and Planetary Sciences, 35: 541-576.

Rigby S, Tabor G. 2006. The use of computational fluid dynamics in reconstructing the hydrodynamic properties of graptolites. GFF, 128: 189-194.

Schmidt J, Claussen J, Wörlein N. 2020. Drought and heat stress tolerance screening in wheat using computed tomography. Plant Methods, 16: 1-12.

Schmidt M, Hazerli D, Richter S. 2020. Kinematics and morphology: A comparison of 3D-patterns in the fifth pereiopod of swimming and non-swimming crab species (malacostraca, Decapoda, Brachyura). Journal of Morphology, 281: 1547-1566.

Schmidt M, Liu Y, Zhai D, et al. 2021. Moving legs: A workflow on how to generate a flexible endopod of the 518 million‐year‐old Chengjiang arthropod *Ercaicunia multinodosa* using 3D‐kinematics (Cambrian, China). Microscopy Research and Technique, 84(4): 695-704.

Shiino Y, Kuwazuru O, Suzuki Y, et al. 2012. Swimming capability of the remopleuridid trilobite Hypodicranotus striatus: hydrodynamic functions of the exoskeleton and the long, forked hypostome. Journal of Theoretical Biology, 300: 29-38.

Shiino Y, Tokuda Y. 2016. How does flow recruit epibionts onto brachiopod shells? Insights into reciprocal interactions within the symbiotic framework. Palaeoworld, 25(4): 675-683.

Snively E, Cox A. 2008. Structural mechanics of pachycephalosaur crania permitted head-butting behavior. Palaeontologica Electronica, 11: 3a.

Song Y, Black R G, Lipps J H. 1994. Morphological optimization in the largest living foraminifera: Implications from finite element analysis. Paleobiology, 20: 14-26.

Stein M. 2010. A new arthropod from the Early Cambrian of North Greenland, with a 'great appendage'-like antennula. Zoological Journal of Linnean Society, 158: 477-500.

Sutton M D, Garwood R J, Siveter D J, et al. 2012. SPIERS and VAXML, a software toolkit for tomographic visualisation and a format for virtual specimen interchange. Palaeontologia Electronica, 15(2): 1-14.

Walmsley C W, Smits P D, Quayle M R, et al. 2013. Why the long face? The mechanics of mandibular symphysis proportions in crocodiles. PLoS One, 8: e53873

Waters J A, White L E, Sumrall C D, et al. 2017. A new model of respiration in blastoid (Echinodermata) hydrospires based on computational fluid dynamic simulations of virtual 3D models. Journal of Paleontology, 91(4): 662-671.

White M A, Falkingham P L, Cook A G, et al. 2013. Morphological comparisons of metacarpal I for Australovenator wintonensis and Rapator ornitholestoides: implications for their taxonomic relationships. Alcheringa: An Australasian Journal of Palaeontology, 37(4): 435-441.

Witmer L M, Chatterjee S, Franzosa J, et al. 2003. Neuroanatomy of flying reptiles and implications for flight, posture and behaviour. Nature, 425(6961): 950-953.

Witzel U, Preuschoft H. 2005. Finite-element model construction for the virtual synthesis of the skulls in vertebrates: case study of *Diplodocus*. The Anatomical Record Part A: Discoveries in Molecular, Cellular, and Evolutionary Biology: An Official Publication of the American Association of Anatomists, 283(2): 391-401.

Young M T, Rayfield E J, Holliday C M, et al. 2012. Cranial biomechanics of Diplodocus (Dinosauria, Sauropoda): Testing hypotheses of feeding behaviour in an extinct megaherbivore.

Naturwissenschaften, 99(8): 637-643.

Zelenitsky D K, Therrien F, Kobayashi Y. 2009. Olfactory acuity in theropods: Palaeobiological and evolutionary implications. Proceedings of the Royal Society B. 276(1657): 667-673.

Zienkiewicz O C, Taylor R L, Zhu J Z. 2005. The Finite Element Method: Its Basis and Fundamentals. Amsterdam: Elsevier Butterworth-Heinemann.

第 10 章

应用拓展

古生物学与地层学大数据除了支持科学发现以外，还可以向多种应用拓展。本章所介绍的应用拓展有的已经完全实现，如化石智能识别软件、古生物学与地层学内容的虚拟现实展示；有的仍在建设与尝试，如通过大数据实现对化石等地质资源的全面展示，辅助世界地质遗产的保护工作。

化石智能识别软件是基于古生物学综合数据而开发的，可应用于页岩气工业，辅助地层对比与资源，其移动设备软件更具普适性，面向公众实现古生物学与地层学科学知识传播。

化石与地层本身是一种地质资源，也是世界地质遗产的重要内容。基于古生物学与地层学大数据，可以对古生物、地层等地质资源进行梳理与整合，结合人工智能领域全新算法，开发多种数据产品，可以实现对综合地质资源的全方位展示与呈现，服务于地质资源评估、地质遗产的捍卫与保护（对标联合国可持续发展目标 SDG 11.4）。

化石与地层都是具有丰富的高维度信息的地质体，高维度数据的开发与运用，融合各种全新的技术手段，这些日趋成熟的技术与条件将促进打造古生物学的元宇宙。

10.1　以笔石化石识别为基础开发的 AiFossil

AIFossil 是由中国科学院南京地质古生物研究所主导开发的一款化石智能识别软件程序。AI 是人工智能（artificial intelligence）的缩写与简称，另外，AI 如果对应成中文的拼音读起来是"爱"，fossil 的意思是化石。AIFossil 组合起来的意思是"人工智能 + 化石"，其也指"爱化石"。这个软件的名称表明设计者的理念，每个从事古生物学与地层学的人都应该对化石充满热爱，在信息时代的今天，我们要把作为实物研究材料的化石标本与人工智能深度结合，让古老的生命进一步走进公众视野，让古生物学更加焕发生机。

AIFossil 自 2019 年 9 月开始投入研发,主要设计者包括中国科学院南京地质古生物研究所的徐洪河研究员、陈焱森等,以及天津大学的牛志彬和潘耀华。AiFossil 在研发过程中动员了来自中国科学院南京地质古生物研究所以及国内外约 20 名的古生物学领域专家和油气矿藏部门的地层学专家,他们都是从事化石鉴定、古生物学系统分类、综合地层学等方面的专业人员。来自专家的鉴定意见是AiFossil 软件开发的科学基础。在化石标本图像数据方面,AIFossil 软件设计团队聘用了 7 名数据员,对他们开展技术培训,开展对化石标本图像数据的采集与整理,并对化石图像进行具有科学内涵的精细标注,还对超过 1500 块化石标本的科学信息开展和数据化的工作。在软件技术方面,AIFossil 运用了机器学习领域的卷积神经网络算法,通过大量精确标注图像数据的分析,以及在高性能并行运算服务器上超过 500 h 的调试与训练,最终完成了核心算法的开发,之后再由专业的互联网研发团队完成软件的使用以及前端开发。

AIFossil 在 2020 年底上线,有两个版本,AIFossil-pro 为专业版（图 10.1）,仅限网络端,其能够高精度鉴定并对奥陶纪—志留纪地层中至少 113 种笔石化石开展物种级别的鉴定,准确率为 86%,可用于从事页岩气勘探开发的产业部门。

图 10.1 AIFossil 网页专业版界面

专业版软件训练数据集使用了约 5 万幅化石标本图像，这些图像来自于保存在中国科学院南京地质古生物研究所内的超过 1500 块笔石化石标本。AiFossil-mobile 为大众版，主要是移动设备端版本，能够对超过 500 种常见化石进行识别与分类，准确率超过 70%，适用于博物馆展示化石相关的科普内容介绍与辅助导览。AiFossil 系列软件的研发已经取得了发明专利一项（图 10.2），实用新型专利 2 项，软件著作权十多项。

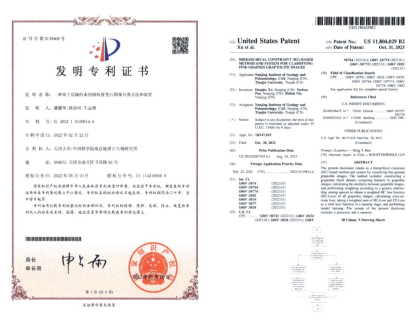

图 10.2　基于笔石化石标本综合数据以及层级约束算法而开发的笔石智能识别软件获得中国（左）和美国（右）的发明专利

10.1.1　技术框架

AiFossil 是将信息学和计算科学领域的研究与古生物学中的化石科学信息和高维度数据有机结合的实例，是将人工智能运用到古生物学的实例。AiFossil 软件的技术框架，主要是将图像与相关的科学信息关联，利用卷积神经网络模型开展深度学习训练，让电脑"记住"化石的形态特征细节，掌握化石的分类与鉴别技巧，进而对全新的图像开展类似于人类专家一样的分类与鉴定。

AiFossil 软件开发的具体技术框架与流程涵盖如下不可或缺的若干步骤：

1）专业数据采集

尽管 AiFossil 软件在信息与计算科学领域可被划归为图像分类问题，但是其与常见的图分类问题存在较大差异，所分类的化石图像具有强烈的专业性，图像数据难于获取，相关的科学信息需要专业知识才能确认，对图像分类结果的要求高，往往需要物种甚至是亚种一级的分类结果，任何一个从事古生物学领域的研究人员，通常需要4~5年的时间才能对特定区域产出的特定门类化石进行分类方面的了解，而掌握化石的分类与鉴定往往需要学科专家充分的经验积累。AiFossil软件所处理的问题是精细粒度级，即最高级的图像分类问题。其中，所需要的专业数据分为两个方面：①科学信息的结构化数据，主要包括每一块化石标本的古生物学分类明细名称、鉴定人、特征描述、地质时代信息、地层信息、化石产地信息、参考文献等；②关于化石标本的高维度数据，以非结构化的化石图像为主，利用单反相机、微距镜头、专业光源，对化石标本进行图像采集，化石生物形态学的细节特征图像需要使用实体显微镜拍摄采集。由于所涉及的数据有强烈的专业性，普通的数据员无法胜任，在数据采集之前需要对数据员开展专业技能培训，使数据员能够理解化石标本、化石形成以及沉积岩石的特点。

2）整合并清洗数据

对完成采集的结构化和非结构化数据进行关联与整合，对所有的图像数据建立便于索引的文件名,将每块化石标本的图像文件与其相关的科学信息进行关联，在数据库的后端为这些数据建立对应关系。对数据进行质量把控与清洗，剔除掉不清晰、含义不明确、指示不清晰的化石图像数据。邀请古生物学与地层学领域的专家,对筛选过后的化石图像与科学信息数据进行科学内容方面的梳理与修订，将专家最新的专业知识意见融入科学数据集之中。对图像进行云端存储与备份，最终完成数据的整合与清洗过程。

3）精确标注化石图像，整合数据集

利用专业图像处理软件与技术，对化石标本图像进行像素级标注与分割，将化石标本图像中化石本身与其所在的岩石背景（围岩）进行划分。这部分工作尽管有些已经可以通过现有的程序来实现，但是现有软件的自动化仅能处理常见的图像环境背景。而AiFossil软件所使用的化石图像太专业，属于小众型图像数据，使用已有的图像分割软件无法实现准确的图像分割，只能依赖人工操作完成。将分割好的图像数据存储为计算机可读的数据集，对数据集再次进行数据清洗，剔除质量差的和错误的数据，整合成全新的高维数据集，用于机器学习训练模型。

4）训练机器学习模型

将涵盖科学信息与标注图像的高维数据集随机分割成为训练集与测试集两部分，训练集中的数据量占总数据量的80%~85%。训练集数据构架机器学的卷积神经网络模型主要由输入层、卷积层、ReLU层、池化层和全连接层构成，全连接层和常规神经网络中的一样，通过将这些层叠加起来，就可以构建一个完整的卷积神经网络。在实际应用中卷积层的卷积操作需要激活函数，对相关的模型也需要进行算法重整与调试。训练过程涉及大量图像运算，对算力要求较高，都是在高性能并行运算服务器（GPU）上开展并完成的。训练好的模型即图像分类器，其最终输出的结果为此前经过专业清洗获得的综合数据，涵盖与某个化石标本相关的所有信息。这相当于是一个化石鉴定方面的"机器人"，即用户通过图像分类器模型，不但可以了解某个化石（图像）的古生物学分类名称，还可以立刻知晓其相关的模式标本产地、地层、地质时代、研究历史，鉴别特征等。

5）测试模型

利用数据集中的测试集对训练结果进行测试，检验训练模型的性能与效果。该过程要保障训练集与测试集中的数据没有任何重合与相通，即经过训练之后的模型所面临的测试对象都是全新的数据，这样才能获得其真实的性能参数与效果。重复上述过程，即重新分割训练集与测试集，再次训练和测试，以获得较好效果的训练模型，识别准确率超过85%的模型被视为优秀的分类器。对模型开展人机交互对比测试，如果分类器的鉴定精度不低于一般的、不满五年工作经验的专家的鉴定结果，则视为优秀性能的分类器。完成核心算法之后，对模型开展软件开发。

6）开发、调试与上线推广

设计并开发 AiFossil 软件，完善图像采集、上传、调整、标注等其他功能，对图像的分析与分类需要调用软件的后台服务器，甚至高性能并行运算服务器，将核心结果返回给用户端。另外，也会调用化石标本科学信息的结构化数据后台，向前端提供化石标本相关的科学信息，作为科学结果的模式案例。AiFossil 软件也开发了用户个性化功能，如用户系统、历史存档、兴趣点、多元查询检索、数据分享等。对软件测试完成之后，通过多种渠道进行推广，在移动设备的应用商店上架以供下载。

10.1.2　主要功能

AiFossil 软件的核心功能是利用机器实现对用户输入的化石图像开展科学鉴定与分类，并提供相关的科学信息。拓展功能是提供对化石相关信息的全方位查询与检索。

核心功能的输入端是化石标本的图像，对图像的质量要求并不高，它们可以是用手机等移动设备所拍摄的普通照片，也可以是利用专业摄影设备所拍摄的达到出版要求的化石标本图像。将这些图像输入软件之后，按照软件的要求对化石部分进行适当的圈选，然后即可开始对图像的智能识别。识别的结果包括三部分：①该化石的古生物学分类名称，包括门、纲、目、科、属、种，地质时代等，给出分类鉴定方面的准确率；②推荐显示一个同样属于该分类单元的化石标本，给出其完整的科学信息作为参考，以及该属或种的化石标本高清图像、产地信息、地质时代、主要特征等；③根据识别的准确率进行推算，推荐若干个相关或相似的化石标本信息。

拓展功能主要体现在完善化石相关的所有科学信息，也是对后端数据库的调用和展示。AiFossil 软件在运行过程中需要调用 GBDB，以此展示相关的地层剖面、化石记录等方面的信息，还可以为用户提供化石地层方面的数据查询与检索。这些附属功能相当于为用户提供了一个 GBDB 数据库数据展示的移动设备终端。此外，用户通过 AiFossil 还可以实现个性化设置以及兴趣点收藏，建立个人的使用档案，便于查询与总结。

10.1.3　应用与影响

AiFossil 软件核心功能的设计主要围绕化石数据对产业部门的重要作用，相关的科学背景就是，奥陶纪—志留纪地层中的笔石化石鉴定不仅具有科学研究意义，而且还可以满足地层学的野外地质调查和页岩气勘探开发的需求。奥陶纪—志留纪地层中的笔石化石形态较小，鉴定与分类工作难度大，往往需要古生物学与地层学领域中具有丰富的研究经验的专家才能完成。

笔石化石是开展地层时代划分与地层区域对比的重要工具，地质调查人员和地层学研究人员通常在查看了特定的笔石化石之后，就可以准确判断该沉积岩石的地质时代，而不必采用其他耗资巨大的方式与手段，如放射性同位素定年方法。通过笔石化石的识别与鉴定可以开展地层的区域对比，从较为广阔的时空背景之下，探讨沉积岩石和地质构造的演化。

在页岩气勘探开发的产业部门，学者们通过研究已经建立了页岩气丰度值与笔石化石物种之间的对应关系，笔石化石已经成为识别页岩气赋存层位的指示物。笔石化石的精确鉴定就相当于确定不同地层中页岩气赋存的丰富程度，为进一步确定页岩气开采层位、钻孔位置以及勘探开发奠定基础。我国目前在四川东部和重庆西部地区已经对页岩气实现工业化开采，这些页岩气的赋存层就是出产这些笔石化石的层位。这套页岩气赋存层总体厚度为 80~100 m，寻找到特定笔石物种的层位就能确定该层页岩气是否足够丰富、是否适合开采。

长期以来，勘探页岩气的产业部分都是通过钻探获取岩心，再邀请专家对岩心进行鉴定，进而才能判断特定井深层位的页岩气赋存丰度。AiFossil 专业版软件针对的正是这个问题，让专家的鉴定可以通过电脑的网络端实现，以低成本、高效率的方式辅助页岩气的勘探开发。AiFossil 软件已经发送给了中国石油和中国石化的勘探开发部门，邀请他们的工程师在实际工作中进行使用。所收到的有限的反馈表明，这样的软件对产业部门是非常重要的，极大地节省了人工成本，提高了勘探效率。

AiFossil 软件通过对已有数据的整合，为用户提供相关的数据服务。配置在移动设备端的大众版软件主要是满足社会公众的数据需求，提供化石与地层查询、检索服务，提供古生物学与地层学数据以及相关的科学知识。这部分工作主要是为了满足化石爱好者的需求。对于刚刚接触古生物学和地层学的人员，AiFossil 为他们掌握入门知识提供了充分的科学内容。

10.2　保护世界自然遗产

保护世界自然遗产是联合国教科文组织（UNESCO）自 20 世纪 70 年代以来积极开展的一项国际合作活动，也是联合国《2030 年全球可持续发展报告》中的重要内容之一。地质遗产是世界自然遗产中至关重要的组成部分，是记录地球环境与生命演化历史的载体，也是探寻地球系统演变与未来走向的窗口。地质遗产还是地球科学领域关键的科学研究材料，是开展古生物、地层学、沉积学等综合性、基础性科学研究的根基。对地质遗产捍卫与保护是与地球科学研究，尤其是古生物学和地层学研究密切相关的基础性工作，还与开展多学科交叉的基础科研、决策咨询与制定、地质资源评估，以及科学传播密切相关。

联合国教科文组织发起的国际地球科学计划（International Geoscience Programme，IGCP）一直在资助与地质遗产相关的国际研究项目，所涉及方向包括全球地质遗产科学数据、区域性地质遗产的可持续发展与管理、地质旅行规划、地质遗产的科学与教育、地质学社区服务、地质遗产地美食等（参见：https://www.en.unesco.org/en/iggp）。目前尚缺乏对地质遗产中具体科学内涵开展科学数据汇交、基础科学研究以及成果综合展示方面的研究工作。

10.2.1　基于古生物学与地层学研究的地质遗产

截至目前，我国有 21 项自然或自然/文化双重遗产入选联合国世界遗产名录。2022 年 10 月 26 日，国际地质科学联合会（International Union of Geological Sciences，IUGS）在西班牙发布了全球首批 100 个地质遗产地名录（Hilario et al., 2022），中国有 7 个地质遗产地成功入选，成为本次入选地质遗产地最多的国家之一。在这 7 个地质遗产地中，有 3 个属于古生物学与地层学范畴，并且都是由中国科学院南京地质古生物研究所的科学家领衔或主要参与，其中包括：①珠峰奥陶纪岩石（中国/尼泊尔）；②浙江长兴煤山二叠纪/三叠纪生物大灭绝和"金钉子"；③云南澄江寒武纪化石产地和化石库（图 10.3）。2024 年 9 月，国际地质科学联合会在韩国釜山召开了第 37 届国际地质大会，会上公布了全球第二批 100 个地质遗产地名录，中国有 3 地入选为第二批国际地质科学联合会地质遗产地，分别是：①植物庞贝城——乌达二叠纪植被化石产地（内蒙古）；②自贡大山铺恐龙化石群遗址（四川）。③桂林喀斯特（广西）。上述 3 项中，前 2 项都属于古生物学与地层学范畴。

图 10.3　云南澄江寒武纪化石产地和化石库入选为全球地质遗产

（a）化石的核心产区——澄江帽天山远景图，山腰上的建筑为中国科学院南京地质古生物研究所澄江工作站；澄江化石产地精美地保存了改变演化生物学教科书的化石［（b）和（c）］；（b）帽天山开拓虾（*Innovatiocaris maotianshanensis*），体长约 15 cm，是寒武纪早期称霸海洋的大型掠食动物和顶级捕食者（Chen et al., 1994; Zeng et al., 2022）；（c）云南虫（*Yunnanozoon*），体长 3.9 cm，其咽弓具有脊椎动物独有的细胞软骨结构，是最原始的脊椎动物（Tian et al., 2022）（授权供图：赵方臣）

　　这些地质遗产的确立都依托于中国丰富的地层和古生物资源，以及学科专家所开展的基础性、理论性研究及其所完成的重要科研成果。其中，"青藏高原的隆起及对自然环境和人类活动影响的综合研究"和"澄江动物群与寒武纪大爆发"分别荣获 1987 年和 2003 年国家自然科学奖一等奖，"全球二叠系—三叠系界线层型研究"和"中国的乐平统和二叠纪末生物大灭绝"分别荣获 2002 年和 2010 年国家自然科学奖二等奖。开展古生物学与地层学基础科学研究工作，无论是基于化石标本的描述与报道，还是基于古生物学大数据的分析与挖掘，所揭示的生命演化、环境/气候变迁相关的地质知识对地质遗产的确立与保护具有不可替代的作用，也早已成为对地质遗产评估分级的重要参照标准。

大多数地质遗产与地质过程或地球生命演化密切相关。我国拥有大量独具特色的地质遗产，它们对于理解地球系统与演化至关重要，是全球地质遗产的重要构成，也是联合国世界自然遗产的潜在入选目标。然而，对于这些地质遗迹，目前还缺乏地层古生物方面的综合调查（实物标本的研究与数据化建模）。化石与地层本身是地质遗产中的载体，也是对地质遗产综合考量与质量评估的重要资源。目前尚缺少将化石与地层作为地质资源进行综合评估的研究工作。考虑到地质遗产本身容易受地质应力作用而遭到不可逆的破坏，综合的地质资源情况亟待梳理。基于此，笔者组织的研究团队，针对联合国可持续发展目标"SDG 11.4 进一步努力保护和捍卫世界文化和自然遗产"，已经开展了以"中国化石与地层资源数据库"为核心的综合性研究工作。

10.2.2 数据服务于地质遗产保护

古生物学与地层学的研究涉及多种类型的数据，如系统分类、形态特征、化石命名、产地、岩石、地层剖面、地质时代、地球化学、化石标本、化石图像、三维模型、科学文献、科研作者、科研资助项目等。这些数据在结构、格式、类型、维度等方面显著不同，目前国内外尚缺乏专门的数据库用于收录上述所有类型的数据内容。

依托领域专家与技术专家的优势力量，对重要和潜在的地质遗产区域的科学信息进行调查和梳理，汇交全国范围内多类型、多维度的古生物学与地层学数据，在数据项之间建立有机关联，把控数据的科学性与权威性，科学、规范并制度化管理数据的采集、录入、审核、共享以及使用。由领域专家主导，设计开发数据产品用于地质资源的全方位展示与呈现，进一步展示地质遗产中的科学内涵，全面服务于地质调查、资源勘查评估、地质遗产的捍卫与保护，以及科学传播。

10.3 古生物学的元宇宙

元宇宙（metaverse）是运用数字技术所构建的虚拟世界，是来自于现实世界的映射或超越现实世界，并可与现实世界实现交互，具备新型社会体系的数字生活空间。元宇宙体现了大数据与多种技术的集成与融合，这些技术包括 5G、云计算、人工智能、虚拟现实、区块链、数字货币、物联网、人机交互等。

古生物学与地层学数据本身具有典型的时空属性，地质历史本身就是充满未知的世界。古生物学与地层学的科学研究旨在认识地质历史中生命与环境的演变，而对远古世界的构建需要更为全备的数据与资料。随着古生物学与地层学大数据不断积累，技术与资料不断进步与积累，未来有望构建古生物学自身的元宇宙。这方面目前已经有一些尝试与应用。

10.3.1　虚拟现实

虚拟现实（virtual reality，VR）技术又称虚拟实境或灵境技术，综合利用三维图形技术、多媒体技术、仿真技术、显示技术、伺服技术等多种技术，借助计算机以及其他辅助设备产生一个逼真的三维视觉、触觉、嗅觉等多种感官体验的虚拟世界，从而使处于虚拟世界中的人产生一种身临其境的感觉。与虚拟现实技术类似的是增强现实（augmented reality，AR）技术，这是将虚拟信息与真实世界巧妙融合的技术，广泛运用了多媒体、三维建模、实时跟踪及注册、智能交互、传感等多种技术手段，将计算机生成的文字、图像、三维模型、音乐、视频等虚拟信息模拟仿真后，应用到真实世界中，两种信息互为补充，从而实现对真实世界的"增强"。

利用 VR 和 AR 技术与地层剖面大数据可实现对地层剖面的虚拟调查，这有别于前文提及的在电脑屏幕上实现的虚拟导览。VR 与 AR 技术所带来的是一种沉浸式体验，让用户仿佛真的在查看地层剖面，甚至如果使用大尺度的 VR 技术，可以实现虚拟的场景。用户佩戴 VR 或 AR 设备之后，就会有完全置身其中的感觉，用户在现实空间的移动都会反映到虚拟的现实空间之中，可以实现对地层剖面的虚拟调查、科普教学等，甚至可以多人共同进入地质场景之中，实现元宇宙一般的虚拟空间。

利用 VR 和 AR 技术与古生物学和地层学综合数据可以辅助教学，也可以开展面向公众的科学传播工作。古生物学与地层学研究的内容具有时空属性，化石材料尽管代表曾经的生命体，但是变成化石之后已经失去光泽与生命力。借助大数据，再加上 VR 和 AR 技术，能够让远古生命变得活跃起来，并能够实现虚拟的交互活动。地层学中很多概念其实不容易理解，因为地层是三维空间中的地质体，认识与研究地层都需要理解其在三维时空中的演变，借助大数据，再加上 VR 和 AR 技术，能够以交互的方式协助理解地质体，为科研教学和科学传播提供帮助。在 2018 年第八届全国化石爱好者大会（中国（湖南）国际矿物宝石博览会）期间，笔者团队举办了以化石为主题的科普体验活动，现场参与人员佩戴 VR 眼镜，利用化石标本三维模型数据和 VR 技术开展对化石与地层的沉浸式体验（图10.4），用户还可以通过 VR 设备与展示内容进行交互操作（图10.4，右上角）。

图 10.4　利用化石标本三维模型数据和 VR 技术开展对化石与地层的沉浸式体验，辅助科学传播（授权供图：张超彦）

10.3.2　全息投影

全息投影显示（holographic projection display）原指利用干涉原理记录并再现物体真实三维图像的技术。随着商业宣传的引导，全息投影的概念逐渐延伸到舞台表演、展览展示等活动，目前有些博物馆已经开始使用全息投影技术展示复原的化石生物了。尽管从技术层面上，它们只是基于数据所创造出来的、可实现三维展示效果的幻象，但是带给人们的感受是非常新奇而独特的。

目前，全息投影技术还需要借助专用的全息膜进行投影，全息膜就像是平面投影仪所使用的投影幕布一样，区别只是这块投影幕布是透明的，而且所投射的是立体的影像。随着各种技术的发展与进步，相信在不久的将来，全息投影技术可以完全不受幕布的限制而直接投影。到那时，借助三维数据与技术所复活的远古生物就可以随时在我们身边"复活"了。

10.3.3　机器人

机器人（robot）泛指一切模拟人类行为或思想与模拟其他生物的机械。狭义上对机器人的定义有很多分类，其中也有争议，有些电脑程序甚至也被称为机器人。在当代工业中，机器人是指能自动执行任务的人造机器设备，用以取代或协助人类工作，一般会是机电设备，由计算机程序或是电子电路控制。机器人的范围很广，可以是自主或是半自主的。近年来，具有交互性的聊天式（问答式）机器人越来越受到关注，他们能够理解人类的语言，并能够做出与人类似的回应。

2022 年 11 月，OpenAI 推出了人工智能聊天机器人程序 ChatGPT（Chat Generative Pre-trained Transformer），目前的最新版是 ChatGPT 4。ChatGPT 以文字方式互动，可以通过与人类自然对话的方式进行交互，还可以用于相对复杂的语言工作，包括自动文本生成、自动问答、自动摘要、编写和调试计算机程序等多种任务。在自动文本生成方面，ChatGPT 可以根据输入的文本自动生成类似的文本；在自动问答方面，ChatGPT 可以根据输入的问题自动生成答案，实现与机器人对话。ChatGPT 在许多知识领域都能给出详细、清晰而且准确的答案，仿佛是一个充满知识与智慧的超级人类。ChatGPT 迅速获得全球广泛关注，其优秀表现的原因之一就是其背后庞大的全球语料大数据，通过庞大的数据进行学习和训练。

针对多科学之间的关联、结构、前沿热点、趋势分析有专门的探讨（王小梅等，2017）。这需要对各类科学文档的文本、知识库、字典等数据开展语义分析，相关的技术主要是自然语言处理（natural language processing，NLP）。NLP 是计算机科学领域与人工智能领域中的一个重要方向，囊括了人与计算机之间用自然语言进行有效通信的各种理论和方法。NLP 融合了语言学、计算科学与数学领域中的多种研究技术与手段，旨在实现在计算机系统能够用自然语言通信。

古生物学和地层学研究历史悠久，积累了大量的科学文献，对这些文本大数据开展 NLP 技术分析和语义分析，有利于认识本学科的知识结构，以及动态演变趋势。这方面有一定的案例。

各国古生物学研究程度不同，在对化石材料的研究方面，那些相对富有的国家的专家更轻易能获得相对贫穷的国家的化石材料进行研究，而相对贫穷的国家在古生物学的研究方面显著依赖那些相对富有的国家（Raja et al., 2022）。古生物学是基础科研，科研经费很大程度上来自于国家的科研资助，美国的古生物学科研项目资助程度似乎与种族差异之间存在一定的关联（Chen et al., 2022）。对不同国家从事科学研究的作者进行调查，数据分析量化地展示出非英语国家相对于英语国家在阅读与撰写科研论文，以及准备演示文档等方面的差异（Amano et al., 2022）。

对古生物学与地层学文本大数据的语义分析仍然较为薄弱，相关的人力、物力投入都需要加强，对古生物学领域的科学问题也有待深入关注。"深时数字地球"

（DDE）国际大科学计划已经将构建地球科学领域的知识图谱纳入工作规划之中（Wang et al., 2021），古生物学与地层学领域的知识图谱以及交互式机器人的相关工作都有待未来研究。

参 考 文 献

潘耀华, 徐洪河, 牛志彬, 2022. 发明专利: 一种基于层级约束的细粒度笔石图像分类方法与装置. 国家知识产权局, 专利号: ZL2022 1 0159814. 4

王小梅, 韩涛, 李国鹏, 等. 2017. 科学结构图谱 2017. 北京: 科学出版社.

Amano T, Ramírez-Castañeda V, Berdejo-Espinola V et al., 2023. The manifold costs of being a non-native English speaker in science. PLOS Biology 21(7): e3002184.

Chen C Y, Kahanamoku S S, Tripati A, et al. 2022. Meta-Research: Systemic racial disparities in funding rates at the National Science Foundation. eLife, 11: e83071.

Chen J Y, Ramsköld L, Zhou G Q. 1994. Evidence for monophyly and arthropod affinity of Cambrian giant predators. Science, 264: 1304-1308.

Cisneros J C, Raja N B, Ghilardi A M, et al. 2022. Digging deeper into colonial palaeontological practices in modern day Mexico and Brazil. Royal Society Open Science, 9: 210898.

Hilario A, Asrat A, de Vries B V, et al. 2022. The First 100 IUGS Geological Heritage Sites. Zumaia: International Union of Geological Sciences.

Raja N B, Dunne E M, Matiwane A, et al. 2022. Colonial history and global economics distort our understanding of deep-time biodiversity. Nature Ecology & Evolution, 6: 145-154.

Tian Q Y, Zhao F C, Zeng H, et al. 2022. Ultrastructure reveals ancestral vertebrate pharyngeal skeleton in yunnanozoans. Science, 377: 218-222.

Wang C, Hazen R M, Cheng Q, et al. 2021. The deep-time digital earth program: Data-driven discovery in geosciences. National Science Review, 8(9): nwab027.

Zeng H, Zhao F C, Zhu M Y. 2022. Innovatiocaris, a complete radiodont from the early Cambrian Chengjiang Lagerstätte and its implications for the phylogeny of Radiodonta. Journal of the Geological Society, 180: jgs2021-164.